生命科学导论

INTRODUCTION TO LIFE SCIENCE

主　编　刘健翔
副主编　范立梅

图书在版编目(CIP)数据

生命科学导论/刘健翔主编. —杭州：浙江大学出版社，2016.4(2024.7 重印)

ISBN 978-7-308-15725-4

Ⅰ.①生… Ⅱ.①刘… Ⅲ.①生命科学—教材 Ⅳ.①Q1-0

中国版本图书馆 CIP 数据核字（2016）第 066700 号

生命科学导论(SHENGMING KEXUE DAOLUN)

刘健翔　主编

策划编辑　季　峥(zzstellar@126.com)

责任编辑　季　峥

责任校对　潘晶晶

封面设计　林智广告

出版发行　浙江大学出版社

(杭州市天目山路 148 号　邮政编码 310007)

(网址：http://www.zjupress.com)

排　　版　杭州林智广告有限公司

印　　刷　广东虎彩云印刷有限公司绍兴分公司

开　　本　787mm×1092mm　1/16

印　　张　15

字　　数　365 千

版 印 次　2016 年 4 月第 1 版　2024 年 7 月第 8 次印刷

书　　号　ISBN 978-7-308-15725-4

定　　价　39.00 元

浙江大学出版社市场运营中心邮购电话：(0571) 88925591;http://zjdxcbs.tmall.com

《生命科学导论》编委会

主　编　刘健翔

副主编　范立梅

编　者（以姓氏笔画为序）

丁悦敏　王撬撬　方　洁　朱　锋

刘健翔　李林林　张　薇　张大勇

陈海芸　范立梅　郭君平

前　言

经过十一位编者的共同努力，这本《生命科学导论》终于完成了编写工作。

编写这本《生命科学导论》的主要原因在于：在过去几年的教学过程中，许多学生除了表现出对基础生命科学的兴趣之外，还希望能更多地了解医疗保健方面的实用知识，而在广义上，这些内容也是生命科学的延伸。因此，这本教材的特点在于：关爱生命、关注健康。本书不仅包括了细胞学、遗传学、胚胎学、生理学、微生物学和免疫学等经典的生命科学内容，还将营养学、健康管理、疾病防治、现场急救等实用的知识有机地结合进来，同时融入了一些小知识和小技巧。

由于编者水平有限，编写时间仓促，本书一定会有许多不足之处，敬请读者在使用过程中不吝赐教！

编　者

于 2016 年 2 月

目　录
Contents

第一章　生命的历程

第一节　地球上生命的起源

有 200 多万种生物生存的地球，是一个瑰丽多姿的生命世界。然而，地球上的生命是如何起源的？一百年来，人们一直在不断地思考和探索这个问题。

研究生命的起源，就是研究地球或地外星球由非生命的物质演变出原始生命的过程，用人工方法模拟原始条件并重现这一自然过程。然而，研究生命起源的意义，并不仅仅是为了追根溯源，以弄清几十亿年生命诞生的历史，还在于通过阐明生命的起源和细胞的起源，人工合成生命物质与细胞，甚至人工合成生命，最终达到控制和改造生命的目标。生命起源是当代重大科学课题，又是至今依然了解甚少的生命科学的最基本问题，因为地球生命的发生毕竟是 35 亿年前的事件。

关于地球上生命的发生，一直是众说纷纭。总的来说，当代关于生命起源的假说可归结为两大类："化学进化说"和"宇宙胚种说"，目前为大多数人接受的是"化学进化说"。

生命起源的"化学进化说"认为，生命起源于地球，经历了从无机物到有机物、由简单到复杂的化学进化过程。20 世纪 20 年代，苏联生物化学家奥巴林首先提出了"化学进化说"。他认为，原始地球上最初的原始生命是由非生命物质通过化学作用，逐步由简单到复杂，经过一个极漫长的自然演化过程形成的。由于地球上构成生物体的有机物质都是碳氢化合物的衍生物，因此奥巴林认为，生命起源过程，实质上就是碳氢化合物的化学进化（chemical evolution）过程。

之后，化学进化说为愈来愈多的实验所证实，已为大多数科学家所接受，并有新的发展。目前比较一致性的看法是：生命起源是地球形成早期化学物质长期进化的结果，从非生命向生命的转化大约完成于 36 亿～38 亿年前。化学进化发展到原始生命大致经过如下四个阶段：

一、由无机小分子物质形成有机小分子物质阶段

"化学进化说"认为，生命起源与地球演化，尤其是与早期地球大气演进的关系非常密切，大气层为生命的出现创造了必要的条件。

（一）原始大气的成分及特点

科学家们推测，早期地球是一个炽热的球体，处于完全融化状态，此时由于地球引力吸引的星子（原始的小行星体）、彗星核、尘埃和气体团碰撞，使地球上的一切元素都呈现为气体状态。这种融化状态使得球体内部可以产生移动现象：重元素（如铁、镍等）向中心聚集而形成地核，围绕地核是很厚的一层原始岩浆；围绕球体的是厚厚的原始大气层，它是气化

的金属产生的，类似今天火山爆发出来的气体，含有二氧化碳、氮以及更复杂的分子（如甲烷、硫酸等）。随着地球温度慢慢降低，在地球中心逐渐形成固体的行星胚胎，外层则是地球的第一代大气。不过，第一代大气寿命不长，只存在了几千万年，就在强烈的太阳风作用下散发到太空了。

此后，由于地球形成过程中内部剧烈的变化，火山活动频繁，由原始地球喷出的大量气体逐渐形成第二代大气层，即原始地球大气。科学家认为，原始大气中含有氮、甲烷、氰化氢、硫化氢、二氧化碳、氢气和水蒸气等成分。因此，虽然原始大气组成与现在的大气成分不同，但对当时原始生命的诞生却有着极为重要的意义。

（二）有机小分子的形成

原始大气中的无机小分子气体，在宇宙射线、紫外线和闪电等的不断作用下，完全能形成有机小分子物质，如氨基酸、嘌呤、嘧啶、核糖、脱氧核糖、核苷、核苷酸、脂肪酸等。当地球逐渐冷却后，原始大气中的水蒸气凝聚成小水滴，随后形成一场异常持久的暴雨，大气中的有机小分子物质随雨水降落到地面，汇集于原始的海洋中。日久天长，不断积累，原始海洋中有了丰富的氨基酸、核苷酸、单糖等有机物，原始海洋也被科学家称为"有机汤"，它为化学物质进一步的演化创造了必要的条件。

二、由有机小分子物质形成有机大分子物质

经过极其漫长的积累和相互作用，在适当的条件下，原始海洋中的一些氨基酸通过缩合作用形成了原始的蛋白质分子，核苷酸则通过聚合作用形成了原始的核酸分子。原始的蛋白质和核酸的出现意味着生命从此有了重要的物质基础。

有机大分子的形成是化学进化过程中又一重大质变，目前对于这个关键阶段主要存在着三种不同的观点。

（一）海相起源说

在奥巴林的生命起源假说中，海水被认为是生命的摇篮，是不可或缺的。持这种观点的科学家认为，原始海洋中的氨基酸和核苷酸等小分子有机物被吸附于黏土一类物质的活性表面时，可以发生聚合反应。英国学者贝尔纳早在 1951 年就提出，某些黏土片层间因含有大量的正、负电荷，故可将带电的分子吸附并能成为原始催化中心的理论。20 世纪 60 年代，英国学者凯恩斯-史密斯也提出生命起源于黏土的主张，认为导致生命出现的化学演变是在黏土中进行的。之后，以色列的卡特恰尔斯基等人在实验室中，先使氨基酸与腺苷酸起作用，生成含有自由能的氨基酰腺苷酸，当后者被吸附在蒙脱土等特殊黏土的表面时，就能缩合生成多肽。

（二）陆相起源说

以美国生化学家福克斯为代表，用"干热聚合"理论来解释蛋白质分子的合成。福克斯认为，早期的地球温度很高，依靠热能就足以使简单化合物形成复杂化合物。在原始地球的一些火山、温泉周围的"干热"地区，氨基酸在干热无水的条件下，能消除蛋白质分子合成过程中的水分，从而能聚合成原始蛋白质分子。为证明这一理论，1958 年，福克斯将甘氨酸溶解于加热熔化的焦谷氨酸液体后，将其倒入 160～200℃的热砂或黏土中，使水分蒸发、氨基酸浓缩，获得了谷氨酸甘氨酸聚合物——类蛋白(proteinoid)。1960 年，他又将天冬氨酸和谷氨酸混合在一起加热，又得到了"类蛋白"的高分子聚合物。福克斯认为，这种"类蛋白"是

今天生物体内各种蛋白质的始祖。由于福克斯提出的类蛋白起源于陆地，所以这种观点被称为“路相起源说”。

（三）深海烟囱起源说

20世纪70年代，美国的“阿尔文”号载人深潜器在1650～2610m深的东太平洋海底熔岩上，发现数十个直径约为15cm的、冒着黑色烟雾的“烟囱”，含矿热液以每秒几米的速度喷出。矿液刚喷出时为澄清溶液，与周围海水混合后，很快产生沉淀变为“黑烟”，这些海底硫化物堆积形成直立的柱体及圆丘，被形象地称为“深海烟囱”（见图1-1）。之后，科学家在各大洋先后发现了许多“海底烟囱”。

1985年，美国地质古生物学家斯坦利提出生命的深海底烟囱起源说：在洋中脊的深海烟囱与炽热岩浆直接连通，温度高达1000℃，使周围海水沸腾，冒出的浓烟中富含金属、硫化物，热水中富含CO_2、NH_3、CH_4和H_2S，这为生命起源提供了一个既有能量又有物质的还原环境，有机化合反应在这里产生，并随着温度递降出现了一系列化学反应梯度区。由H_2、CH_4、NH_3、H_2S、CO_2经高温化合反应形成氨基酸，继而硫和其他复杂化合物形成多肽、核苷酸链。

2007年，我国“大洋一号”科学考察船在西南印度洋脊也首次发现了“深海烟囱”。图1-2所示是我国科学家在河北兴隆地区发现的14.3亿年前古海底“深海烟囱”的硫化物矿石标本，标本切面可见两个完整的烟囱通道。

图1-1　“深海烟囱”

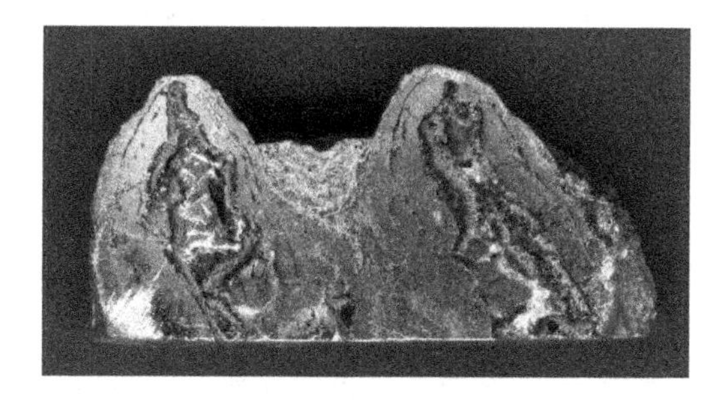

图1-2　我国发现的“深海烟囱”矿石

以上三种假说都有各自的证据。可见，只要具有适合生命化学进化的条件，生命的起源过程便是不可避免的。

三、由有机大分子发展为多分子体系

蛋白质和核酸等生物大分子并不能独立表现生命现象，而蛋白质和核酸又容易遭受破坏，只有当它们形成了众多的由蛋白质、核酸构成的多分子体系时，才能出现生命的萌芽。关于多分子体系的形成目前已产生众多假说，并为一些实验或证据所支持，其中奥巴林与福克斯分别提出的两种假说为大多数人所接受。

（一）团聚体假说

“团聚体假说”认为，原始海洋中的蛋白质、核酸等各种有机大分子物质愈积愈多，浓度不断增加，在某种外部因素的作用下，这些有机大分子物质浓缩、分离，相互作用，聚集成小滴，这些小滴的外面包有最原始的界膜，使小滴内部与周围的海洋环境分开，形成独立的多分子体系，被称为团聚体(coacervate)。

团聚体是一种多分子体系，具有原始的代谢特性。例如，将具有化学催化性质的酶包裹在团聚体中时，它能从外部溶液中吸入某些分子作为反应底物，在酶的催化作用下发生特定的生化反应，反应的产物也能从团聚体中释放出去。奥巴林还完成了团聚体进行光合作用的模拟实验。他把叶绿素加到团聚体小滴中，把甲基红和抗坏血酸作为“食物”加到介质中，当用可见光照射团聚体小滴时，叶绿素中被激发的电子使甲基红还原，而从抗坏血酸中释放的电子则用来替代叶绿素中的电子。这一过程类似于绿色植物进行的光合作用。

（二）类蛋白微球体假说

福克斯等人把干的氨基酸混合物加热到170℃并持续数小时，直到氨基酸干粉变成黏滞的液体，然后把它放入1%的氯化钠溶液中，液体混浊之后形成了无数微球体，或叫类蛋白微球体(microspheres)。在光学显微镜下，微球体直径约为1～2nm，具有两层膜，使之与环境相隔离成为相对独立的多分子体系。这种微球体能吸收外界物质，可以生长，体积可以增大，微球体悬液放置一段时间之后以类似细菌分裂的方式出芽生殖。微球体在Mg^{2+}存在情况下，可促使三磷酸腺苷(ATP)产生少量的二聚体和三聚体。由此福克斯认为微球体促使最小的密码单元产生，并认为这是核酸进化的开始。

福克斯所说的这种微球体是由氨基酸经过热聚作用产生的高聚物的胶体体系，其中不含核酸，这与生命离不开核酸的已知事实是不相吻合的。另外，与团聚体一样，微球体形成也需要很高的反应物浓度，“稀有机汤”或原始大气似乎都无法具备这种条件。

对微球体与团聚体的研究为了解生命的产生提供了重要启示，至少在目前，团聚体和微球体都被看成是生命起源过程中第三阶段的重要模型。

四、由多分子体系演化为原始生命

由多分子体系演化为原始生命是生命起源过程中最为复杂、最有决定意义的化学进化阶段，它直接涉及原始生命的诞生。所以，这一阶段的演变过程是生命起源的关键，但目前仅仅是推测，如果能够得到证实并能模拟的话，就意味着能人工合成生命，这将是生命科学的一个重大突破。

多数学者认为，像原始生命这样一种复杂的多分子体系，绝不是蛋白质与核酸等大分子的简单相加，而是出现了以蛋白质为主的代谢系统和以核酸为主的遗传系统之间的偶联，并在多分子体系内部建立起了信息传递、控制与调节的新关系，能有效地利用其他有机物质而繁殖自身的个体，从而出现了地球上前所未有的新物质，即原始生命。它不但能自我复制，还能自我更新。

【小知识】

米勒的模拟原始大气实验

1951 年，在芝加哥大学的一次讲座中，诺贝尔化学奖得主尤里提到了在具有高度还原性的地球大气中出现生命的可能性，并且建议感兴趣的人去开展实验，年轻的米勒是那次演讲的听众之一。1952 年，米勒师从尤里攻读博士学位，在尤里的指导下，米勒设计了一套密闭循环的玻璃仪器(见图 1－3)，模拟和验证了非生命有机分子在原始地球环境中生成生物分子结构单元的化学动力学过程。他先将模拟装置抽成真空，再用 130℃的高温消毒 18 小时，然后在烧瓶中注入水来代表原始的海洋，其上部球形空间通入甲烷(CH_4)、氢气(H_2)、氨(NH_3)、水(H_2O)来模拟“还原性大气”。烧瓶加热使水蒸气在管中循环，通过两个电极放电产生电火花，模拟原始地球闪电的自然条件，并激发密闭装置中不同气体之间的化学反应；在球形空间下部连通冷凝管，让反应后的气体和水蒸气冷却后形成液体，模拟降雨过程。化学反应后形成的新化合物被“雨水”溶解后，又回流至底部的烧瓶。通过持续地反复循环，烧瓶中无色透明的液体逐渐变成了暗褐色。连续进行火花放电 8 天 8 夜后，在完全没有生命的系统中，发现了包括 5 种氨基酸和不同有机酸在内的各种新的有机化合物，其中的 4 种氨基酸与天然蛋白质中的氨基酸相同(甘氨酸、丙氨酸、谷氨酸、天冬氨酸)。另外还检测到可以合成核酸碱基的前体化合物，如氰化氢(HCN)等。米勒靠着执著探索的科学精神，终于得到了实验结果。

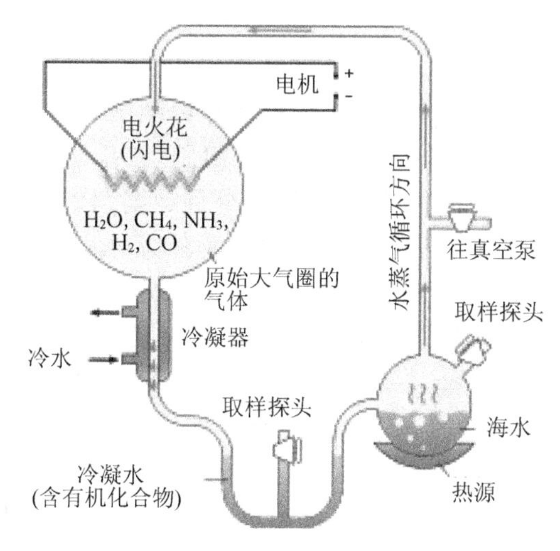

图 1－3 米勒的模拟实验

生命在地球上的出现，是原始地球条件下各种物质相互作用的结果。在现今的地球条件下，作为生命起源的基本条件已不存在。随着地球上最早能进行光合作用的原始藻类(如蓝藻)和之后绿色植物的出现，现代大气已成为含氧丰富的氧化性大气，而不再是生命起源所必需的还原性大气。因此，在现在的地球环境条件下，是不可能再产生新的原始生命的。

生命的产生，是地球演化史上的一次大飞跃，它使地球的演化从化学进化阶段进入生物进化阶段，并由此引导出生机勃勃的生物进化历史。经过了漫长的进化后，终于产生了万物之灵——人类。

第二节 人类胚胎发育

一、生殖细胞的发生

人类生命延续的过程始于精子与卵子的结合，精子和卵子分别由精原细胞和卵原细胞演变而来，这个过程就是生殖细胞的发生。人类生殖细胞发生过程实质上就是减数分裂的过程。

（一）精子的发生

青春期时，在脑垂体促性腺激素和雄激素的作用下，睾丸曲细精管生殖上皮中最原始的生殖细胞（即精原细胞）进行活跃的有丝分裂，经过多次有丝分裂，其中一部分细胞停止分裂，吸收营养，体积增大为初级精母细胞，其核内的染色体与精原细胞相同，仍然是二倍体，数目为46，XY。初级精母细胞随后进行第一次成熟分裂，产生两个次级精母细胞，其染色体数目已经减半为23，X或23，Y，成为单倍体。次级精母细胞随即进行第二次成熟分裂，形成4个精子细胞，精子细胞经过变形成为精子。上述两次成熟分裂过程中，染色体只复制一次而细胞分裂两次，结果所形成的精子细胞染色体数目减少了一半，因此这两次成熟分裂合称为减数分裂。精子的发育、成熟是一个连续不断的过程，通常从精原细胞发育成精子大约需时60余天。

（二）卵子的发生

当女性胚胎3个月时卵巢生殖上皮增生形成卵原细胞。当胚胎发育至7个月时所有的卵原细胞通过若干次有丝分裂，生成初级卵母细胞，其染色体数目为46，XX。初级卵母细胞随即进入第一次成熟分裂，并长期停滞于分裂前期（12～50年不等）。直到女性发育至青春期（12～13岁）时，部分初级卵母细胞在垂体促性腺激素的作用下，完成第一次成熟分裂而形成两个大小不等的细胞，大的是次级卵母细胞，小的是第一极体，它们的染色体数目已经减半为23，X，均为单倍体。次级卵母细胞排卵前开始进行第二次成熟分裂，但停止在分裂中期等待受精。一旦受精立即完成第二次成熟分裂，形成卵子和第二极体。

二、胚胎发育过程

和所有脊椎动物一样，人体的胚胎发育过程也要经过几个基本的发育阶段，即受精、卵裂、囊胚、原肠胚、神经轴胚以及器官发生。

（一）受精

两性生殖细胞结合的过程称为受精，形成的受精卵也称合子。受精是两性生殖细胞相互激活和双亲遗传物质相互融合的严格有序的过程，它起始于精卵的接触（见图1-4、图1-5），终止于两原核的融合。受精一般发生在输卵管壶腹部，因此在计划生育中，应用避孕套、输卵管堵塞或输精管结扎等措施，可阻止精子与卵子相遇，从而达到避孕的目的。

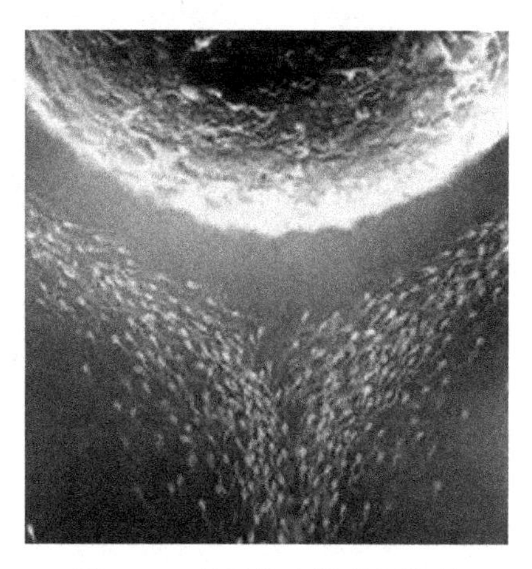

图 1-4 精子进入阴道的情形

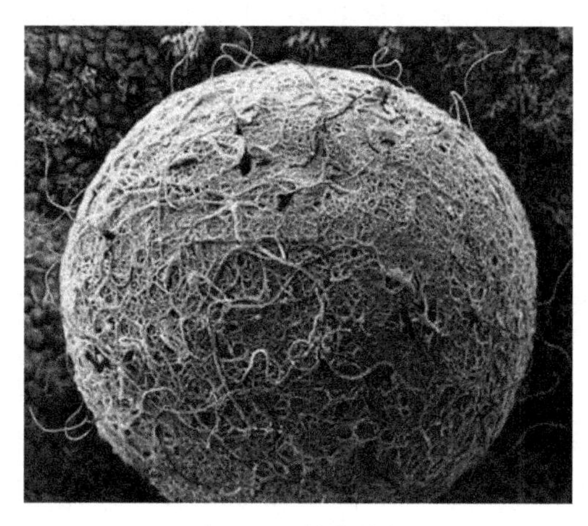

图 1-5 精卵接触

1. 受精的过程

(1) 精子获能

精子进入子宫和输卵管后，首先同这些管道分泌物中的酶发生反应，使其表面的特异性糖蛋白(即抗受精素)显露出来，从而获得受精能力，此现象称为精子获能。抗受精素能同卵子表面的特异蛋白(即受精素)发生特异性免疫反应，相互识别吸引，这是受精的先决条件。

(2) 顶体反应

当获能的精子与卵子相遇时，它首先与卵子周围的放射冠接触，此时精子顶体的前膜与卵子表面的细胞膜融合，继而破裂释放各种酸性水解酶，这个过程称为顶体反应(见图 1-6)。

(3) 透明带反应

精子借顶体酶的作用穿过放射冠和透明带，进入并附着于卵膜表面，随即精子的细胞核和细胞质进入卵内，精子进入卵内后，卵子浅层细胞质内皮层颗粒立即释放酶样物质，使透明带结构发生变化，此称为透明带反应(见图 1-7)。其作用是阻止其他精子与卵子接触，即阻止多精受精。

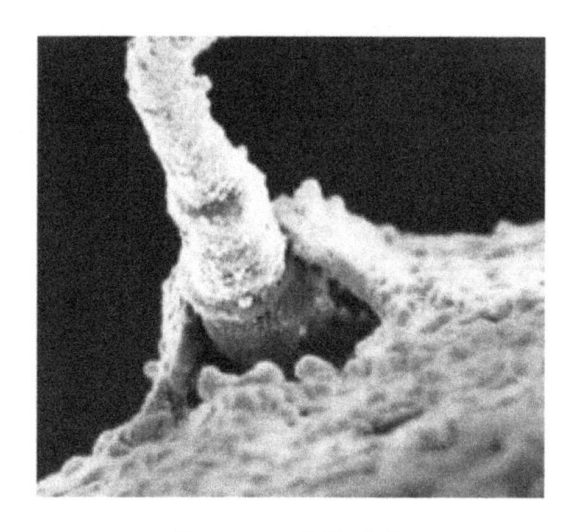

图 1-6 顶体反应

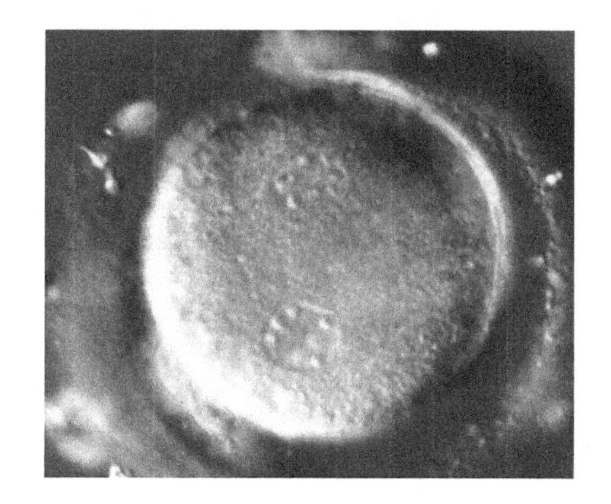

图 1-7 透明带反应

(4) 两性原核的融合

精子进入卵后，次级卵母细胞在精子的刺激下完成第二次成熟分裂，形成一个卵子和一个第二极体。此时精子和卵子的核分别称为雄原核和雌原核。两个原核逐渐在细胞中部靠拢，核膜随即消失，染色体混合，形成两倍体的受精卵（见图 1－8），此时受精即告完成。整个受精过程约需 24 小时。

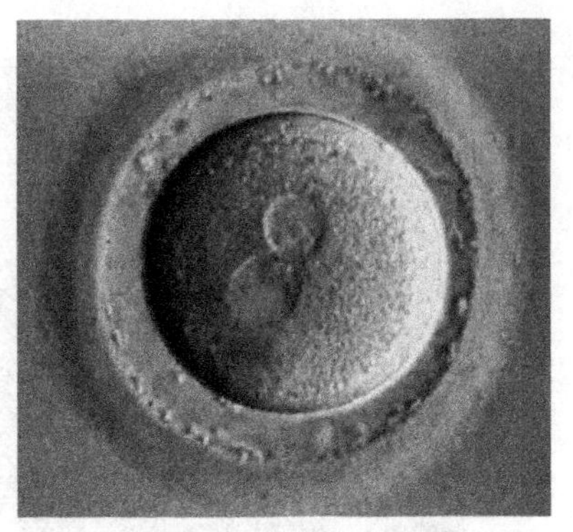
图 1－8　两性原核的融合

（二）卵裂

受精卵的分裂称为卵裂，这是一种快速的细胞有丝分裂。卵细胞产生的子细胞称为卵裂球。卵裂具有严格的模式，不同动物的卵裂方式不完全相同，这主要是由于细胞质中决定纺锤体形成的因子，以及卵黄物质的分布和数量均不尽不同。而卵裂的方向则由卵的固有极性所决定，有些卵裂方向还与精子进入卵的位置有关，卵黄物质的分布和数量则决定卵裂发生的部位。

脊椎动物卵细胞一般具有极性。卵细胞内卵黄少的一极为动物极（animal pole），卵裂速度相对较快；另一极卵黄含量较多，为植物极（vegetal pole），分裂较慢。

卵裂虽然属于有丝分裂，但它与普通的细胞有丝分裂不同，G_1 和 G_2 期特别短或没有，因此配体不生长，卵裂球迅速进行一次又一次的分裂，分裂次数越多，分裂球体积越小。当受精卵分裂成 16 个细胞时，这些细胞密集地堆积在一起，成为一个实心的细胞团，称为桑椹胚（见图 1－9 中 7）。

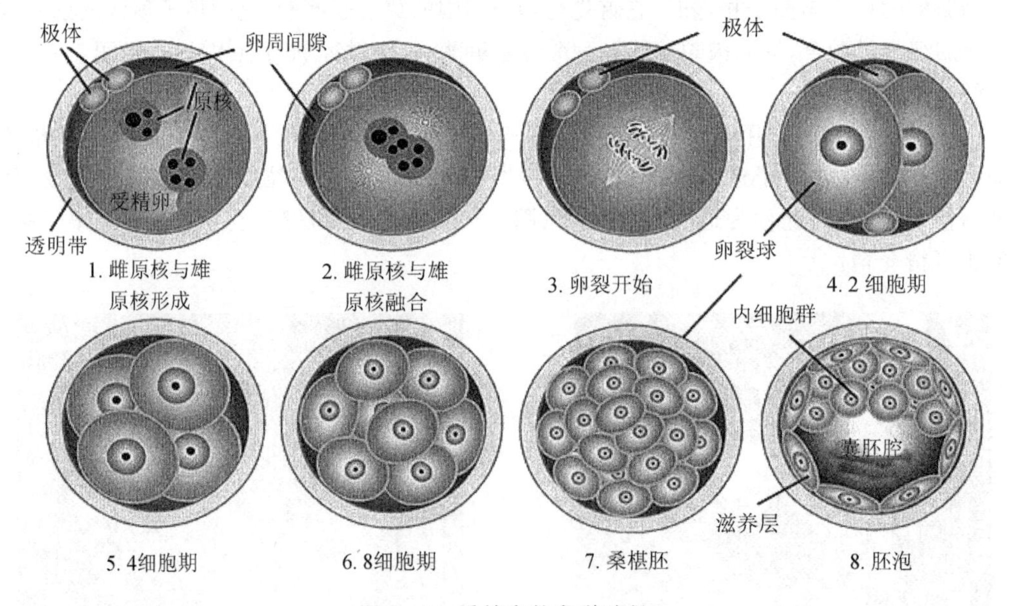

图 1－9　受精卵的卵裂过程

（三）囊胚期

细胞继续进行分裂，卵裂球数量增多，实心胚体中间出现一个不规则的腔隙，随着腔隙中的液体增多，此腔变为一圆形的空腔，成为囊胚腔（blastocoele）（见图 1－9 中 8）。对于人类，此腔又称为胚泡腔（blastocoele cavity）。这种囊状的胚胎称为囊胚（blastula）。囊胚的形成标志着卵裂期的结束。对于哺乳类，因为卵中所含的卵黄少，外部细胞构成囊胚壁，由单层细胞构成，称为滋养层(trophoblast)，将发育成绒毛膜，参与胎盘(placenta)形成。滋养层能分泌蛋白酶，将母体子宫内膜溶解，利于胚胎植入母体子宫壁获取营养，保证胎儿正常发育；同时还可分泌激素，使母体子宫接纳胎儿。而内部细胞逐渐排列于胚泡腔的一端，称为内细胞群(见图 1-10)，后者将分化为由内、中、外三个胚层构成的胚盘。内细胞团与滋养层细胞无论在形态上还是在细胞质内蛋白质合成上都不相同，这代表哺乳动物细胞进行了早期细胞分化。有实验证明，哺乳动物胚胎 2 细胞期、4 细胞期、8 细胞期的单个卵裂球具有发育成滋养层和内细胞团，进而发育为完整个体的潜能，这说明卵裂球具有全能性。因此，哺乳动物囊胚与其他动物囊胚不同。

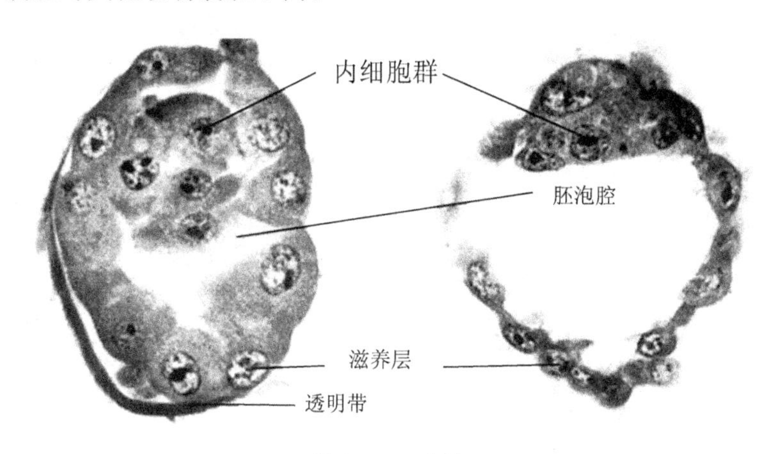

图 1-10 胚泡

(四) 原肠胚期

原肠胚(gastrula)是胚胎发生中一个极其重要的时期，是胚胎分化为三个胚层的时期。在这个过程中，细胞发生重排。

胚胎发育到囊胚期以后，细胞继续分裂，但细胞分裂速度减缓，并开始剧烈运动。空球状的囊胚因为植物极细胞逐渐向囊胚内部凹陷，囊胚腔逐渐缩小或消失，动物极细胞向植物极方向迁移，并外包植物极半球。这时，胚胎成为具有两层细胞的配体，陷入的细胞所包围的腔称为原肠腔，它以胚孔(blastopore)与外界相通。此时期的胚胎称为原肠胚。胚孔、原肠腔的形成以及胚层的出现，是原肠胚期的主要形态特征。各种动物原肠形成期差别很大，但基本过程和发生机制都一致。

1. 蛙原肠胚的形成过程

蛙原肠胚形成的最初标志是植物极细胞在受精卵的灰色新月区上部内陷形成一弧形的沟，称为新月沟。沟的上方为背唇(dorsal lip)。分裂速度快的动物极细胞迁移并外包植物极半球，同时背唇细胞从新月沟处卷入胞体内。卷入以及内陷的细胞继续增多，原肠腔逐渐扩大，随后卷入活动由背唇向两侧扩展，形成左右两侧的侧唇(lateral lip)。外包和卷入区域继续扩大，又形成腹唇(ventral lip)，最后由背唇、侧唇和腹唇围绕成一环形的胚孔。在胚孔中央尚有未完全陷入的含较多卵黄的植物极细胞，称为卵黄栓(yolk plug)。随着内陷、外包和卷入过程的进行，原肠腔由小变大逐渐将囊胚腔挤向侧面。

原肠胚形成结束时，卵黄栓全部包进胚胎内部，胚孔缩成一条狭缝，以后胚孔处将形成肛门。至此，经过外包、卷入和内陷等复杂的细胞迁移活动，终于形成具有胚孔、原肠腔、内和外两层的原肠胚(见图 1-11)。这时的原肠腔并未全部由内胚层(endoderm)包围，在原肠腔背面顶壁和侧壁只有中胚层(mesoderm)，在继后的神经胚时期，内胚层从两侧向背侧靠拢，最后完全包围原肠腔，所以原肠腔的形成过程也是三个胚层的形成过程。

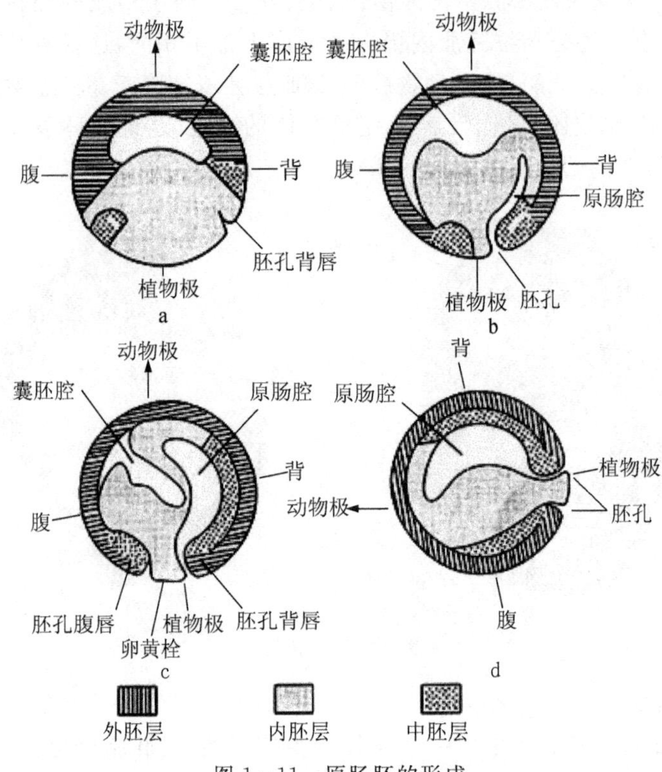

图 1-11　原肠胚的形成

2. 哺乳动物原肠胚的形成

哺乳动物的卵很小，为均黄卵，胚胎发育的主要营养来自母体。在囊胚期，胚泡植入母体子宫壁。胚胎在发育时形成一些特殊的结构，如尿囊、胚盘等。随着内细胞团细胞不断分裂、增殖，靠近胚泡腔一侧的细胞演变成为一层细胞，称为下胚层(hypoblast)，当初构成胚泡壁的滋养层细胞在许多动物逐渐消失。由内细胞团分化发育的胚盘直接发育成为原肠胚。高等哺乳类动物，如灵长类，滋养层细胞增殖发育成绒毛膜，后者参与胎盘的形成，从子宫内膜获取营养，内细胞团分化成由内、中、外三个胚层构成的胚盘。内、外胚层周缘的细胞分别向四周延伸，围成卵黄囊及羊膜腔。中胚层在内、外胚层之后出现，此后，三个胚层开始分化，进入神经轴胚期。

从以上可以看出，从原肠胚开始到原肠胚形成是一个复杂的细胞迁移、重排的过程，是动物发育过程中的一个重要阶段。囊胚期以前，胚胎的结构和生理活动都很简单，囊胚基本上是一些结构相似的细胞集合在一起。原肠胚及其以后就有明显的变化，出现了胚层的分化，特别是中胚层的出现，为以后复杂的组织和器官的形成打下基础。

(五) 神经轴胚期

原肠胚期结束后，胚体开始伸长，并具备了内、中、外 3 个胚层，它们是动物所有组织器官形成的基础。胚层开始分化，在胚体背部产生中轴器官——脊索(notochord)和神经管(neural tube)，这时期的胚胎称为神经轴胚(neurula)。所有的脊椎动物都有相同的器官发生模式。蛙神经轴胚见图 1－12。

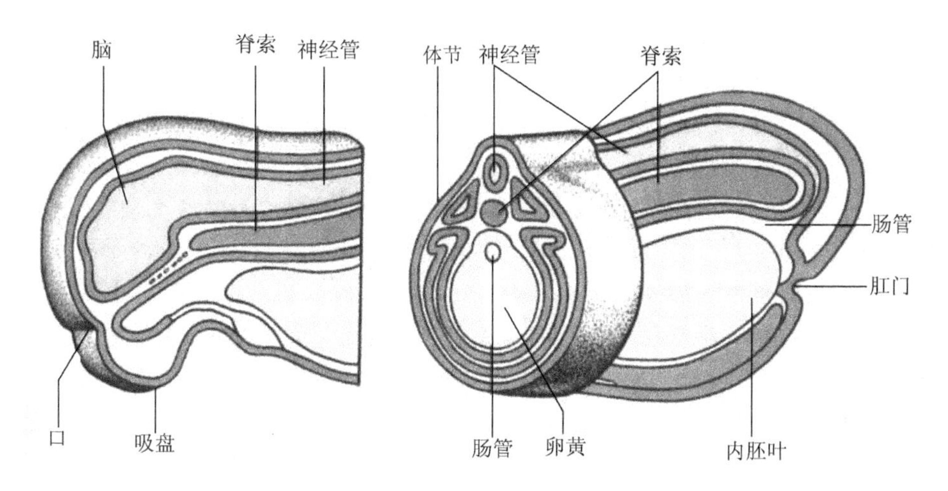

图 1－12　蛙神经轴胚

神经管由外胚层细胞分化而来，它将来形成脑和脊髓。神经管的形成大致分为 3 个阶段：在胚体背部位于脊索原基上方的外胚层细胞增厚，形成神经板（neural plate）；神经板的两侧向上隆起，形成神经褶（neural fold），神经板的中部凹陷形成神经沟（neural groove）；神经褶继续向背方延伸并相互靠拢、融合，形成神经管（见图 1－12）。最后神经管自外胚层脱离，陷入胚体内，其上方的外胚层愈合。

脊索是由背正中区的中胚层细胞分化形成的一条纵贯胚体的圆柱形中轴结构。脊索的下方为内胚层，将发育成体节（somite）。神经轴胚期是脊椎动物特有的胚胎发育阶段。

（六）器官发生

器官发生（organogenesis）是指由内、中、外三个胚层分化发育成胚体各个器官、系统的发生过程。当发育到原肠胚，胚层逐渐形成，细胞开始分化，并开始分离成为初级器官原基（primary organ rudiment）。以后这些细胞进一步集聚和分化，形成固定的次级细胞原基（secondary organ rudiment）。各种器官开始明显地分化出来。有的细胞层局部加厚（如神经板）；有的细胞集聚成团，排列成节（如生骨节、生肌节）；有的细胞层折叠，卷成管状（如神经管、消化管等）；有的胚层细胞分散成间叶细胞，于是各器官逐渐分化定型。胚胎的形态也随之发生变化，首先躯体变长，然后形成头和尾，颈和躯干也逐渐形成，出现肢芽，动物雏形开始显现。在形态发生时期，胚胎对环境的影响特别敏感，在某些因素（如药物、理化因素、病毒等）的作用下，易发生先天畸形。

脊椎动物三个胚层分化发育成的主要组织和器官如表 1－1 所示。

表 1－1　哺乳动物三个胚层分化发育成的主要组织和器官

外胚层	内胚层	中胚层
皮肤的表皮、毛发、爪甲、汗腺，神经系统——脑、脊髓、神经节，神经感官的接收器细胞，眼的晶体，口、鼻腔及肛门上皮，齿的釉质	肠上皮、气管、支气管、肺上皮，肝、胰，胆囊上皮、甲状腺、副甲状腺及胸腺，膀胱、尿道上皮	肌肉——平滑肌、骨骼肌及心肌，皮肤的真皮，结缔组织，硬骨及软骨，齿的牙质，血液及血管，肠系膜、肾，睾丸和卵巢

【小知识】

胚胎诱导

胚胎发育的特定阶段，一部分细胞对邻近细胞产生影响，并决定其分化方向的作用，称为胚胎诱导(embryonic induction)或诱导(induction)。起诱导作用的组织称为诱导组织，被诱导而发生分化的组织称为反应组织。胚胎诱导可发生在不同胚层之间，也可以发生在同一胚层不同区域之间。在原肠胚晚期，中胚层首先独立分化，这一启动对邻近胚层有很强的诱导分化作用，它促进内胚层和外胚层向各自相应的组织器官分化。将中胚层移植到原肠胚期(受体)的腹部，这块移植物以后发育成第二条脊索，受其诱导，在移植物上方的受体细胞发育成第二个神经板并进一步发育成神经管，这是初级诱导。神经管的前端膨大形成原脑，原脑两侧突出的视杯(optic cup)诱导其上方的外胚层形成晶状体，此为次级诱导。晶状体诱导其表面的外胚层形成角膜，这是三级诱导。经过进行性诱导，最后发育为具双头的畸胎(见图 1-13)。胚胎诱导具有严格的组织特异性和发育时空限制。

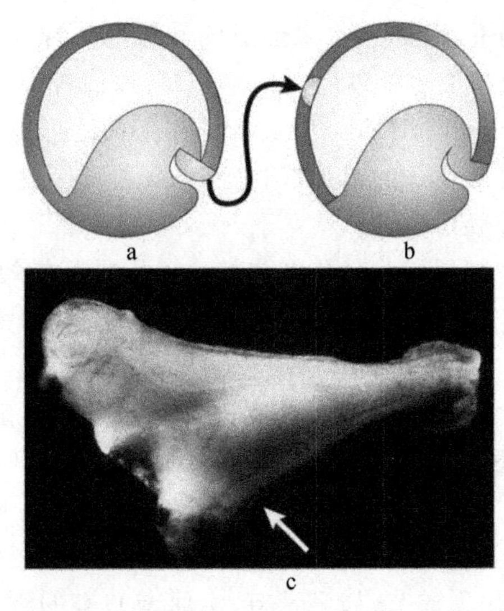

图 1-13　移植蝾螈早期原肠胚背唇至受体腹部形成的双头幼体

第三节　胚后发育

从卵膜孵出或从母体娩出的幼体，继续生长发育，经过幼年、成年、老年直至死亡的过程，称为胚后发育。在胚后发育过程中，仍有一些细胞继续分化，如牙的发生、神经系统的继续发育、生殖细胞的分化成熟。有些动物从幼体发育为成体的过程中，在形态结构、生理功能及生活习性等方面发生显著的改变，称为变态(metamorphosis)。如蛙的幼体——蝌蚪生活在水中，以植物为食，用鳃呼吸，运动器官是尾，经变态成为能适应陆地生活的蛙(见图 1-14)。

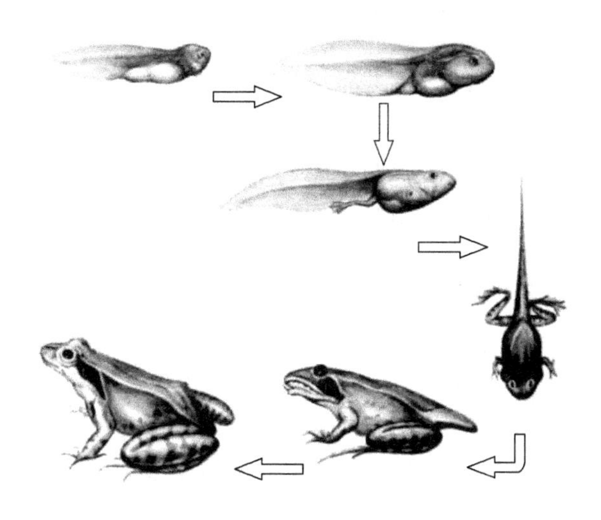

图 1-14 蛙的变态

一、生长

生长是由幼体生长到成体，体积增大的阶段。通过细胞数量增加使机体生长，是生长的主要原因；细胞体积增大，是个体发育中某些细胞的生长方式；此外，大量细胞外基质分泌使细胞外空间容量增加，如软骨和骨的生长。例如，人的新生儿细胞数量约为 2×10^{12} 个，到成年可增加约 50 倍，为 10^{14} 个。生物个体的生长期通常分为以下几个时期：①生长停滞期(lag growth period)，无实质性生长，但为其以后的生长做准备；②指数生长期(exponential growth period)，先慢后快，体积成倍增加，新生儿体重倍增时间约为 5～6 个月；③生长减速期(decelerate growth period)，个体生长开始减慢。在达到一定体积后便完全停止生长，到晚年甚至出现负增长。

机体各部分的生长速度有差异，如人的婴儿期，头部长度占身高的 1/4，到成年期只占 1/8～1/7，显然在生长期间，躯体的生长比头部快。

二、再生

再生(regeneration)是指生物体在其身体某部分受到损伤或丧失后的修复过程。再生的本质是成体动物为修复缺失组织器官的发育再活化，是多潜能未分化细胞的再发育。

(一) 再生分类

再生分为微变态再生、变形再生和补偿性再生三种形式。

微变态再生涉及成体组织通过去分化过程形成的未分化细胞团，以便之后可以重新分化，如两栖类动物再生肢体。变形再生是通过已存在组织的重组分化，基本没有新的生长，如水螅的再生。补偿性再生表现为细胞分裂，产生与自己相似的细胞，保持它们的分化功能，如哺乳动物肝的再生。

(二) 动物再生的一般过程

动物有些组织或器官，长成之后即保持一定的形态，一般细胞不再分裂，但若受到损伤或失去一部分，余下的邻近组织细胞进行分裂、增殖；组织干细胞增殖、分化，便开始再生并恢复。例如，人的肝若受到损伤，其邻近组织于 G_0 期开始细胞分裂、增殖；肝干细胞增殖和分化；门脉周围干细胞过度增生（hypertrophy）而完成肝再生。在再生的过程中，完成再生过程需要3个条件：①必须具有有再生能力的细胞；②局部环境条件能引导这些细胞进入再生途径；③去除阻碍再生的因素及因子。

脊椎动物再生主要由两类细胞参与：①干细胞或祖细胞，最常见的再生机制是干细胞和祖细胞进行再生，如表皮干细胞参与皮肤的再生，造血干细胞参与血液组织的更新和重建。干细胞参与组织再生过程中，一般通过中间类型细胞及定向祖细胞（committed progenitor）分化为终末分化细胞。②已分化细胞去分化或转分化，然后再分化，形成失去的组织或器官。例如，蝾螈的前肢被切除后，伤口处细胞间的黏合性减弱，细胞通过变形运动移向伤口，形成单细胞层封闭伤口，这层细胞称为顶帽（apical cap）或顶外胚层帽（apical ectodermal cap）。顶帽下方的细胞，如骨细胞、软骨细胞、成纤维细胞、肌细胞、神经胶质细胞均去分化，并彼此分离，形成了一团无差异的细胞，这群细胞和顶帽共同组成的结构称为肢芽。因肢芽内部缺氧，pH值降低（6.7～6.9），提高了溶酶体酶的活性，促进受伤组织的清除。肢芽细胞加快分裂和生长，细胞开始分化，形成相应的骨、肌肉、软骨等组织，最后完成肢体的再生过程。

动物种类不同，同一个体组织器官不同，再生能力也各不相同。低等动物的再生能力比高等动物强。扁形动物，如涡虫，由自身一小片组织可以再生成完整的个体。蚯蚓在切成两段后，每段都能再生成整体。哺乳动物再生能力相对较差，但并不是没有再生能力。有些组织器官，如皮肤、肝、肌肉、外周神经等有较强的再生能力。再生能力与年龄也有关，幼年有一定的再生能力，随着年龄的增长，再生能力逐渐减弱。

三、衰老

衰老（aging）是绝大多数生物性成熟后，机体形态结构和生理功能逐渐退化或老化的过程，是一个受发育程序、环境因子等多种因素控制的不可逆的生物学现象。各类动物衰老过程的差异较大，因而动物的寿命为数日至数百年不等。

（一）衰老的一般形态与功能特征

哺乳动物进入衰老期，机体结构和功能出现衰老特征，如老年人出现皮肤松弛、皱缩、老年斑，毛发稀少、变白，牙齿松动、脱落，骨质变脆，性腺及肌肉萎缩，脊柱弯曲，代谢降低以及细胞结构改变等；在功能上表现为行动迟缓、视力与听力下降、记忆力减退、适应性降低、心肺功能低下、免疫力及性功能减弱、易于发生各种老年病（如老年性痴呆症等）。衰老可以表现在组织、器官、细胞及分子等不同层次上，不同物种、同一物种不同个体及同一个体不同部位各层次上的衰老变化都不完全相同。衰老是时间依赖性的缓慢过程。衰老的形态和功能特征有显著的个体差异，很难找到适当的定量参数作为衰老的指标。例如，年龄大的人可能比年龄小的人精力更充沛，健康状况更好，因此不能单纯以年龄作为衡量衰老的指标。衰老过程主要是机体内部结构的衰变，是构成机体的所有细胞的功能不全，是随着生存时间推移而发生的细胞改变的总和。机体的衰老首先表现于中枢神经系统与心血管系统，因而维护中枢神经系统和心血管系统的正常功能是抗衰老的主要措施。

（二）衰老的机制

衰老的表现多种多样，引起衰老的原因十分复杂，关于衰老的学说不下几十种。例如，基因调控学说、DNA损伤修复学说、自由基学说、线粒体损伤学说、端粒区假说等已成为国际研究热点。人类的衰老还受社会、环境、情绪等因素的影响。

1. 基因调控学说

许多资料表明，子代的寿命与双亲的寿命有关，各种生物的寿命相对恒定，主要受遗传物质的控制。个体发育本身就是一个严格的遗传程序控制的过程。机体细胞中存在着“长寿基因”和衰老基因。目前发现，人 1、4、7、11、18 号染色体及 X 染色体上都含有与衰老相关的基因。北卡罗来纳大学、密歇根大学、哈佛大学医学院以及我国童坦君、张宗玉夫妇还发现 *p16* 基因与衰老有关，*p16* 基因及衰老基因突变，可使生物体寿命延长。成人早老综合征是因位于 8 号染色体断臂的一个 *WRN* 基因（编码核膜蛋白）的突变而引起的（见图 1－15）。该基因与 DNA 的解旋有关，提示了老化与 DNA 损伤积累的相关性。

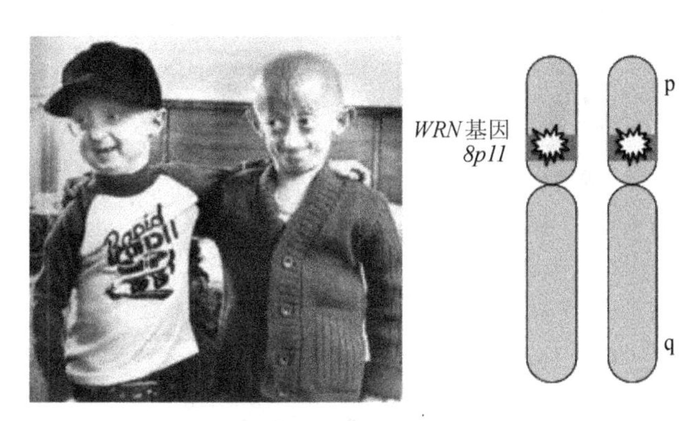

图 1－15 成人早老综合征及其基因突变位点

由于衰老与遗传有关，故有人提出“衰老的遗传学说”。很多学者，特别是发育生物学者持此观点。在正常情况下，控制生长发育的基因在各个发育时期有序地开启和关闭。机体发育到生命的后期阶段才开启的基因控制机体的衰老过程，正是由于这些基因的改变而引起机体一系列结构、功能的改变。

2. 端粒、端粒酶与衰老

在染色体末端普遍存在端粒结构。一般而言，端粒是决定细胞增殖能力的计时器：端粒长，细胞的增殖能力强，反之越弱。端粒由端粒酶合成，以保持染色体的稳定性。但是端粒酶仅在生殖细胞、一些干细胞及部分肿瘤细胞中才有活性。哈利与奥尔索普等（1991）发现人成纤维细胞端粒每代缩短 14～18bp；外周血淋巴细胞每代缩短 33bp；人胚胎二倍体成纤维细胞每增加一代，端粒长度减少 49bp。这种随着年龄的增长，细胞分裂次数增加，端粒长度随之缩短的现象，称为端粒消减（telomere attrition），当端粒减至临界长度（如人二倍体成纤维细胞将至 2kb），细胞出现传代极限（Hayflick 限度），不再分裂，细胞衰老（见图 1－16）。

3. 自由基与衰老

自由基是指那些在外层轨道上具有不成对电子的分子或原子基团，它们都带有未配对的自由电子，这些自由电子使这些物质具有高反应活性。当这些自由基与其他物质发生反应时，引起一些极重要的生物分子失活，而对细胞和组织产生十分有害的生物效应。自由基种类很多，主要有 3 类：活性氧（reactive oxygen species，ROS）、羟自由基 OH^- 和 H_2O_2。其中活性氧（超氧自由基）和游离羟基极不稳定，而过氧化氢较稳定，容易渗透。超氧自由基对细胞的影响如图 1－17 所示。自由基可以是生物氧化和酶促反应的副产品，也可以由外界因素引起，如紫外线等诱发细胞生成。机体中也存在清除这些自由基的机制，即超氧化物

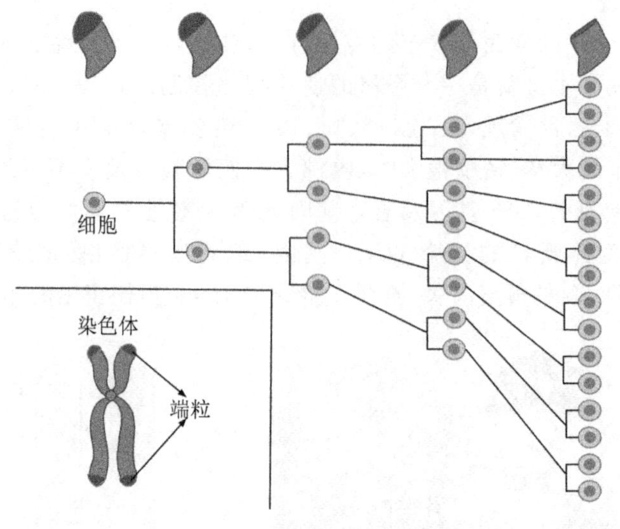

图 1-16　端粒消减与传代极限

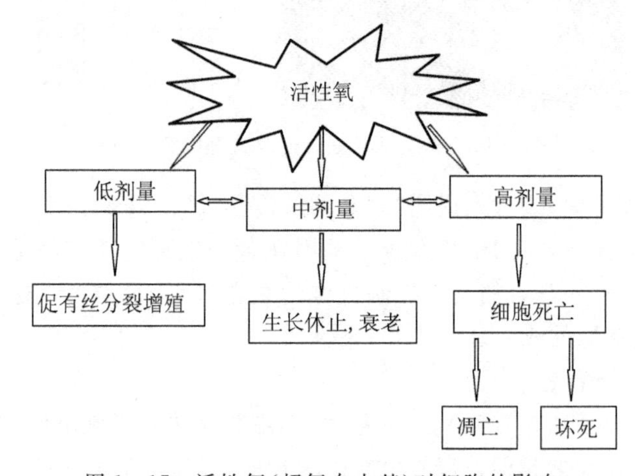

图 1-17　活性氧(超氧自由基)对细胞的影响

歧化酶(superoxide dismutase,SOD)、谷胱甘肽过氧化物酶等。随着年龄的增加，细胞内这些酶活性降低、清除力下降，使自由基积聚，对细胞细胞膜、内膜系统以及核膜的损害增强，生物膜脆性增加，对离子尤其是K^+的通透性发生变化，使细胞内依赖 DNA 的 RNA 聚合酶活性受到抑制，导致细胞衰老。清除自由基的酶及维生素 E 等，都具有延缓衰老的作用。

4. 线粒体与衰老

20 世纪 80 年代，卡明斯等人提出，mtDNA 突变积累与细胞衰老有关。在线粒体氧化磷酸化生成 ATP 的过程中，大约有 1%～4%的氧转化为 ROS，因此线粒体是自由基浓度最高的细胞器。mtDNA 裸露于基质，缺乏结合蛋白的保护，最易受自由基伤害，而催化 mtDNA 复制的 DNA 聚合酶 γ 不具有校正功能，复制错误频率高，同时缺乏有效的修复酶，故 mtDNA 最容易发生突变。一旦 mtDNA 发生突变，就会使呼吸链功能受损，进一步引起自由基堆积，恶性循环，导致衰老。许多研究认为，mtDNA 缺失与衰老及伴随的老年衰退性疾病有密切关系。

5. 神经内分泌-免疫调节与衰老

下丘脑是人体衰老的生物钟，下丘脑的衰老是导致神经内分泌器官衰老的中心环节。下丘脑-垂体-内分泌腺轴系的功能衰退，使机体内分泌功能下降。随着下丘脑的“衰老”，免疫功能减退，尤其是胸腺随着年龄增长而体积缩小、重量减轻。例如，新生儿的胸腺约重15～20g；13岁时30～40g；青春期后胸腺开始萎缩，25岁以后明显缩小；到40岁胸腺实体组织逐渐被脂肪所取代；到老年，腺体组织完全被脂肪组织取代，导致其功能丧失。因此，老年人免疫功能降低，易患多种疾病，包括肿瘤。

其他学说还包括体细胞突变学说、差错灾难学说、交联学说、代谢学说、线粒体DNA突变学说等。总之，影响衰老的因素很多，衰老是多种因素综合作用的结果。

四、死亡与寿命

医学上判定死亡的标准是心跳与呼吸的停止，心、脑电图平波，瞳孔反射消失等。但是，机体的死亡并非是全部细胞同时停止生命活动，只有当脑细胞死亡后，脑功能完全丧失，才被视为个体死亡。

不同动物之间寿命差异很大，但是同一物种的最大寿命相对恒定。例如，龟的最大寿命是175岁，小鼠是3.5岁，人是120岁左右。根据对哺乳动物寿命的调查分析，动物的寿命为性成熟年龄的8～10倍，为生长期的5～7倍。人的性成熟年龄为11～15岁，生长期为20～25岁，因而认为人类的自然寿命不低于120～150岁。但绝大多数人都未达到这个寿限。人类既是生物进化的产物，又生活于现实社会中，人的寿命必然会受到自身条件和社会条件这两方面的影响。例如，一百多年以前，人类的平均寿命只有30岁。而据世界卫生组织（World Health Organization，WHO）发布的2015年版《世界卫生统计》报告，全球人口平均寿命为71岁，其中女性73岁，男性68岁。中国人口平均寿命为男性74岁，女性77岁，这一数据与1990年出生婴儿的预期寿命相比，都各增长了6岁。美国女性的平均寿命为81岁，男性为76岁。而平均寿命最高的国家和性别分别为日本女性（87岁）和冰岛男性（81.2岁）。较1990年，平均寿命大幅提升的国家有：利比亚从42岁增加到62岁，埃塞俄比亚从45岁增加到64岁，马尔代夫从58岁增加到77岁，柬埔寨从54岁增加到72岁，东帝汶从50岁增加到66岁。可见，人均寿命的增长，与社会经济条件（包括医疗卫生条件）的改善和人口死亡率降低有直接关系。另外，人的寿命还与性别有关，女性的平均寿限较男性高。良好的自然生活环境、有规律的饮食起居生活、开朗乐观的性格、长期的劳动习惯以及优良的遗传因素等，都有利于延长寿命。

【小知识】

早期活性氧的存在或可决定有机体寿命

我们为什么会衰老？是什么让我们当中的一些人比其他人活得更长？几十年来，研究人员一直在试图通过阐明衰老的分子病因来解答这些问题。最为流行的理论之一就是随着时间的推移，活性氧积累可能是导致衰老的潜在罪魁祸首。活性氧能够导致诸如脂质、蛋白质和核酸之类的细胞组分发生损伤，从而造成氧化应激（oxidative stress）。然而，氧化应激在衰老中所起的作用仍然充满争议，而用来对抗氧化应激的抗氧化剂疗效也存在争议。

根据2012年发表在*Molecular Cell*上的一篇论文，来自密歇根大学的分子生物学家厄休拉和她的同事们在线虫中测量活性氧，并鉴定出遭受氧化应激影响的过程。

他们以秀丽隐杆线虫(*Caenorhabditis elegans*)作为研究对象，发现这种线虫在远未到老年时就被迫处理高水平活性氧。在发育早期，线虫体内堆积着高水平的活性氧。一旦这些线虫成年，活性氧水平下降，而且只在生命的较后阶段才急剧上升。令人关注的是，能够存活非常长时间的线虫突变体，要比寿命短的线虫突变体更好地处理活性氧和更早地恢复。这些发现提示：处理较早期的活性氧并从中恢复过来的能力可能能够预测动物寿命。

这项研究仍在继续开展，以便发现这种较早期的活性氧积累背后的机制，以及是否可能通过操纵生命早期的活性氧水平来潜在性地影响有机体的寿命。但有证据显示，有规律的有氧锻炼能延缓或逆转这一无情的衰老过程，即使你已步入晚年。

第四节　克隆技术

一、克隆的一般概念

克隆指通过无性方式由单个细胞或个体产生的、和亲代非常相似的一群细胞或生物体。在不发生突变的情况下，一个克隆内的所有成员具有完全相同的遗传构成。从词源角度讲，"clone"来源于希腊文，原意是用于扦插的枝条，也就是指无性繁殖。1902年，德国植物学家哈伯兰特指出，植物的体细胞具有母体的全部遗传信息，并具有发育成为完整个体的潜能。次年，维格将其引入园艺学，以后逐渐将这一概念应用于细胞生物学、动物学、医学等方面。细胞克隆指一个祖先细胞经分裂、增殖而形成一群细胞，这些细胞具有相同的遗传组成，该群细胞中的每一个细胞都含有相同的遗传组成和特性，亦称无性繁殖细胞系。克隆的概念强调了两点：①以无性的方式进行增殖和繁殖；②克隆中的每一成员其遗传构成完全相同。

克隆的概念扩大到分子水平至少可以分为4个层次：个体克隆、组织器官克隆、细胞克隆和分子克隆。

(一) 细胞克隆

一般来说，用动物的一些组织或细胞进行离体培养，可以获得该组织或细胞的增殖群体。美国、瑞士等国已经能够利用"克隆"技术培植的人体皮肤进行植皮手术。

(二) 器官克隆

器官的克隆一般要通过基因工程，把动物的某一器官的表达基因导入到另一种动物的细胞中，使该动物长出这个器官。

(三) 个体克隆

动物个体的克隆通常采用胚胎细胞。而用体细胞克隆动物，在克隆羊——多莉诞生之前，仅用于两栖类克隆。

(四) 分子克隆

随着"克隆"一词内涵的逐渐扩大，在基因工程中将DNA分子的扩增称为分子克隆。分子克隆就是从一种细胞中将某种基因提取出来作为外源基因，在体外与载体发生组合，再将其引入另一受体细胞自主复制而得到的DNA分子无性系。

近年来，由于克隆技术的改进以及一些基础理论的探明，已经成功地用体细胞克隆出了多种动物，如绵羊、小鼠、牛、山羊和猴等。这一切充分证明高度分化的动物细胞核具有全能性，并且生命的产生又多了一种新的方式——克隆。

二、生殖性克隆及治疗性克隆

克隆分为"生殖性克隆"(reproductive cloning)和"治疗性克隆"(therapeutic cloning)。

(一) 生殖性克隆及治疗性克隆的概念

生殖性克隆是指对生物体包括人个体的复制，即从被克隆的个体获得体细胞之后，将其植入母体的子宫里孕育，发育为与供体完全相同的遗传组成的个体。治疗性克隆通常指出于治疗目的而克隆人的胚胎，提取胚胎干细胞，并使干细胞定向发育，培育出健康的、可以修复或替代坏死受损的细胞、组织和器官，然后移植，治疗疾病。这种为了医疗目的而在实验室使用克隆技术制造胚胎的过程称为"治疗性克隆"。

在治疗性克隆中，由于"预定"的细胞、组织器官的遗传信息与患者完全相同，不会产生免疫排斥反应，无需使用免疫抑制剂；解决了组织工程和移植医学中细胞、组织器官的来源问题，同时也避免了伦理道德的限制。

目前世界各国政府对于克隆人基本持反对态度，但是对于医学治疗目的的治疗性克隆有分歧。

(二) 生殖性克隆和治疗性克隆的比较

生殖性克隆与治疗性克隆都是以细胞核移植为基础的，生殖性克隆的目的是要得到一个个体，而治疗性克隆只需要得到早期胚胎，然后从早期胚胎中分离得到胚胎干细胞，再将胚胎干细胞分化为人们所需的细胞，进行细胞移植治疗或用以构建组织工程化组织或器官(见表1-2)。

表1-2 生殖性克隆与治疗性克隆的差异

类　型	生殖性克隆	治疗性克隆
最终产品	动物或人	可用以治疗的细胞、组织或器官
目的	复制动物或人	修复受损的组织器官
需要时间	胚胎发育整个事件	短，几周
移植子宫	需要	不需要
法律限制	对人禁止	美、德等国反对；英、中等国支持

三、动物克隆技术的基本方法

动物克隆技术的理论依据是细胞具有全能性。从理论上讲，动物体内几乎所有的细胞，包括已分化的体细胞，细胞核中都含有完全相同的遗传信息，具发育的全能性。而受体卵细胞的细胞质中含有启动细胞核重新编程的各种因子，供体核在卵细胞的细胞质内因子的作用下，可以重新回到未分化状态。

动物克隆，特别是高等动物的克隆，可以通过三条途径获得：一是通过胚胎分割的方式产生孪生子；二是通过核移植将体细胞中的细胞核转入去核卵细胞后激活，借助卵细胞细胞质中的一些特殊物质，进行重新编程而生长发育；三是通过细胞融合的方法使体细胞与去核的卵细胞融合为重构胚。

（一）胚胎分割技术

胚胎分割(embryo splitting)技术，如图1－18所示，是把发育不同时期胚胎经显微手术，二分割或四分割后使其形成两个或四个胚胎，分别移植到受体子宫中使其妊娠产仔。这样由一个胚胎就可以克隆出遗传性状完全相似的两个及以上个体，个体之间的关系犹如孪生关系。

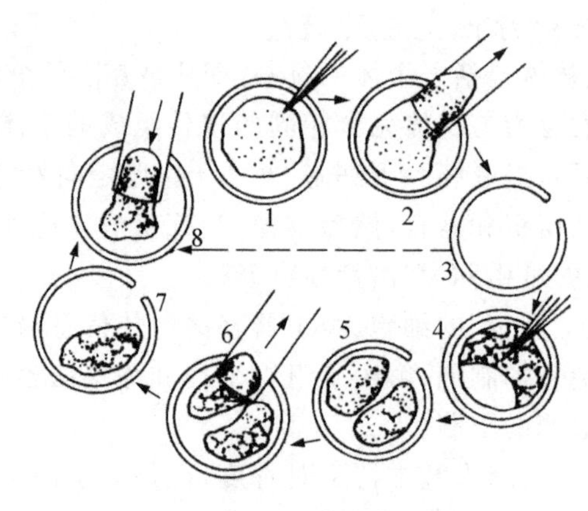

图1－18　胚胎分割技术

1974年，日本将胚胎切割成两半后，首次获得两只绵羊羔。利用胚胎分割技术克隆的动物有小鼠、兔、山羊、绵羊、猪、牛、马等。我国已能利用胚胎分割技术繁殖出上述克隆动物。然而，经胚胎分割产生的遗传相同个体数是有限的，一般为2个，最多不过4个。目前，动物胚胎分割技术已较成熟，加快了优良种畜的繁殖速度。

（二）细胞核移植技术

利用细胞拆合或细胞重组技术，将卵母细胞去核作为核受体，以不同来源和阶段的早期胚胎、体细胞或含少量细胞质的细胞核(即质体)作为核供体，将后者移入前者中，构建重组胚，供体核在去核卵母细胞的胞质中重新编程，启动卵裂，开始胚胎发育过程(见图1－19)。

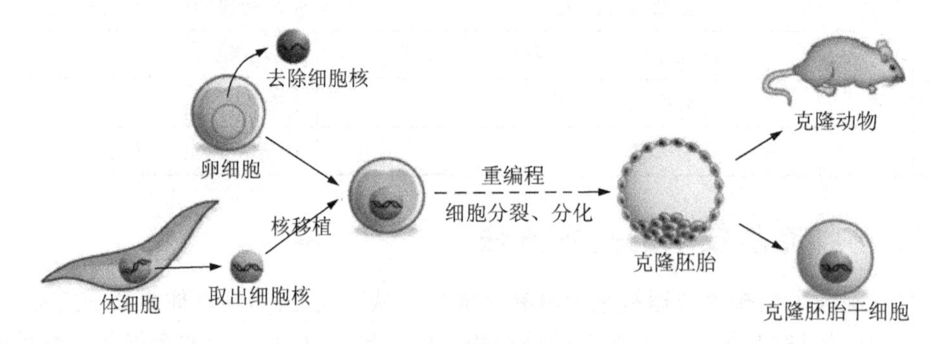

图1－19　体细胞核移植重编程技术

1. 供体(donor)细胞的准备

用于细胞核移植的供体细胞(核)有以下几类：早期胚胎细胞、胚胎干细胞、胚胎成纤维细胞(严格来讲胚胎成纤维细胞也是体细胞)和体细胞，它们可来自活体或体外培养的细胞。

移植前采用机械吹打或酶消化的方法使之分散成单个细胞，培养、处理，使核供体细胞周期与受体细胞周期相互协调和同步化，然后获取细胞核（可含少量细胞质）作为供体。

2. 受体细胞的准备

核移植的受体(recipient)细胞也有三类：去核卵细胞、受精卵和2细胞胚胎，其中多以卵细胞作为受体。卵细胞一般采用超排卵法或卵巢的卵泡，经体外培养成熟而获得。将收集到的以上受体细胞经显微操作或其他方式去除细胞核，如果用卵细胞还包括除去第一极体。如果去核不完全或不去核，可能导致克隆胚胎出现染色体组异常，使重构胚发育受阻而流产，克隆失败。

3. 核移植

核移植(nuclear transplantation)是利用显微操作技术，将供体核移入去核受体细胞质，形成重构胚。

4. 重构胚的培养和移植

完成核移植后形成的单个细胞在体外培养一段时间，移入雌性子宫和输卵管进行发育，或者是移入离体输卵管（同种或异种）进行体外培养，再移入雌性子宫或输卵管进行发育，直到出生。

这种方法产生的遗传组成相同的个体数在理论上是无限的。提供细胞核的细胞还可以是连续核移植的体细胞。例如格登等用培养的成体蟾蜍角化细胞连续移植发育到蝌蚪。获柏茹迪等用蛙红细胞核移植，初次移植只能发育到蝌蚪，当将一代重构胚的囊胚细胞核再移植，则产生了游泳的蝌蚪。以上试验说明，随着发育的进行，核维持去核卵发育的能力逐渐减弱。某些成体组织的细胞，可维持去核卵发育到一定时期，并非所有细胞都具有这种能力，连续核移植可以促进基因组再程序化。

我国在20世纪90年代初才开始胚胎细胞核移植的研究，经过科学家的不懈努力，我国在胚胎细胞核移植方面也取得了重大进展。目前，我国利用胚胎细胞核移植技术已克隆了山羊、兔、绵羊、牛、猪和小鼠等哺乳动物，尤其在山羊胚胎细胞克隆方面处于世界领先地位，已建立了山羊多个克隆胚胎系，可连续克隆5代，并获得了后代，一个胚胎经5代连续克隆最多获得了298个克隆胚胎。

（三）体细胞与去核卵细胞融合技术

此方法与细胞核移植技术类似，所不同的是：①供体细胞不一定是核，可以含部分细胞质甚至是整个细胞；②不进行核移植，而是用细胞融合技术，使供核细胞与去核细胞融合获得重构胚。融合的常用方法有电融合、化学融合，很少用病毒融合方法。

四、动物克隆技术的应用前景

动物克隆技术近几年取得了一些突破性进展，这必将对发育生物学、遗传学及医药卫生、牲畜、食品等相关学科的发展产生深远的影响。

（一）动物克隆技术与医学

1. 克隆技术结合转基因技术制备动物生物反应器

克隆技术结合转基因技术制备动物生物反应器是当今动物克隆技术最重要的应用方向之一，是高附加值转基因克隆动物的研究开发技术。即将转基因技术与克隆技术有机结合，以动物体细胞为受体，将药用蛋白基因以DNA转染的方式导入能进行传代培养的动物体细胞内，再以这些携带目的基因的体细胞为核供体，进行动物克隆，使克隆动物源源不断地生产药用蛋白。其中，最理想的部位就是哺乳动物的乳腺，即所谓的乳腺生物反应器，可使目的基因得到高效表达，不影响动物的正常生长发育，通过乳汁获得重组药用蛋白。这样，只需简单地饲养动物，利用动物乳腺的高表达能力，即可源源不断地得到贵重的药用蛋白，动物乳腺表达的蛋白质经过内质网、高尔基复合体加工、修饰过程，如信号肽切除、蛋白的糖基化、羟基化等，使获得的药用蛋白具有了稳定的生物活性。应用这种技术，亚历山大等获得3只转入抗胰蛋白酶(*hAT*)基因的奶山羊，其乳汁中的hAT含量达1～5g/L。我国也大力支持应用乳腺生产药用蛋白及其他蛋白的研究。

以往制备转基因动物大都用显微注射法，这种方法整合率特别低，常出现嵌合体，难以获得生殖系传代动物，而转基因结合克隆技术则可使成功率明显提高。

应用这种技术还可构建疾病动物模型，以研究疾病的发病机制、治疗方案和防治措施。也可应用体细胞克隆技术和干细胞技术研究疾病基因组、功能基因组以及基因的功能。

2. 克隆技术与组织工程

组织工程(tissue engineering)是近年来发展起来的一门新兴交叉学科，它应用工程学和生命科学的原理和方法，创建组织和器官或替代物，植入体内，修复组织缺损，替代损伤的组织、器官，达到提高生活、生存质量，延长生命的目的。

将利用治疗性克隆技术获得的胚胎干细胞作为组织工程理想的种子细胞，用于培育各种组织，甚至进行移植器官；也可将它接种于由生物可吸收材料构成的三维结构中，经过适当培养，形成具有一定组织结构的移植物，移植于受损伤部位，细胞继续分裂、分化、重组成新组织，而生物材料则被降解为无毒的小分子物质，被机体吸收，只把安全自然的最终产品——新器官留于体内，避免了排斥反应。这不仅解决了供体来源短缺的问题，而且使人工替换衰老和功能不完全的组织、器官就如同更换汽车零部件，有利于延长寿命和提高生活质量。因而治疗性克隆获得的胚胎干细胞因具有极大的应用潜力而备受瞩目。尽管有激烈的伦理纷争，各国仍以极大的热情开展工作。

目前这一领域的研究与开发正处于起步阶段，已经有了初步的成果。这种技术具有极其重要的理论意义及巨大的社会需求、经济价值，受到欧美发达国家及我国政府与医疗卫生部门的高度重视。我国也把干细胞组织工程作为重要的生物技术，投入的人力及经费迅猛增加，争取在该领域达到世界领先水平。

3. 与基因疗法结合治疗遗传病

克隆技术与基因疗法结合使用，便能全面、彻底、高效地治疗遗传病。例如，将携带遗传病基因的早期胚胎进行培养，然后对其进行基因修正，经过检测确认已导入正确基因的胚胎细胞作供体，移入去核卵母细胞中，由此发育而来的克隆胚胎在植入母体后所发育的胎儿就是一个健康的胎儿。但是，这只是理想的愿望，要克服技术上、理论上的诸多困难，在目前情况下是不行的。

(二) 动物克隆技术与遗传育种

克隆技术就是一种无性繁殖技术，或称为生物复制技术。近年来，体细胞克隆技术的发明和发展极大地扩大了核供体的来源，利用其优势，复制实验动物成为一个主要途径。

1. 扩大优良种群

利用优良动物品种的体细胞作核供体克隆动物，可避免在自然条件下选种受动物育种周期和生育效率限制的问题,从而大大缩短育种年限,提高育种效率。

2. 保存基因资源

对优良动物品种的基因,利用活体传代保存往往费时、费力,若将其细胞、组织或胚胎进行低温保存,待需要时解冻复苏,利用克隆技术便可产生克隆动物。克隆动物由于其遗传背景相互一致,可以基本上消除动物试验中的个体差异,减少实验误差,因而克隆动物本身就是最好的实验动物。

3. 拯救濒危动物

动物克隆技术还可用于拯救濒危动物。例如,中科院动物研究所陈大元研究员提出用动物克隆技术拯救大熊猫的计划,在国内引起了一定的关注。

(三) 克隆技术存在的问题

体细胞克隆技术的研究与应用是多方面的,但克隆技术就如同原子能技术一样,是一把既能造福人类,也可祸害无穷的"双刃剑"。尤其是意大利和美国的3位科学家公布了克隆人计划后,更是引起了各国政府、科学家、宗教人士及广大公众的强烈关注。

克隆羊"多莉"的问世所引起的轰动也就在于该成果使"克隆人"成为可能。的确,应用克隆技术可使千千万万不孕症患者实现做父母的愿望,使痛失骨肉的人重享天伦之乐,为许多不治之症提供新的治疗方法。然而,克隆技术的不完善、遗传和发育上的缺陷、对家庭结构和社会伦理等方面的冲击,都是值得认真对待的问题。

1. 克隆技术存在的理论问题和克隆技术的不完善

(1) 目前克隆技术无法保证安全性

由于克隆,特别是体细胞克隆是利用体细胞作为核供体,易发生突变,体细胞"重新编程"也易发生程序差错和缺失,从而出现克隆生物个体的流产和死胎、早产及各种各样的先天性疾病(如畸形、免疫性疾病、早衰等)。例如,据报道,体细胞核移植可能影响克隆动物免疫系统的正常发育。他们克隆出的一头牛犊,看起来很健康,但出生后一个月,体内的淋巴细胞和红细胞急剧减少,不久死于贫血。经尸解发现,该牛犊脾、胸腺和淋巴结等淋巴细胞组织发育异常。克隆羊"多莉"出现早衰现象。2002年5月美国华裔科学家杨向中等发现,克隆牛易夭折的最主要原因是克隆母牛的X染色体基因不能正常表达。他们认为,在自然生育中早期的雌性胚胎能够通过特异性调控使其中一条X染色体灭活。而克隆的胚胎一开始就继承了体细胞一个已灭活的X染色体。已灭活的X染色体需要先被激活,待发育到一定阶段后再被灭活。在这个激活再灭活的过程中,基因表达的异常程度在不同克隆动物之间的差距很大,而且同一克隆动物的各器官之间也不一致,易出现发育异常。

(2) 体细胞克隆动物的成功率低

目前,体细胞克隆动物的成功率仅为1/277,主要表现在流产率高,发育异常,出生后环境适应性差,且病理性体重增加等。这主要是因为目前对克隆动物各个环节缺乏清楚的理论知识,对供体基因组的去分化和重新编程的机制不清楚,故失败率高。此外,克隆的每一个操作环节上的失误,也是造成失败的原因。

(3) 克隆需要大量卵细胞

按一般克隆哺乳动物的经验,要获得一个克隆胚胎至少需要280个卵子,而且还不能保证正常发育。有人提出用动物卵代替,这就可能诱发新的疾病的广泛传播,而且涉及一系列伦理问题。

(4) 影响生物遗传多样性

人类基因多态性是人类生存和发展的基础，是人类在地球上经过25亿年进化的产物。每个个体的基因组具有高度的整体性、对自然环境的适应性和协调性。而每一群体的基因库具有丰富的多态性，克隆人相当于复制某一个体，必然破坏人类基因组的多样性。

(5) 克隆人改变了人类自然生殖方式

体细胞克隆是一种无性繁殖方式，是一种低级生殖方式。有人可能认为这不是主流生殖方式，是极少数人使用的一种辅助生殖方式。但是生殖性克隆人并不像目前应用的辅助生育技术那样，通过人工促进精子或卵细胞的成熟或精、卵有效结合来帮助人类的有性生殖过程，而是通过体细胞核移植这种无性方式复制一个基因组结构与现存的或已去世的个体完全一样的人。

2. 伦理道德和法律

克隆导致的伦理道德问题是引起世人反对的主要原因。

首先，克隆人影响构成社会的单元——家庭。其次，克隆人是对人的尊严的践踏，克隆婴儿像产品一样在实验室里被制造和处理。这还存在如何平衡要求克隆的当事人的生育权和他对后裔、对社会伦理责任的问题。

目前，国际社会对克隆人普遍持否定态度。联合国根据法国与德国的联合提议，已做出大会决议，制定的《世界人类基因组与人权宣言》中明确规定"不允许与人类尊严相抵触的做法，比如人体的生殖克隆"。

美国、英国、德国等23个国家和地区明令禁止生殖性克隆。

据2002年11月7日《科技日报》的报道，我国对待克隆的态度为：科技部政策法规与体制改革司宣布，生物安全立法的起草研究工作正式启动，将对生物安全问题以国家立法的形式予以确定。同时还将对公众关心的"克隆人"及"转基因食品安全"等问题首次做出官方声明和指导性规定，使人们今后在遇到此类问题时能有一个明确的态度和方法。

虽然社会上普遍对克隆人即生殖性克隆持反对意见，但对治疗性克隆，原则上是认同的。正因为治疗性克隆与生殖性克隆关系太密切，目前国际上对治疗性克隆仍然坚持三条伦理学原则：①取得的材料，如卵子、体细胞等，必须是自愿的，不能是骗来的或是买来的，提供者有知情权；②胚胎细胞保留时间不能超过14天，超过则有克隆人之嫌；③不能将克隆的胚胎细胞植入人体子宫。

【小知识】

没有外祖父的癞蛤蟆

朱洗(1900—1962)，中国实验生物学家，第一届中国科学院院士。他从1931年开始，研究脊椎动物(两栖类)人工单性发育。进行人工单性发育，就是在没有精子的参与下繁衍后代。自1951年开始，他采用仅有10μm直径的玻璃丝针尖，在解剖显微镜下，一个一个地点刺了将近4万粒蟾蜍(俗称癞蛤蟆)的卵，再将刺激后的卵放置在适宜温度的恒温箱中培养、孵化。经长达8年的实验研究，终于在1959年获得成功，孵育出25只蟾蜍的幼体——小蝌蚪。其中只有2只经过变态发育为成体(雌性)。1961年死去1只。仅存的这只没有父亲的雌蟾蜍在1961年3月初的繁殖季节，与正常雄性个体抱合，排出了3000多颗卵，均能受精，发育良好，从中发育成“没有外祖父的癞蛤蟆”800多只，多数变态发育为正常的蟾蜍成体。于是，世界上第一批“没有外祖父的癞蛤蟆”，也即第一批脊椎动物无性系问世。

这项人工单性繁殖方法的成功，证明脊椎动物的成熟卵具有发育成为新个体的整套物质和遗传基础，只要受到适当的物理或化学刺激，就可以启动发育程序，进行单性繁殖，长成有母无父的新个体。由此而来的无性系后代具有繁殖能力，此项研究被列为我国20世纪50年代的重大科技成果。为了纪念朱洗教授及其他同志的卓越贡献，我国曾在1961年将这项科技成果拍成名为《没有祖父的癞蛤蟆》的科教片，该片同年获首届中国电影百花奖。

（张大勇）

第二章　生命的最小单位——细胞

第一节　细胞的基本结构

一、细胞的发现和细胞学说的建立

细胞(cell)是构成生物体的基本结构和功能单位。17世纪，英国人胡克发明了显微镜，观察到栎树软木片在显微镜下呈现蜂房状的结构，这些“蜂房”小室排列规则，内含一些黑色糊状物，胡克将其称为“cell”，在拉丁文中意为“密室”或“单间房”(见图2-1)。胡克也因此成为第一个发现并命名细胞的科学家。到19世纪中叶，在科学家们的不懈努力下，人们对于细胞有了更深入的认识。当时已经发现一切动植物都是由细胞构成的，任何一个细胞都是从已经存在的细胞分裂而来的。到20世纪中叶，由于电子显微镜的发明及应用，细胞学得到了突飞猛进的发展。现在，人们不仅能清晰地观察细胞的形态结构，而且对它的发生、发展和生理功能都有了清楚的认识，对细胞的研究已经进入了细胞分子生物学的新阶段。

图2-1　胡克使用的显微镜和观察到的细胞

二、细胞的形态

由于细胞的结构、功能和在机体中所处环境不同，细胞的形状多种多样。但对于某种类型的细胞而言，其形状一般是固定的。细胞形状的维持靠细胞骨架的作用，也受到相邻细胞或细胞外基质的制约，并与细胞的生理功能有关。

（一）细胞的形状

1. 游离细胞

游离细胞因游离于体液中，受表面张力的影响，常呈球形或近似球形，如各种血细胞。当有些血细胞处于血管外的环境中时，可形成伪足，使得细胞形状变得不规则，如白细胞、巨噬细胞等。某些细胞因为生理功能的需求，具有特殊的形状，如人类精子细胞呈蝌蚪状，有鞭毛，利于运动（见图 2-2）。

2. 组织细胞

由于细胞连接形成固定的组织，其形状受相邻细胞的影响，并与生理功能有关。如在机体中具有收缩功能的肌细胞多为梭形或柱形；起支持保护作用的上皮细胞多为扁平鳞状或柱状；具有感受刺激传导冲动的神经细胞则类似星形（见图 2-3）。

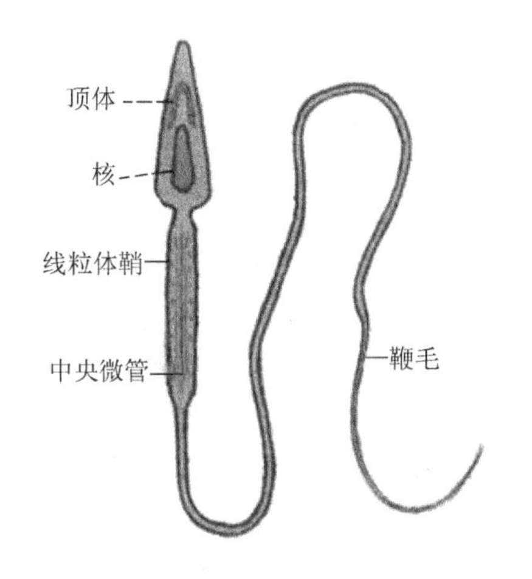

图 2-2　人类精子的形态结构

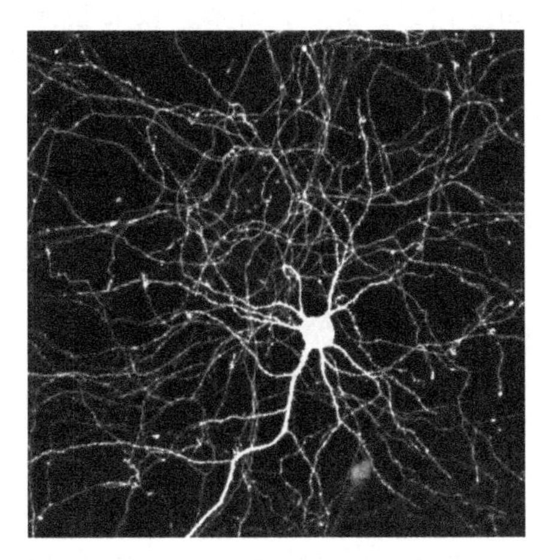

图 2-3　神经细胞的形态

3. 培养细胞

细胞的形态可受环境的影响而发生变化，如扁平上皮细胞在机体组织中为扁平状，但在离体的培养瓶中贴壁生长后为多边形，在悬浮液中时为球形。

（二）细胞的大小

不同类型的细胞大小差异很大（见图 2-4）。大多数动物细胞的直径为 10～20μm，借助于光学显微镜才能观察到。最大的细胞是鸵鸟的卵细胞，直径可达 5cm。已知最小的细胞是能独立生活的原核细胞——支原体，其直径只有约 0.1μm，需要用电子显微镜才能看见。

细胞的大小也和细胞的功能相适应。例如，人类的卵细胞因为要储存胚胎发育所必需的养料，所以形体较大，直径可达 100μm；能传导兴奋的神经细胞突起的长度可达 1m 左右，但胞体直径却只有 20～30μm。肌细胞的大小还可随生理需要发生变化，如子宫平滑肌在妊娠期间可由 50μm 增大到 500μm。

需要指出，细胞的大小与生物体体型的大小没有相关性。大象与小鼠的体型相差悬殊，但它们相应器官与组织的细胞大小相差无几。生物体的体型大小及器官大小与其细胞的数目成正比。例如，人体细胞的体积约为 200～1500μm^3，因此根据平均个体体积估算，新生婴儿约有

2×10^{12}个细胞，成年人约有6×10^{14}个细胞。

(三) 细胞的主要类型

总体来讲，生物界中的各种细胞可以分成两大类：原核细胞(prokaryotic cell)和真核细胞(eukaryotic cell)。两者的主要区别在于：原核细胞没有细胞核，只有拟核区；而真核细胞中有核膜包着的细胞核，还有多种细胞器。

1. 原核细胞

原核细胞没有核膜，遗传物质集中在一个没有明确界限的低电子密度区。DNA为裸露的环状分子，通常没有结合蛋白，环的直径约为2.5nm，周长约为几十纳米。没有恒定的内膜系统，核糖体为70S型，原核细胞构成的生物称为原核生物(prokaryote)，均为单细胞生物。原核细胞包括支原体、衣原体、细菌、放线菌、蓝藻等多种类型。

2. 真核细胞

真核细胞有被核膜包围的细胞核。其染色体数在一个以上，遗传信息量大，能进行有丝分裂，还能进行原生质流动和变形运动。大部分的动物细胞以及植物细胞都属于真核细胞。由真核细胞构成的生物称为真核生物。原始真核细胞大约在12亿～16亿年前出现，现存的种类繁多，既包括大量的单细胞生物或原生生物，也包括全部多细胞生物，如原虫、真菌、植物、动物及人体的细胞。

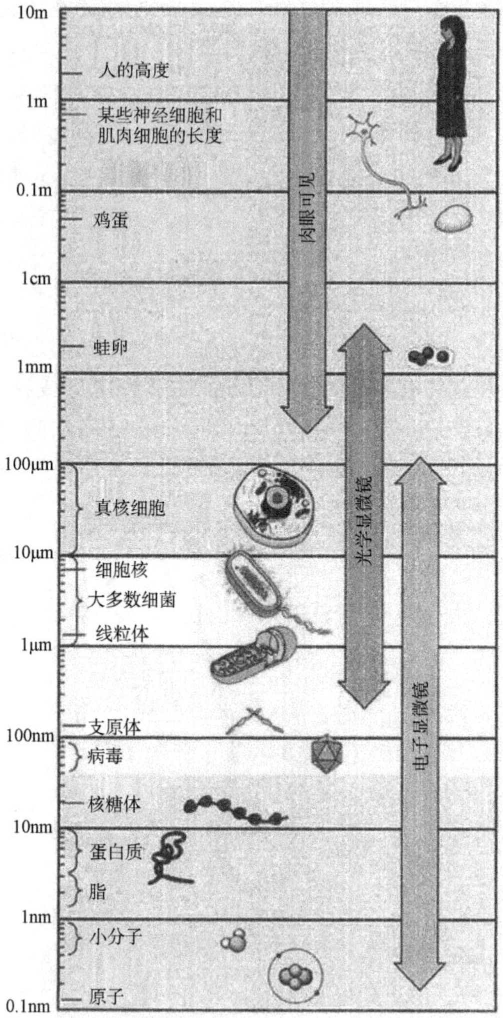

图2-4　几种典型细胞和分子大小的尺度

(四) 细胞的形态结构

1. 原核细胞

原核细胞结构简单，缺乏完整的细胞核、内膜系统和细胞骨架系统(见图2-5)。

原核细胞的细胞壁厚度因细菌不同而异，一般为15～30nm。主要成分是肽聚糖，由*N*-乙酰葡糖胺和*N*-乙酰胞壁酸构成双糖单元，以β-1,4-糖苷键连接成大分子。细菌细胞壁的功能包括：保持细胞外形；抑制机械和渗透损伤(革兰氏阳性菌的细胞壁能耐受$20kg/cm^2$的压强)；介导细胞间相互作用(侵入宿主)；防止大分子入侵；协助细胞运动和分裂。原核细胞的细胞膜是典型的单位膜结构，厚约8～10nm，外侧紧贴细胞壁，某些革兰氏阴性菌还具有细胞外膜。细胞膜有多方面的重要功能，它与细胞的物质交换、细胞识别、分泌、排泄、免疫等都有密切的关系。通常不形成内膜系统，除核糖体外，没有其他类似真核细胞的细胞器，呼吸和光合作用的电子传递链位于细胞膜上。细菌和其他原核生物一样，没有核膜，DNA集中在细胞质中的低电子密度区，称核区或核质体(nuclear body)。细菌一般具有1～4个核质体，多的可达20余个。每个细菌细胞约含5000～

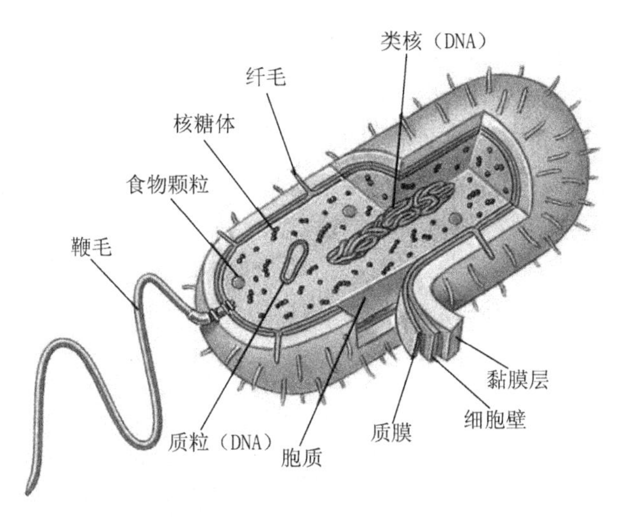

图 2-5　原核细胞的部分结构

50000 个核糖体，部分附着在细胞膜内侧，大部分游离于细胞质中。细菌核区 DNA 以外的，可进行自主复制的遗传因子，称为质粒（plasmid）。质粒是裸露的环状双链 DNA 分子，所含遗传信息量为 2～200 个基因，能进行自我复制，有时能整合到核 DNA 中去。质粒 DNA 在遗传工程研究中很重要，常用作基因重组与基因转移的载体。拟核（nucleoid）存在于原核生物中，是没有由核膜包被的细胞核，也没有染色体，只有一个位于形状不规则且边界不明显区域的环形 DNA 分子，内含遗传物质。里面的核酸为双股螺旋形式的环状 DNA，且同时具有多个相同的复制品。

2. 真核细胞

在几大类真核生物中，酵母和霉菌统称真菌，动、植物细胞均为真核细胞。整体看来，动、植物细胞大同小异，它们都有细胞膜，膜内有细胞核与细胞质，有各种以生物膜包围成的细胞器，主要差别在于植物细胞有细胞壁、叶绿体和中央液泡，而动物细胞则没有这些结构（见图 2-6）。

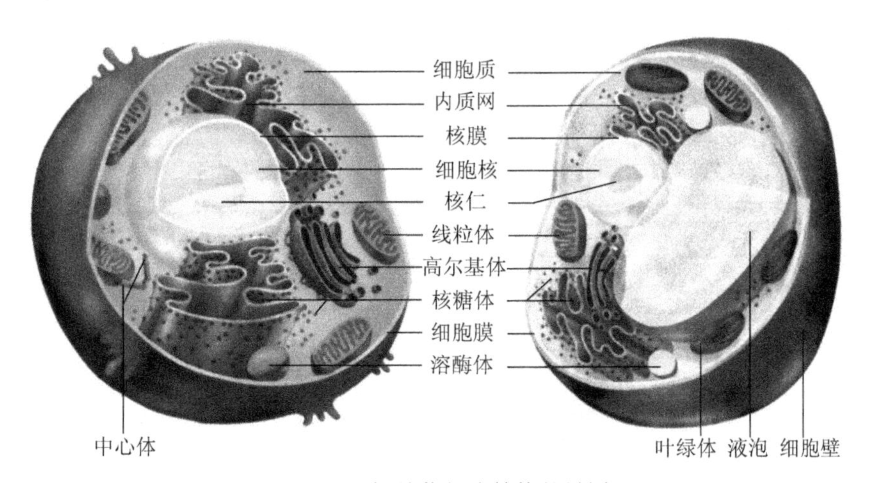

图 2-6　动、植物细胞结构的异同

(1) 细胞膜或质膜

细胞膜(cell membrane)或质膜(plasma membrane)包围在细胞的表面,为极薄的膜。细胞膜厚度一般为7～10nm,主要由蛋白质和脂类构成。20世纪70年代提出的液态镶嵌模型(fluid mosaic model)得到了广泛的认可,认为细胞膜是由球形蛋白分子和连续的脂类双分子层构成的流体。由于膜脂具有流动性,所以细胞膜也有流动性(见图2-7)。细胞膜有维持细胞内环境恒定的作用,通过细胞膜有选择地从周围环境吸收养分,并将代谢产物排出细胞外。已有大量实验证据说明,细胞膜上的各种蛋白质,特别是酶,对多种物质出入细胞膜起着关键性作用。同时,细胞膜还有信息传递、代谢调控、细胞识别与免疫等作用。

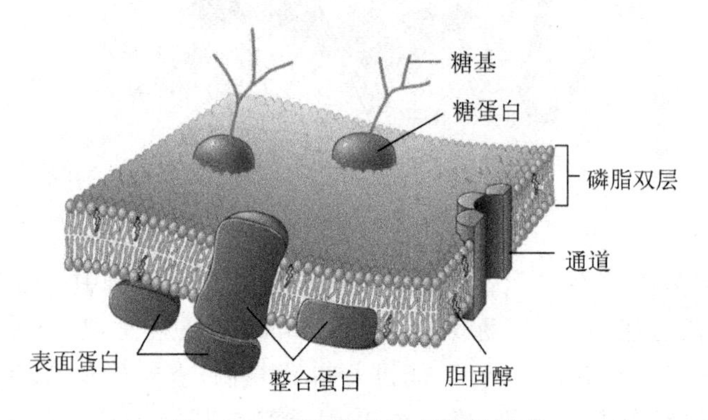

图2-7　细胞膜的液态镶嵌模型

(2) 细胞质

细胞膜以内、细胞核以外的部分为细胞质(cytoplasm)。用光学显微镜观察活的细胞(如成纤维细胞),可见细胞质呈半透明、均质的状态,黏滞性较低。在细胞质中包含下列各重要的细胞器:

①内质网

首次在电子显微镜下发现这种膜系统是在细胞的内质中,因此称为内质网(endoplasmic reticulum,ER)。如图2-8所示,它是由膜形成的一些小管、小囊和膜层(扁平的囊)构成的。

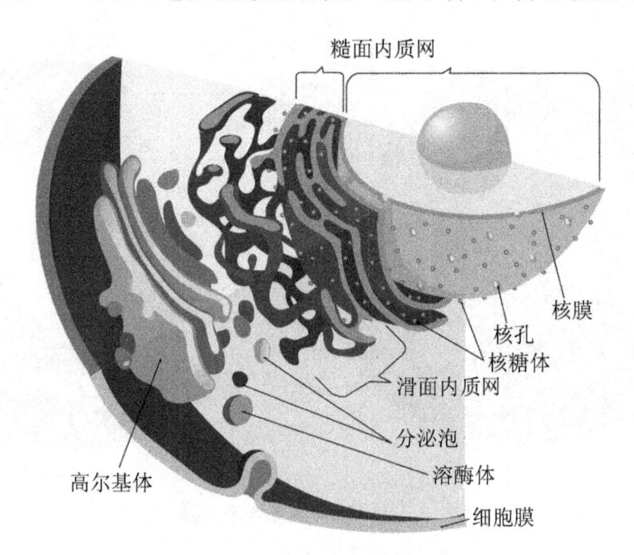

图2-8　细胞内膜结构

普遍存在于动植物细胞中，形状差异较大。在不同类型细胞中，其形状、排列、数量、分布不同；即使是同种细胞，不同发育时期也不同。但在各类型的成熟细胞内，内质网有一定的形态特征。内质网根据形态的不同，可分为几种，主要的是糙面型内质网(rough ER)或颗粒型内质网(granular ER)及滑面型内质网(smooth ER)或无颗粒型内质网(agranular ER)。糙面内质网的主要特点，是在内质网膜的外面附有颗粒，这些颗粒叫作核(糖核)蛋白体(ribosome)或称核糖体。核蛋白体由2个亚单位构成，它们相互吻合构成直径约为20nm的完整单位。核蛋白体含有丰富的核糖核酸和蛋白质，是蛋白质合成的主要部位。这种类型的内质网常呈扁平囊状，有时也膨大成网内池(cisterna)。滑面内质网的特点是膜上无颗粒，膜系常呈管状，小管彼此连接成网。这两种内质网可认为是一个系统，因为它们在一个细胞内常是彼此连接的，而且糙面内质网又与核膜相连。糙面内质网不仅能在其核蛋白体上合成蛋白质，而且也参加蛋白质的修饰、加工和运输。滑面内质网与脂类物质的合成、糖原和其他糖类的代谢有关，也参与细胞内的物质运输。整个内质网提供了大量的膜表面，有利于酶的分布和细胞的生命活动。

②高尔基器

高尔基器(Golgi apparatus)又称高尔基体(Golgi body)、高尔基复合体(Golgi complex)。用特殊的固定、染色技术处理高等动物的细胞，高尔基器呈现网状结构，大多数无脊椎动物则呈现分散的圆形或凹盘形结构。但在电子显微镜下观察，高尔基器也是一种膜结构(见图2-8)。它是由一些表面光滑的大扁囊(或称网内池)和小囊构成的。几个大扁囊平行重叠在一起，小囊分散于大扁囊的周围。高尔基器参与细胞分泌过程，将内质网核蛋白体上合成的多种蛋白质进行加工、分类和包装，或再加上高尔基器合成的糖类物质形成糖蛋白转运出细胞，供细胞外使用，同时也将加工分类后的蛋白质及由内质网合成的一部分脂类加工后，按类分送到细胞的特定部位。高尔基器也进行糖的生物合成。

③溶酶体

这种细胞器是1955年才发现的。应用生化和电子显微镜技术的研究已经证明，溶酶体(lysosome)是一些颗粒状结构(见图2-8)，大小一般为0.25～0.8μm。表面围有一单层膜(一个单位膜)，其大小、形态有很大变化。其中含有多种水解酶，因此称为溶酶体，就是能消化或溶解物质的小体。现至少已鉴定出60多种水解酶，特征性的酶是酸性磷酸酶。这些酶能把一些大分子(如蛋白质、核酸、多糖、脂类等大分子)分解为较小的分子，供细胞内的物质合成或供线粒体的氧化需要。溶酶体主要有溶解和消化的作用。它对排除生活机体内的死亡细胞、排除异物保护机体，以及胚胎形成和发育都有重要作用。对病理研究也有重要意义。比如当细胞突然缺乏氧气或受某种毒素作用时，溶酶体膜可在细胞内破裂，释放出酶，消化了细胞本身，同时也向细胞外扩散损伤其他结构。

④线粒体

线粒体(mitochondria)是一些线状、小杆状或颗粒状的结构。在电子显微镜下观察，线粒体表面是由双层膜构成的。内膜向内形成一些隔，称为线粒体嵴(cristae)。在线粒体内有丰富的酶系统。线粒体是细胞呼吸的中心，它是生物有机体借氧化作用产生能量的一个主要机构，它能将营养物质(如葡萄糖、脂肪酸、氨基酸等)氧化产生能量，储存在ATP的高能磷酸键上，供给细胞其他生理活动的需要，因此有人说线粒体是细胞的"动力工厂"。

⑤中心粒

中心粒(centriole)的位置是固定的，具有极性的结构。在间期细胞中，经固定、染色后所显示的中心粒仅仅是1或2个小颗粒。而在电子显微镜下观察，中心粒是一个柱状体，长度约为0.3～0.5μm，直径约为0.15μm，它是由9组小管状的亚单位组成的，每个亚单位一般由3个微管构成。这些管的排列方向与柱状体的纵轴平行。中心粒通常是成对存在，2个中心粒的位置常成直角。中心粒在有丝分裂时有重要作用。

在细胞质内除上述结构外，还有微丝(microfilament)和微管(microtubule)等结构。它们的主要功能不只是对细胞起骨架支持作用，以维持细胞的形状，如在红血细胞微管成束平行排列于盘形细胞的周缘，又如上皮细胞微绒毛中的微丝；它们也参加细胞的运动，如有丝分裂的纺锤丝，以及纤毛、鞭毛的微管。此外，细胞质内还有各种内含物，如糖原、脂类、结晶、色素等。

(3) 细胞核

细胞核(nucleus)是细胞的重要组成部分。细胞核的形状多种多样，一般与细胞的形状有关。如在球形、立方形、多角形的细胞中，核常为球形；在柱形的细胞中，核常为椭圆形，但也有不少例外。通常每一个细胞有一个核，也有双核或多核的。在核的外面包围一层极薄的膜，称为核膜(nuclear membrane)或核被膜(nuclear envelope)。在活细胞核膜的里边，在暗视野下呈光学“空洞”，只可见其中有一两个核仁(nucleolus)。

在电子显微镜下，可见核膜是由双层膜(2个单位膜)构成的，内外两层膜大致是平行的。外层与糙面内质网相连。核膜上有许多孔，称为核孔(nuclear pore)，是由内、外层的单位膜融合而成的，直径约为50nm，它们约占哺乳动物细胞核总表面积的10%。核膜对控制核内外物质的出入，维持核内环境的恒定有重要作用。核仁是由核仁丝(nucleolonema)、颗粒和基质构成的，核仁丝与颗粒是由核糖核酸和蛋白质结合而成的，基质主要由蛋白质组成。没有界膜包围核仁。核仁的主要功能是合成核蛋白体RNA(rRNA)，并能组合成核蛋白体亚单位的前体颗粒。在核基质中进行很多代谢过程，提供戊糖、能量和酶等。染色质是一种嗜碱性的物质，能用碱性染料染色，因而得名。染色质主要是由DNA和组蛋白结合而成的丝状结构——染色质丝(chromatin filament)。染色质丝在间期核内是分散的，因此在光学显微镜下一般看不见丝状结构。在细胞分裂时，由于染色质丝螺旋化，盘绕折叠，形成明显可见的染色体(chromosome)。在染色体内不仅有DNA和组蛋白，还有大量的非组蛋白和少量的RNA。染色体上具有大量控制遗传性状的基因(gene)。基因是遗传的常用单位，从分子水平看，基因相当于DNA(有些病毒为RNA)分子的一段，也就是决定某种蛋白质分子结构的相应的一段DNA。

细胞核的功能是保存遗传物质，控制生化合成和细胞代谢，决定细胞或机体的性状表现，把遗传物质从细胞(或个体)一代一代传下去。但细胞核不是孤立地起作用，而是和细胞质相互作用、相互依存，从而表现出细胞统一的生命过程。细胞核控制细胞质；细胞质对细胞的分化、发育和遗传也有重要的作用。

(4) 植物细胞特有的结构

①细胞壁

细胞壁(cell-wall)是细胞外围的一层壁，是植物细胞所特有的，具有一定弹性和硬度，可由此界定细胞的形状和大小。典型的细胞壁由胞间层、初生壁以及次生壁组成。

②质体

质体(plastid)是植物细胞所特有的细胞器，具有双层被膜，由前质体分化发育而成，包括淀粉体、叶绿体和染色体等。叶绿体是植物细胞中由双层膜围成，含有叶绿素能进行光合作用的细胞器（见图 2－6）。

③液泡

液泡（vacuole）是植物细胞特有的，由单层膜包裹的囊泡（见图 2－6）。它起源于内质网或高尔基体小泡。在分生组织细胞中液泡较小且分散，而在成熟植物细胞中小液泡被融合成大液泡。它在转运物质、调节细胞水势、吸收与积累物质方面有重要作用。

第二节　细胞的增殖与分化

细胞增殖是细胞生命活动的基本特征，指细胞通过生长和分裂产生与亲代细胞具有相似遗传特性的子细胞，从而使细胞数目成倍增加的过程。细胞的增殖要通过细胞周期（cell cycle）来完成，细胞周期的有序运行是通过对相关基因表达产物的精确调控实现的。细胞增殖一旦出现异常，就会导致相关疾病的发生。

一、细胞周期

细胞周期是指一个细胞生命活动的全过程，也是细胞复制一次的全过程，习惯上人们把细胞分裂结束到下一次细胞分裂结束所经历的过程称为细胞周期。根据显微镜下细胞的形态变化和细胞在生长过程中的生理和生化变化可将细胞周期分为四个阶段（见图 2－9）。

1. G_1 期（gap 1 phase）指从细胞分裂完成到 DNA 复制之前的间隙时间。
2. S 期（synthesis phase）指 DNA 进行复制的时期。
3. G_2 期（gap 2 phase）指从 DNA 复制完成到有丝分裂开始之前的一段时间。
4. M 期（mitosis phase）或 D 期（division phase）指从细胞分裂开始到结束的过程。

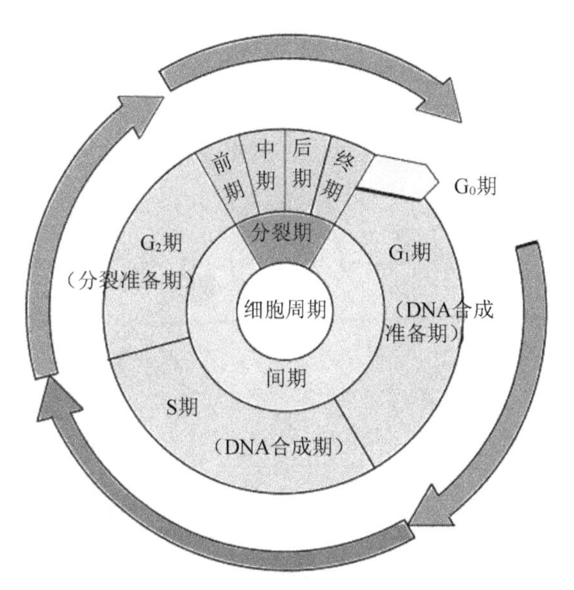

图 2－9　细胞周期过程

细胞在细胞周期中依次经过 G_1 期、S 期、G_2 期和 M 期，完成其增殖过程。细胞在不同的时期完成不同的生命活动。在 G_1 期中细胞不断生长变大，当细胞增大到一定的体积时，就进入 S 期，进行 DNA 的合成、复制；在 G_2 期，细胞要检查其 DNA 复制是否完成，为细胞分裂做好准备；在 M 期，染色体一分为二，细胞分裂成两个子代细胞。分裂结束后，细胞再次进入 G_1 期。

二、细胞增殖的方式

原核细胞增殖方式简单，细胞周期较短，在合适的条件下可以大量繁殖。真核细胞的增殖比原核细胞的增殖复杂得多，其分裂方式可以分为三种类型：无丝分裂(amitosis)、有丝分裂(mitosis)和减数分裂(meiosis)。

(一) 无丝分裂

无丝分裂是一种细胞核和细胞质直接分裂的方式，也称直接分裂。无丝分裂的细胞在分裂过程中不形成纺锤体，分裂时间短，速度快，耗能少，常见于单细胞生物如变形虫、草履虫等。无丝分裂同样需要进行 DNA 复制，复制完成后细胞核及核仁疏松，体积明显变大。随后核仁及周围染色质成为均等的两部分，核仁分裂并移向细胞的两极，分别牵引对侧已复制好的核内染色质向细胞的中心部位移动。细胞核赤道部位的细胞膜向内凹陷形成分裂沟，聚集在细胞中央的染色质移向两极，呈哑铃型，中央部位逐渐拉长，变细，最终成为两个子细胞(见图 2-10)。

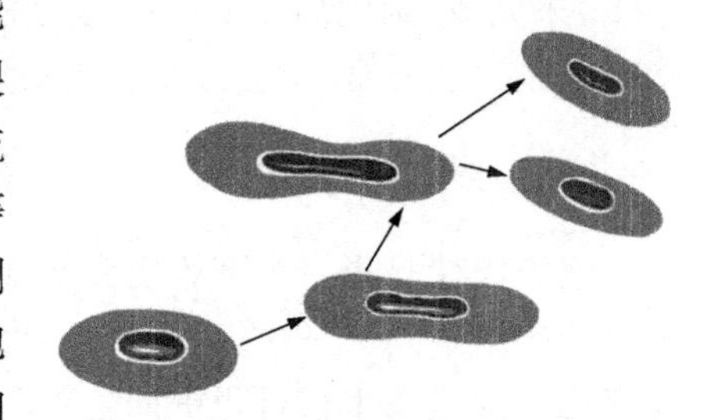

图 2-10 蛙的红细胞无丝分裂过程

(二) 有丝分裂

有丝分裂又称间接分裂，是真核细胞增殖的主要方式。有丝分裂的特点是细胞在分裂的过程中有纺锤体和染色体出现，使已经在 S 期复制好的子染色体能够被平均分配到子细胞中，这种方式普遍存在于高等动植物细胞。

有丝分裂是一个连续的过程，为了便于描述，一般根据细胞的形态和结构变化，人为地划分为六个时期：前期、前中期、中期、后期、末期和细胞质分裂(见图 2-11)。

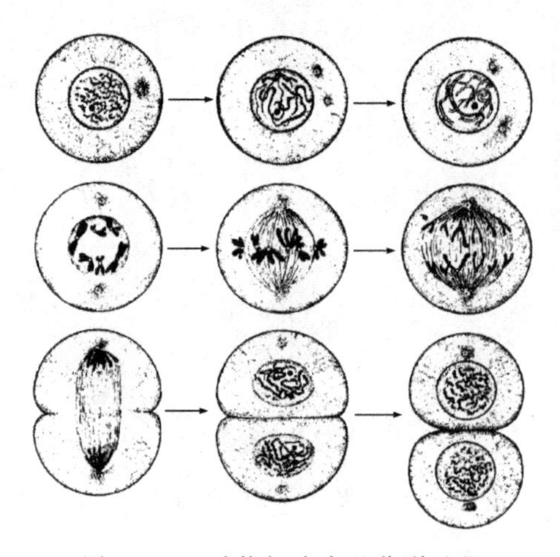

图 2-11 动物细胞有丝分裂过程

1. 前期(prophase)

主要特征是核膜消失,染色体逐渐形成,纺锤体显现。

2. 前中期(prometaphase)

主要特征是核膜消失,染色体排列到赤道板上。

3. 中期(metaphase)

主要特征是染色体排列在细胞中部的赤道板上,着丝粒逐渐分为两个,意味着姐妹染色单体准备分开。

4. 后期(anaphase)

随着与着丝粒相连的微管蛋白的收缩,姐妹染色体分开,分别被拉向细胞的两极。与此同时,连在两侧纺锤体极上的另一套微管把细胞拉长。

5. 末期(telophase)

已被分开到两侧的两组姐妹染色体逐渐回复到染色质状态,核膜重新形成,可以看到两个细胞核和核内的核仁。

6. 细胞质分裂(cytokinesis)

前述 5 个时期都以细胞核及核物质的变化为主要标志。细胞质分裂从中后期开始,赤道板附近的细胞质渐渐呈现向内的凹沟。到末期,细胞中部逐渐形成隔膜,将细胞分裂为两个子细胞。

(三) 减数分裂

减数分裂是发生于生殖细胞的一种特殊有丝分裂,其意义主要是产生单倍体的配子,即精子或卵子,使受精后受精卵的遗传物质维持和体细胞一样的二倍体状态,以保持遗传的稳定性。

1. 减数分裂的特点

与有丝分裂相比,减数分裂过程中有三大特征事件是有丝分裂中没有的(见图 2-12)。

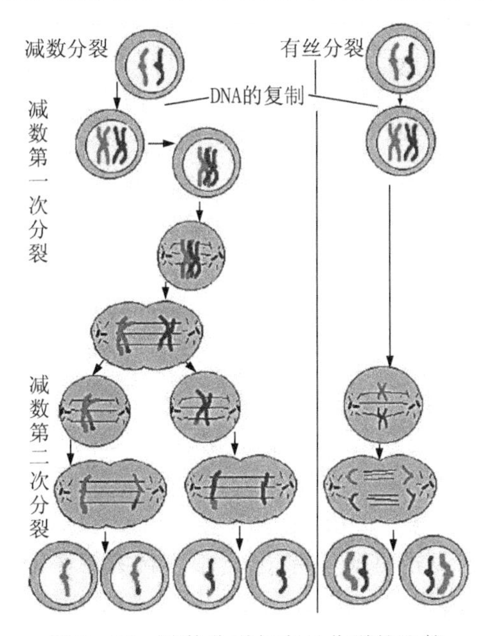

图 2-12 减数分裂与有丝分裂的比较

(1) 染色体数目减半

有丝分裂中DNA复制一次，细胞分裂一次。从二倍体($2n$)细胞开始，DNA复制后经历短暂的四倍体($4n$)阶段，待到细胞分裂完成得到两个$2n$子细胞。而在减数分裂时，DNA复制一次，细胞却连续分裂两次。从二倍体($2n$)细胞开始，DNA复制后有一个短暂的四倍体($4n$)阶段，再连续分裂两次，最终产生4个单倍体(n)细胞。

(2) 同源染色体配对

在减数分裂的第一次分裂过程中，发生同源染色体配对，即来自父源的和来自母源的同源染色体双双配对，1号染色体与1号染色体配对，2号染色体与2号染色体配对……这是有丝分裂中不曾见的。所谓配对，不仅两条同源染色体紧靠在一起，它们的侧面还紧紧相贴，形成紧密联系的结构，称为联会复合体(synapsis complex)。

(3) 染色体交叉

更为重要的是，相互紧贴在一起的同源染色体还发生交叉(cross over)。其结果是，来自父源的一条姐妹染色体单体上的一段和来自母源的姐妹染色体单体上的相应一段互相交换和重接。这样，也把相应的一部分基因带了过去，造成基因重组(gene recombination)。

2. 减数分裂的过程

减数分裂远比有丝分裂复杂，细胞经历了两次分裂，分别称为分裂Ⅰ和分裂Ⅱ。每次分裂同样包括前期、中期、后期和末期。两次分裂之间有一个较短的间期，在这个间期DNA不复制。

3. 减数分裂的生物学意义

减数分裂作为生殖细胞产生时的一种特殊细胞分裂方式，具有如下生物学意义：①配子成熟过程中的染色体数目减半($2n \rightarrow n$)，通过受精，雌、雄配子结合产生的子代，染色体数目恢复为$2n$，使生物体在传代过程中染色体数目得以保持不变，有性生殖顺利进行，这对生物的个体发育以及物种的延续都是最基本的保证。②减数分裂过程中，同源染色体配对、联会和同源染色体间的部分交换，以及非同源染色体间的随机组合，极大地丰富了配子的多样性。这一行为既是生物变异的遗传学基础，也是生物多样性的基础。③配子成熟过程中的染色体数目减半，不仅为两个配子的正常顺利结合做好了充分准备，同时也由此提供了两个不同亲本的性状得以结合的途径。此外，减数分裂以及受精过程的某些潜在作用会使子代具有更强的适应能力。

三、细胞增殖的调控机制

细胞的增殖在正常情况下受到严格的调控，以保证机体体积和生理功能的平衡。如人体消化道上皮是增值能力很强的组织，但每天只产生约3×10^{10}个新细胞，与损耗的上皮细胞数目基本相当。这说明上皮细胞的增殖受到了限制。那么，细胞的增殖是如何实现精确调控的呢？这个问题相当复杂，至今还没有完全清楚。近年来随着研究手段的不断更新，对细胞增殖调控机制的研究已经取得了一些进展。

(一) 细胞周期基因和蛋白的调控

细胞增殖周期中一切活动都是非常有序的，很多调控因子对细胞周期的活动有协调作用，这些作用可能与细胞分裂周期(cell division cycle，CDC)基因严格按一定顺序表达有密切关系。该过程依赖于细胞内部由细胞周期蛋白依赖性激酶(cyclin-dependent kinase，

CDK）和周期蛋白（cyclin）为中心的引擎分子周期变化所诱发的一系列事件的顺序发生，以及与细胞周期有关的基因之有序表达，从而使细胞周期能严格按照 $G_1 \rightarrow S \rightarrow G_2 \rightarrow M$ 顺序循环进行。

CDK 是一个家族，其成员有 CDK1（即 CDC2）、CDK2、CDK3、CDK4、CDK5、CDK6、CDK7、CDK8、CDK9。CDK1 激酶通过使某些蛋白质磷酸化，改变其下游的某些蛋白质的结构和启动其功能，实现其调控细胞周期的目的。

周期蛋白可分为两类，一类是有丝分裂周期蛋白（mitotic cyclin），它能在 G_2 期与 CDK 结合从而促使细胞越过 G_2 期控制点（G_2－check point）进入 M 期；另一类是 G_1 周期蛋白，它在 G_2 期与 CDK 结合，从而使细胞越过 G_1 期控制点（G_1－check point）进入 S 期。

（二）有丝分裂因子和有丝分裂抑制因子的调控

在细胞分裂期存在一种有丝分裂因子（mitotic factor，MF），这种因子为蛋白质类物质，不被 RNA 酶水解，但对蛋白酶敏感。出现于 G_2 期，M 期达到高峰，至下一细胞周期的 G_1 期消失。MF 的作用是促使细胞从 G_2 期进入 M 期，从而促进细胞的分裂，因而也称为 M 期启动因子。

研究发现，细胞分裂时有一种与 MF 相作用的物质，称为有丝分裂抑制因子（inhibitor of mitotic factor，IMF）。艾德拉克汉等从 Hela 细胞的 G_1 期、S 期细胞获得该因子的提取液，按比例加入 MF 液，发现 G_1 期细胞的提取液有明显抑制 MF 的作用。当 MF 达到一定阈值时就成为细胞分裂的信号，使细胞分裂，而细胞分裂又激发 IMF 的活性，使染色体解螺旋停止分裂。因此，细胞分裂过程中，IMF 与 MF 共同调节染色质凝集与去凝集作用，从而调节细胞的增殖。

（三）生长因子的调控

在体外培养的细胞需要加入富含生长因子的小牛或胎牛血清才能正常生长增殖。这些生长因子包括血小板生长因子（platelet-derived growth factor，PDGF）、表皮生长因子（epidermal growth factor，EGF）、转化生长因子（transforming growth factor，TGF）、胰岛素样生长因子（insulin-like growth factor，IGF）等等。

生长因子一般是多肽或蛋白质，普遍存在于机体的组织中，通过与其特异性的细胞膜受体结合，刺激或抑制细胞的增殖活动。如 PDGF 能启动 G_0 期细胞进入细胞周期，促进 S 期 DNA 的合成，是一种较强的促有丝分裂因子。

（四）癌基因和抑癌基因的调控

近年来发现细胞内的癌基因对细胞的增殖有调控作用，癌基因在正常情况下并不致癌，相反它的合理表达产物对细胞的生长、分裂、分化有着良好的作用。癌基因表达产物大致可归为蛋白激酶、多肽类生长因子、膜表面生长因子受体、激素受体、信号转导器、转录因子、类固醇和甲状腺激素受体、核蛋白等几个类型。它们在细胞周期调控过程中各自起着不同的作用。如 *v-sis* 是一种癌基因，它的表达产物类似于 PDGF，能与相应受体结合。抑癌基因表达产物对细胞增殖起负性的调节作用，如 *p53*、*Rb* 等。

（五）其他因素的调控

细胞和机体外界因素对细胞周期也有重要影响，如离子辐射、化学物质作用、病毒感染、温度变化、pH 变化等。离子辐射对细胞最直接的影响之一是 DNA 损伤。化学物质种类繁多，有的可直接参与调控 DNA 代谢，影响细胞周期变化；有的可以通过其他途径，影响酶类和其他调节因素的变化，改变细胞周期进程。病毒感染也是影响细胞周期进程的主要因素之一。有的病毒感染能快速抑制细胞周期，有的则可以诱导细胞转化和癌变，使整个细胞周期进程发生改变。

四、细胞分化

细胞分化是指个体发育中细胞经分裂增殖形成在形态结构和功能上相异的细胞类群的过程。细胞分化和细胞分裂是一对既相辅相成、又相互制约的细胞生命活动。细胞分化的实质是功能的分工和专门化，这一过程一方面依赖于由分裂产生的细胞数量的增加，另一方面随着分化程度的增高，细胞的分裂能力不断降低。高度分化的细胞通常不分裂，也不能逆转为未分化的细胞。也就是说，细胞分化具有相对的稳定性和不可逆性。

细胞分化的不可逆性突出表现在，随着发育过程向前推进，细胞的分化发育潜能愈来愈窄。达到分化终端的成熟细胞已经没有发育潜能可言。

（一）细胞分化发育潜能

通常，细胞的分化发育潜能可区分为以下几种情况：

1. 全能性(totipotency)

具有能够使后代细胞分化出各种组织细胞，并发育成完整个体的潜能，这种情况称为全能性。受精卵就是具有全能性的细胞。

2. 多能性(pluripotency)

有的细胞具有使后代细胞分化出多种组织或细胞的潜能，但已不能发育成完整的个体，这种情况称为多能性。例如，多能造血干细胞就具有分化成为多种血细胞的潜能，因而具有多能性。

3. 单能性(monopotency)

有的细胞发育潜能更窄，只能使后代发育成一种细胞，称为单能性，例如单能造血干细胞。

细胞的分化具有严格的方向性，细胞在未出现分化细胞的特征之前，分化的方向就已由细胞内部的变化及受周围环境的影响而决定，这一现象称为细胞决定(cell determination)。细胞决定可视为细胞分化方向的确定，细胞分化的决定性内因是细胞中某些遗传基因的永久性关闭和某些基因的开放。基因的作用对分化的方向有着决定的意义，但细胞质及细胞外的某些因素也对其有重要的调控作用。

（二）影响细胞分化的因素

细胞分化的影响因素包括细胞内因素和细胞外因素。

1. 细胞内因素

(1) 卵细胞质对细胞分化的影响

研究发现，从亲代的卵母细胞开始，细胞质或表面区域就不是均质的，受精卵的不同区域的细胞质组分同样是有差异的。受精卵在数次的卵裂过程中，胞质中的成分经历了数次重新改组，分配到不同的子细胞中，这种细胞质分配的不均质性对胚胎的早期发育有很大影响，在一定程度上决定了细胞的早期分化。例如，我国著名的科学家童第周等(1978)曾将黑斑蛙(*Rana nigromaculata*)的红细胞的核移入去核的黑斑蛙卵中，结果该卵发育为正常的蝌蚪。1997 年，英国罗斯林研究所报道成功将一绵羊乳腺细胞的核移入一去核的绵羊卵细胞中，经体外培育成胚胎后，再植入另一母羊子宫，培育出克隆羊“多莉”(见图 2－13)。这些实验均证明，已高度分化的细胞，其细胞核在卵细胞质的决定作用下也能发育成一个正常的个体。

(2) 细胞核对细胞分化的影响

在细胞分化的过程中，细胞核起着重要的作用。首先，生物的任何性状的出现都是由遗传物质决定的，而遗传物质位于细胞核内；其次，不同分化阶段的细胞之所以能合成特异蛋白质，都是细胞核内的基因有选择表达的结果；另外，细胞质对细胞分化的决定作用是要通过调控细胞核的基因表达来实现的。实验证明，在完全没有核的情况下，卵裂不会发生，也看不到细胞分化的现象，细胞在早期便死亡。例如，在蝾螈受精卵的第一次卵裂前将卵结扎，使结扎一侧胞质有核，而另一侧无核，结果有核的一侧进行卵裂，而另一侧则不能进行。该实验表明细胞核在细胞生命活动中的主导地位。

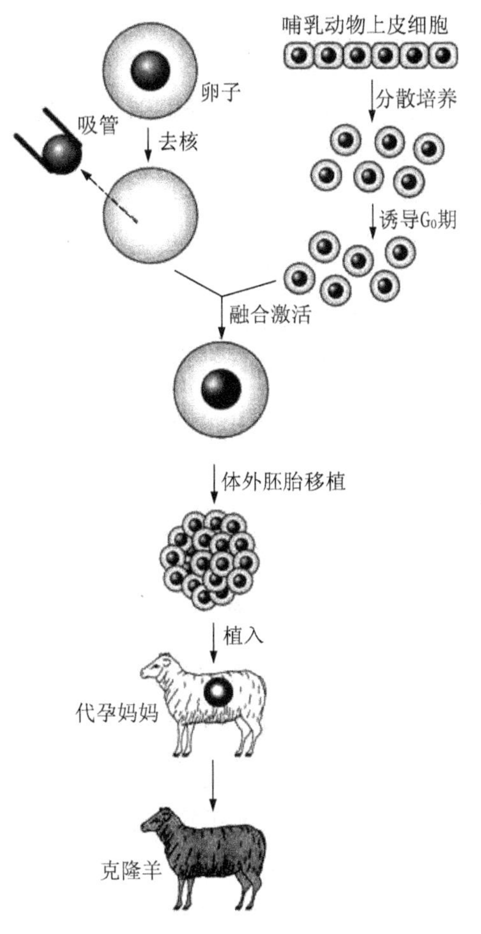

图 2－13　多莉羊的克隆过程

(3) 核质的相互作用对细胞分化的影响

在细胞分化的过程中，细胞核和细胞质始终是相互依赖的，两者缺一不可。细胞质提供了细胞通过氧化磷酸化及无氧酵解所产生的大部分能量，细胞核则提供特异的 mRNA 及其他核酸分子(如 rRNA 和 tRNA)的合成模板。

2. 细胞外因素

(1) 环境因素对细胞分化的影响

细胞分化的过程是多种因素共同作用的结果。在真核细胞中，细胞的分化也受到环境中各种因子的影响，主要受细胞微环境的影响。例如，鸡胚间质细胞既可分化为肌细胞，又可分化为软骨细胞。这种选择性受到辅酶Ⅰ含量的影响，若其含量高，间质细胞分化成为肌细胞，而含量低则分化为软骨细胞。

(2) 细胞间的相互作用对细胞分化的影响

在胚胎的早期发育中，细胞的命运由细胞的位置和细胞间的接触来决定。例如：

①在胚胎发育时一部分细胞对邻近的另一部分细胞产生影响并诱导其分化，即胚胎诱导(embryonic induction)。

②在胚胎发育过程中，已分化的细胞抑制邻近细胞进行相同分化，从而产生负反馈调节，即分化抑制。

③把小鼠胚胎胰腺原基切成不能形成胰腺组织的小块，把小块合起来又可形成胰腺组织，因而具有细胞数量效应。

④在发育的晚期，激素对细胞分化有一定的调节作用。

（三）干细胞

干细胞(stem cell)是一类具有自我复制能力(self-renewing)的多能细胞。在一定条件下，它可以分化成多种功能细胞，因而具有再生各种组织器官和人体的潜在功能，医学界称为“万用细胞”。根据干细胞所处的发育阶段分为胚胎干细胞(embryonic stem cell，ESC)和成体干细胞(somatic stem cell)。根据干细胞的发育潜能分为三类：全能干细胞(totipotent stem cell)、多能干细胞(pluripotent stem cell)和单能干细胞(unipotent stem cell，即专能干细胞)。

干细胞的发育受多种内在机制和微环境因素的影响。人类胚胎干细胞已可成功地在体外培养。最新研究发现，成体干细胞可以横向分化为其他类型的细胞和组织，为干细胞的广泛应用提供了基础。

1. 干细胞的应用

(1) 美容

人体的衰老、皱纹的出现，究其根源实质上都是细胞的衰老和减少。干细胞美容的原理是通过输注特定的多种细胞(包括各种干细胞和免疫细胞)，激活人体自身的“自愈功能”，对病变的细胞进行补充与调控，激活细胞功能，增加正常细胞的数量，提高细胞的活性，改善细胞的质量，防止和延缓细胞的病变，恢复细胞的正常生理功能，从而达到疾病康复、对抗衰老的目的。

(2) 器官移植

干细胞的用途非常广泛，涉及医学的多个领域。科学家已经能够在体外鉴别、分离、纯化、扩增和培养人体胚胎干细胞，并以这样的干细胞为“种子”，培育出一些人的组织器官。干细胞及其衍生组织器官的广泛临床应用，将产生一种全新的医疗技术，也就是再造人体正常的、甚至年轻的组织器官，从而使人能够用上自己的或他人的干细胞或由干细胞所衍生出的新的组织器官，来替换自身病变的或衰老的组织器官。

(3) 疾病治疗

干细胞对组织细胞损伤具有修复功能，也有替代损伤细胞的功能，以及刺激机体自身细胞的再生功能，因而被认为具有治疗多种疾病的潜能。例如，干细胞移植治疗小儿脑瘫，是根据神经干细胞具有自我更新及分化为神经元、星形胶质细胞、少突胶质细胞等神经前体细胞的潜能，使干细胞移植后分化的神经元补充缺损的神经元，并促进小儿脑组织中的神经细胞分化，恢复脑神经的正常生长发育，改善大脑的认知功能障碍，为脑性瘫痪小儿进一步康复提供了更多的机会，已为最先进、最有效的治疗方法。又如，自体干细胞免疫治疗哮喘、气管炎、肺气肿、肺源性心脏病等呼吸道疾病。干细胞免疫疗法是通过调控细胞因子，修复受损的组织细胞，然后通过细胞间的相互作用及产生细胞因子，抑制受损细胞的增殖及其免疫反应，从而发挥免疫重建的功能，从根本上消除哮喘等疾病的发病基础。此外，脐血干细胞和脐带间充质干细胞具有免疫调节和改善脑内微循环的功能。干细胞进入体内可调节机体免疫功能，并通过自身分化和分泌细胞因子和神经肽刺激新生血管形成，改善脑内缺血缺氧状态，激活和修复脑内受损的神经细胞。通过联合移植脐血单个核细胞和脐带间充质干细胞，有助于改善患儿的语言交流能力、社会交往能力等，因而有望成为治疗自闭症的有效手段。

2. 干细胞涉及的伦理问题

尽管人胚胎干细胞有着巨大的医学应用潜力，但围绕该研究的伦理道德问题也随之出现。主要问题如下：为获得ES细胞而杀死人胚是否道德？是不是良好的愿望为邪恶的手段提供了正当理由？如果胚胎干细胞和胚胎生殖细胞作为细胞系而可通过买卖获取，科学家使用它们符合道德规范吗？由于将人体基因插入动物细胞在技术上已经可行，将人胚胎干细胞嵌入家畜胚胎中创立嵌合体来获得移植用人体器官是否道德？这些问题很难简单回答，必须认真研究人胚胎干细胞研究涉及的伦理、社会、法律、医学和道德问题。

第三节　细胞的衰老、死亡与癌变

一、细胞的衰老

细胞的生命历程都要经过未分化、分化、生长、成熟、衰老和死亡几个阶段。细胞衰老(cell aging)是指细胞在执行生命活动的过程中，随着时间的推移，细胞增殖与分化能力、生理功能逐渐发生衰退的变化过程。

(一) 细胞衰老的表现

细胞衰老在形态学上表现为细胞结构的退行性变。如在细胞核，核膜凹陷，最终导致核膜崩解，染色质结构变化，超二倍体和异常多倍体的细胞数目增加；细胞膜脆性增加，选择性通透能力下降，膜受体种类、数目和对配体的敏感性等发生变化；脂褐素在细胞内堆积，多种细胞器和细胞内结构发生退行性变。

细胞衰老在生理学上的表现为功能衰退与代谢低下。如细胞周期停滞，细胞复制能力丧失，对促有丝分裂刺激的反应性减弱，对促凋亡因素的反应性改变；细胞内酶活性中心被氧化，酶活性降低，蛋白质合成下降等。

(二) 有关细胞衰老的假说

关于细胞衰老的原因，目前有多种学说，得到较多人肯定的有以下几种：

1. 氧自由基学说

认为细胞衰老是机体代谢产生的氧自由基对细胞损伤的积累。

2. 端粒学说

提出细胞染色体端粒缩短的衰老生物钟理论，认为细胞染色体末端的特殊结构——端粒的长度决定了细胞的寿命。

3. DNA损伤衰老学说

认为细胞衰老是DNA损伤的积累。

4. 基因衰老学说

认为细胞衰老受衰老相关基因的调控。

5. 分子交联学说

认为生物大分子之间形成交联，导致细胞衰老。

此外，也有学者认为，脂褐素蓄积、糖基化反应以及细胞在蛋白质合成中难免发生的错误等因素导致细胞衰老。

二、细胞的死亡

细胞死亡是生命现象不可逆停止及生命的结束。细胞死亡与个体死亡之间的关系很复杂,当个体发生死亡时,身体的大部分细胞并未同时死亡,而当个体健康生活着的时候,正常的组织中经常发生细胞死亡。这是维持组织功能和形态所必需的。

(一)细胞死亡的原因

死亡的原因很多,一切损伤因子只要作用达到一定强度或持续一定时间,就能使受损组织的代谢完全停止,引起细胞、组织的死亡。

在多数情况下,坏死是由组织、细胞的变性逐渐发展来的,称为渐进性坏死。坏死多为细胞由于受到强烈理化或者生物因素作用,引起无序变化的死亡过程。表现为细胞胀大,细胞膜破裂,细胞内容物外溢。

在此期间,只要坏死尚未发生而病因被消除,则组织、细胞的损伤仍可恢复(可复期)。

但一旦组织、细胞的损伤严重,代谢紊乱,出现一系列的形态学变化,则损伤不能恢复(不可复期)。

在个别情况下,由于致病因子极为强烈,坏死可迅速发生,有时甚至可无明显的形态学改变。

(二)细胞死亡的方式

多细胞生物的体内细胞,其死亡方式有两种:坏死和凋亡。

细胞坏死(necrosis),是指细胞受到环境因素的影响导致细胞死亡的病理过程。如细胞可因微生物传染、有毒物质侵袭、辐射、高温等不良环境刺激导致死亡。

细胞凋亡(apoptosis),为了维持机体内环境的稳定,细胞发生主动的、由基因控制的自我消亡过程,此过程需要消耗能量。

凋亡是自然界普遍存在的"正常"过程。例如,人红细胞的寿命通常只有120天,此后就自然凋亡。胃肠道内壁的上皮细胞经常凋亡脱落,被新生的上皮细胞替代。胸腺中的T细胞只有5%左右发育成熟,其余95%的细胞均自然凋亡。蝌蚪变成青蛙时,尾巴消失也是凋亡过程。由此看来,在多细胞生物个体的整个生命过程中,细胞凋亡是必要的,也是有着多方面的生理功能的,例如清除多余无用的细胞,清除发育不正常或有害的细胞,清除已经完成正常使命、对以后生活有妨碍的细胞,控制组织器官各部分的细胞总数等。

1. 细胞凋亡的特征

形态学上,进入凋亡程序的细胞有着与坏死细胞显著不同的特征。首先出现的是细胞体积缩小,连接消失,与周围的细胞脱离;接着是细胞质密度增加,核质浓缩,核膜、核仁破碎,DNA降解为长180～200bp的片段;然后,胞膜有小泡状形成,出现凋亡小体;最后凋亡小体被周围的吞噬细胞吞噬。由于无内容物外溢,因此细胞凋亡不引起周围的炎症反应。

凋亡小体是指细胞凋亡过程中,细胞膜反折,包围细胞碎片,如染色体片段和细胞器等,形成芽状突起,以后逐渐分离所形成的结构。它是细胞凋亡的特征性形态结构。

2. 坏死与凋亡的异同

细胞凋亡与坏死在诱发因素、形态学、鉴别指标等方面都有不同,因而较易区分(见表2-1)。

表 2-1　细胞凋亡和细胞坏死的区别

因　素	细胞凋亡	细胞坏死
诱发因素	特定的或生理性的	病理性的
细胞膜	完整	溶解破坏
细胞核	固缩，碎裂为片段	溶解破裂
染色质	凝集、呈半月状	模糊、疏松
细胞器	完整	损伤
内容物释放	无	有
炎症反应	无	有
核 DNA	降解为完整倍数的片段	随机不规则断裂
凝胶电泳	梯状条带形	分散形态

三、细胞的癌变

癌细胞是指那些细胞增殖失控，侵袭并转移到机体的其他部位生长的细胞。这种细胞在机体内任意地、无节制地增殖和分裂的过程称为癌变(carcinogenesis)，形成的组织肿块为肿瘤(tumor)。肿瘤有良性和恶性之分。良性肿瘤一般生长缓慢，有明显的界线，包膜完整，不向外扩散，只是膨胀性地长大，一般不会影响人的生命。恶性肿瘤则统称为癌(cancer)。主要特点是癌组织生长迅速，侵犯周围组织，无明显界限，无包膜，与正常组织分界不清，除了体积长大，还能向周围蔓延、扩散，有强大的破坏性。拉丁文 cancer 原意是山蟹，这是一种凶狠又爱乱爬的动物，形象地反映了癌凶险又易扩散的特征。

(一) 癌变细胞的特征

癌变细胞与正常细胞相比，它有一些独有的特征。

1. 能够无限增殖

在适宜的条件下，癌细胞能够无限增殖。在人的一生中，体细胞能够分裂 50～60 次，而癌细胞却不受限制，可以长期增殖下去。

2. 丧失接触抑制

正常培养的细胞需要黏附于固定的表面才能生长，当分裂增殖到一定密度后即停止分裂，称为接触抑制(contact inhibition)现象。而癌细胞则失去这种生长抑制，当培养皿的底面长满后可以持续分裂，达到很高密度后可出现堆积生长(见图 2-14)。

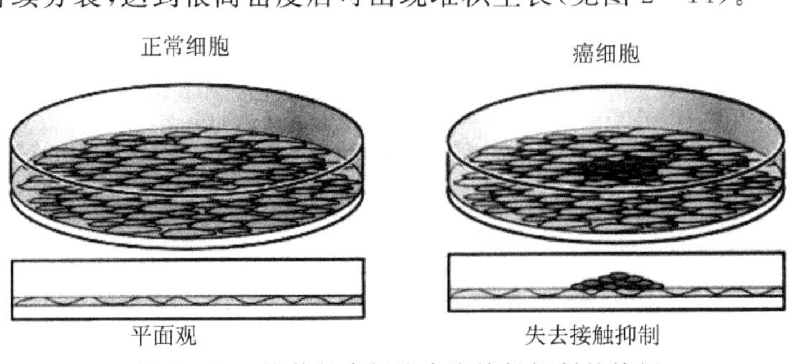

图 2-14　培养的癌细胞丧失接触抑制的特征

3. 对生长因子的需求降低

正常细胞在体外培养时，除需要供给各种营养成分外，还要添加胎牛血清，里面含有多种生长因子。癌细胞可以在不添加胎牛血清的环境下生长，对生长因子的需求降低。

4. 细胞表面特性改变

膜蛋白成分发生改变使得细胞间相互作用发生变化，黏附性改变，易于逃避免疫系统的监视；膜通透性的改变则使得细胞对某些营养物质的运输加快，促使细胞快速生长。

5. 具有浸润性和扩散性

由于细胞膜上的糖蛋白等物质减少，使得细胞彼此之间的黏着性减小，导致癌细胞易于浸润周围健康组织，或通过血液循环或淋巴途径转移，并在其他部位黏着和增殖。

（二）癌基因与抑癌基因

1. 癌基因

1911 年，一种能使鸟类结缔组织长出肿瘤的病毒被发现，并命名为劳氏肉瘤病毒（Rous sarcoma virus，RSV），此后陆续发现了更多能诱导动物细胞癌变的病毒。在致癌病毒中找到的与致癌直接相关的基因，称为癌基因（oncogene）。起初人们认为细胞发生癌变是由于病毒把癌基因带入了宿主细胞。后来发现在未感染病毒的细胞中，也能找到与病毒癌基因有同源性的核苷酸序列，称为细胞癌基因（cellular oncogene，c-onc）。目前已经知道，癌基因就其来源不同，可分两类：一类是病毒癌基因（virus oncogene，v-onc）；另一类则来源于原癌基因的突变，即细胞癌基因。

2. 原癌基因

事实上，细胞内癌基因的编码蛋白在细胞正常生理活动中发挥着一定的功能，多为细胞正常生长发育所不可缺少的。我们把这些存在于一切正常细胞中，具有引起细胞癌变潜能的基因称为原癌基因（proto-oncogene）。当原癌基因由于突变、扩增、重排等原因过度表达或表达的蛋白质产物活性失控时，可导致细胞转化，向癌变方向发展。

3. 抑癌基因

抑癌基因又称肿瘤抑制基因（tumor suppressor gene），是存在于正常细胞中的一类“管家”基因，在被激活时具有抑制细胞增殖的作用，但在被抑制或功能丢失后可减弱甚至消除其抑癌功能，因而在细胞的发育、生长和分化的调节中起重要作用。位于染色体 13p14 的 *Rb* 基因是第一个被发现和鉴定的抑癌基因，它的功能缺失与儿童视网膜母细胞瘤的发生有关。而第二个被鉴定的抑癌基因 *p53* 在大多数的人类癌症（如白血病、淋巴瘤、肉瘤、脑瘤、乳腺癌、胃肠道癌及肺癌等）发生时常呈失活现象。

（三）致癌因子

1. 化学致癌因子

迄今已知的致癌化合物已达数千种之多，无机物如石棉、砷化物、铬化物、镉化物等，有机物如苯、四氯化碳、焦油、黄曲霉素、有机氯杀虫剂等。吸烟是人体摄入化学致癌物的主要途径之一，87％的肺癌与吸烟有关。从香烟的烟雾中可提纯出 2000 多种化学分子，其中 20 多种为化学致癌物。

2. 物理致癌因子

主要指放射性物质发出的电离辐射、X 射线、紫外线等。如居里夫人在研究工作中长期接受射线辐射，患上白血病。又如空调、冰箱等电器中的制冷机释放氟化物，可使大气平流层中的臭氧层变薄，从而导致地面的紫外线强度增加，全球皮肤癌的发病率上升。

3. 病毒致癌因子

从致癌病毒中发现病毒致癌因子已经使人们对癌症的认识向前推进了一大步。已知的病毒致癌因子包括DNA肿瘤病毒和RNA肿瘤病毒。如EB病毒(Epstein-Barr virus，EBV)与伯基特淋巴瘤和鼻咽癌等肿瘤有关；乙型肝炎病毒(hepatitis virus B，HBV)感染者发生肝细胞癌的概率是未感染者的200倍；人类乳头瘤病毒(human papilloma virus，HPV)与生殖道和喉等部位的乳头状瘤、宫颈原位癌和浸润癌等有关，还能抑制抑癌基因*Rb*和*p53*的功能。

第四节　细胞工程

细胞工程(cell engineering)是生物工程的一个重要分支。细胞工程根据操作方法的不同，可分为细胞融合、转基因、染色体工程、基因工程及干细胞工程等。细胞工程产生后的几十年来，已经显示出它在生物学基础理论研究、工农业生产及医疗保健等方面的应用前景。

一、细胞融合

细胞融合(cell fusion)是在体外条件下将不同的细胞混合，加以外界促融因素，如病毒、化学融合剂、电场等，使两个或多个细胞相互融合成为一体，由此产生杂种细胞的技术。

细胞融合的突出优点是可以实现体细胞之间的杂交不受亲缘关系的限制。自然界生物生殖过程中精子和卵子的结合是细胞融合的范例，但这种细胞间的有性结合只限于同种生物或亲缘关系很近的物种之间，因而能产生的遗传变异是较小的。人工的细胞融合可以实现任意细胞之间的融合，拓宽了遗传变异的范围。例如，早在1978年，德国科学家就已经利用细胞融合技术，将番茄和马铃薯细胞进行融合产生了杂种细胞，并再生出植株，被称为“泡马豆(pomato)”(见图2-15)。

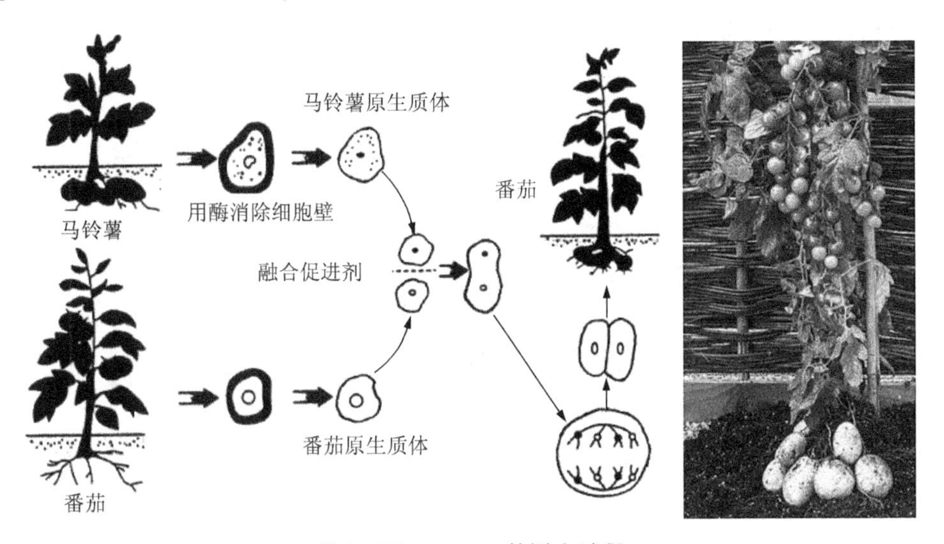

图2-15　pomato的诞生过程

二、转基因

转基因(transgene)是指将供体的DNA直接注入受体细胞的过程,也称为基因转移,用这种方法培养的动物称为转基因动物。目前,转基因技术在动、植物品种改造方面已经获得大量成功,已有转基因羊、牛、猪等出现。此外,利用转基因技术,有望产生新型的农牧业产品,或发展新的医疗手段,造福人类。例如,将人乳蛋白的基因转移至乳牛的卵细胞中,使转基因乳牛产的奶更接近于人奶,使其营养价值大大提高。又如将人的某些组织器官,如肾脏组织抗原基因转移至封闭了自身抗原的动物的卵细胞内,使转基因动物与人的器官接近,即可制成器官移植的代用品。这样的思路将为临床组织器官的移植开辟广阔的应用前景。

三、基因工程

基因工程(gene engineering)又称为遗传工程(genetic engineering)或重组DNA技术(recombinant DNA technology),是采用类似工程设计的方法,按照预先的设计,将不同来源的基因在体外切割、拼接,然后将重组的基因导入宿主细胞,并使重组基因在宿主细胞内复制和表达,以获得生物产品或生物新品种的技术。

基因工程的基本操作包括:获取目的基因、目的基因与载体重组、重组DNA导入宿主细胞、筛选鉴定重组子进行克隆、目的基因的表达及产物鉴定。

四、干细胞工程

干细胞工程(stem cell engineering)是在细胞培养技术的基础上发展起来的一项新的细胞工程技术。它是利用干细胞的增殖特性、多分化潜能及其增殖分化的高度有序性,通过体外培养干细胞诱导干细胞定向分化或利用转基因技术处理干细胞以改变其特性的技术。

干细胞工程的主要研究内容包括两个方面:一是胚胎干细胞的研究,如建立ES细胞系并利用ES细胞的发育多能性及环境因素对细胞分化发育的影响,定向诱导细胞分化为特定的细胞,如肌细胞、神经细胞等,以此作为细胞移植的新来源。另一方面是成体干细胞的研究,主要包括成体组织干细胞的分离培养、体内植入。自体多功能干细胞工程的主要过程见图2-16。

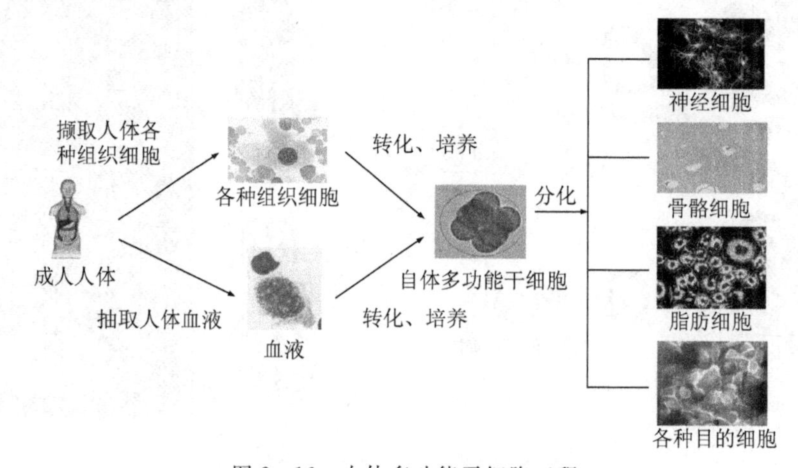

图2-16 自体多功能干细胞工程

干细胞工程的应用也将给人类生活带来翻天覆地的变化。例如，据国外媒体报道，荷兰马斯特里赫特大学生物学教授波斯特在实验室通过干细胞研制人造肉，他们希望通过这种在动物体外培植的方式生产牛肉，以解决人类对肉类的需求和由传统养殖业带来的环境问题。又如，2015年5月的《细胞》杂志报道了加拿大麦克马斯特大学干细胞和癌症研究所所长巴蒂亚领导的科研小组应用干细胞技术，成功地将成人血液细胞转变成中枢神经系统（脑和脊髓）的神经元，以及外周神经系统负责疼痛、温度和瘙痒感知的神经元。将细胞变成神经元，看上去像是把樱桃变成红毛丹一样难，但新的干细胞技术实现了这一点。这种革新性的导向转化技术具有广泛而直接的应用前景，将有助于开发出包括麻痹疼痛在内的各种疼痛的治疗药物，有望为患有神经病理性疼痛的患者提供个性化或定制化的药物治疗方案。

（丁悦敏）

第三章　遗传与疾病

中国有句俗话："种瓜得瓜，种豆得豆。"古人为何有如此之说？为什么两个O型血型的人的后代不可能是A型？两个表型正常的个体婚配，为何会有白化病儿出生？为何有的儿童食用蚕豆后会出现溶血性贫血？近亲为何不能婚配？从遗传学的角度如何来解释这些现象呢？

遗传，是指随着生物的繁衍，亲代和子代之间具有相似的性状等特征，由于遗传的存在，保证了物种的稳定性；另一方面，亲代和子代之间或多或少存在着差异，我们称之为变异。变异使物种能够更好地适应环境，使进化成为可能，生物进化中"优胜劣汰，适者生存"也从某些方面体现了变异。遗传学是研究自然界中生物遗产与变异规律的科学，研究基因的结构和功能，及其变异、传递和表达。随着生命科学的发展，遗传学根据研究的对象、角度及应用等，出现了各种分支学科，其中与人类医疗保健等密切相关的当属人类遗传学。人类遗传学以人为研究对象，探讨人类的各种性状（形态特征、生理功能等）的相似性及差别。医学遗传学是人类遗传学的一个分支学科，即是将人类遗传学的理论和方法应用于人类疾病与遗传关系的研究，探讨人类遗传病的特点、遗传规律，疾病的发生、病变，以及在诊断、治疗、预防等临床方面的应用。

第一节　遗传的基础

一、遗传的理论基础——孟德尔定律

19世纪奥地利遗传学家孟德尔利用豌豆进行杂交试验，其研究结果奠定了遗传学的基础。孟德尔实验的成功并不是偶然的，选择豌豆作为研究对象的主要原因是豌豆具有稳定的容易区分的性状。孟德尔用了8年时间，在试验中观察并记录了的7对相对性状（见表3-1），杂交结果于1865年发表于《植物杂交实验》，文中揭示了被称为孟德尔定律或孟德尔学说的两大遗传规律——分离规律和自由组合规律，为遗传学的发展奠定了基础。

表3-1　孟德尔豌豆试验中的7对相对性状

性状	花的颜色	种皮颜色	豆荚颜色	茎的高度	花的位置	种子形状	豆荚形状
性状1	紫花	黄色	绿色	高	顶生	圆	饱满
性状2	白花	绿色	黄色	矮	腋生	皱	皱缩

两大规律主要提示了以下信息：①决定相对性状的一对等位基因同时存在于杂种一代个体中，在形成配子的时候，相互分离，独立随配子遗传给后代；②当具有两对或两对以上相对性状的个体进行杂交，在子一代形成配子的时候，非同源染色体上的基因表现为自由组合。

可是当时孟德尔的观点没有得到广泛认可，直到1900年，分别有三位科学家得出了与孟德尔相同的研究结果，孟德尔的工作价值才被认可。两大规律在理论和实践中得到了广泛应用，如自由组合规律很好地解释了生物多样性形成的主要原因——配子形成的时候多对等位基因彼此分离，独立随机分配，自由组合。一些人类疾病的遗传现象也可以用孟德尔遗传定律来解释：基因有显性、隐性之分，有些疾病由显性基因控制（如1903年发现的短指/趾症），有些疾病由隐性基因控制（如1901年发现的黑尿症）。分离规律也能够用来解释为什么不能近亲结婚——近亲婚配的对象可能携带有从共同祖先继承来的相同基因，他们的后代发生等位基因纯合的可能性明显高于普通人群，一些罕见的常染色体隐性遗传病，也往往发生于近亲婚配的后代。当然由于人类细胞中除了细胞核之外，还有另一细胞器——线粒体也含有遗传物质，因此后代的某些性状可能不会像细胞核遗传那样符合孟德尔遗传定律（详见线粒体遗传病部分）。

二、遗传物质基础——基因和染色质

个体的性状是由基因决定的。人类的身高、肤色、眼睛、耳垂等性状的（主要）决定因素都是基因。当年孟德尔发现分离规律和自由组合规律的时候，将成对性状的控制因素称为遗传因子；1909年丹麦遗传学家约翰逊正式提出了“基因”一词；20世纪初摩尔根以果蝇为研究对象，提出基因存在于染色体上，染色体是遗传物质（基因）的载体。

基因是具有遗传效应的DNA片段。经过一百多年的研究，人类对基因的认识从孟德尔的遗传因子到基因的物质基础和化学本质，再到人类基因组的研究，从浅入深，逐渐清晰。除少数病毒，大多数生物的基因的化学本质是DNA。1953年，沃森和克里克提出了DNA分子双螺旋结构模型，奠定了分子遗传学的基础。DNA分子基本单位是脱氧核糖核苷酸，两条脱氧核糖核苷酸链之间通过氢键形成碱基对。碱基有四种：腺嘌呤（A）、鸟嘌呤（C）、胞嘧啶（G）、胸腺嘧啶（T）。由于碱基对的数量及在DNA链上的排列顺序不同，形成了DNA分子的多样性及特异性，丰富的遗传信息构成了不同的生物体系。基因在个体生命活动和世代传递过程中既能够形成亲代和子代之间的遗传稳定性，也可以受自身及环境因素等影响发生碱基的组成或者排列顺序变化，形成突变。有些突变是生物个体为适应环境变化产生，有些突变对于人类则会产生相应的疾病。

DNA分子是染色体的主要组成成分。染色质和染色体构成的化学组分完全相同，但包装不同，是同一物质在细胞周期中的不同存在形式。染色质是细胞分裂间期细胞核内易被碱性染料染色并线性分布的遗传物质。染色质由DNA和组蛋白、非组蛋白及少量RNA组成。1974年科恩伯格利用内切酶实验提出了染色质结构的念珠模型：构成染色质的基本结构是核小体，是一种串珠状结构，每个核小体包含了一个八聚体核心颗粒（H_2A，H_2B，H_3，H_4 各两分子）和200bp的DNA。在八聚体核心颗粒外左手螺旋缠绕着1.75圈的DNA分子，两个相邻的核心颗粒之间有60bp的连接线DNA，组蛋白 H_1 位于连接线上，锁合核小体核心颗粒，稳定核小体的结构（见图 3－1）。核小体再经过进一步螺旋和折叠形成染色体。

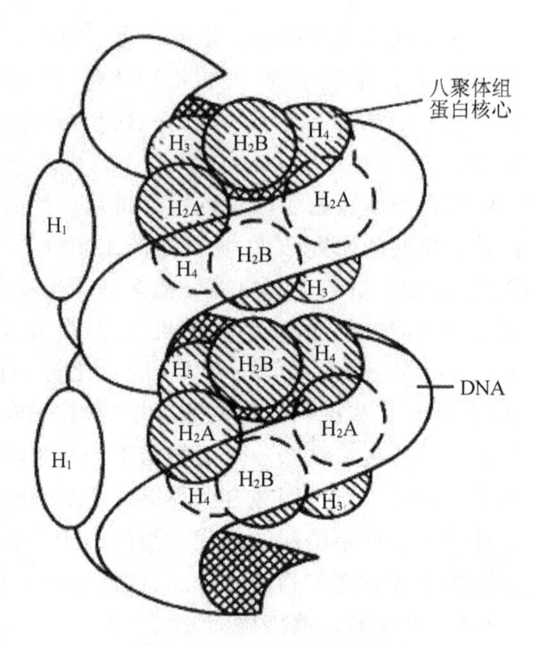

图 3－1　核小体的结构模型

间期细胞核中的染色质根据功能及形态不同，可分为常染色质和异染色质。常染色质在细胞分裂间期螺旋化程度低，染色浅。而异染色质多呈凝集状态，染色较深，通常是转录惰性区，存在于细胞核的边缘或者核仁的周围，在细胞周期 S 期晚期复制，一般无转录活性。异染色质根据功能不同，分为结构异染色质和兼性异染色质。结构异染色质在整个机体发育中都处于凝集状态，在细胞分裂期通常形成端粒和着丝粒。兼性异染色质又称功能异染色质，在特定细胞或特定发育时期出现，由常染色质转变形成，并且也可以在松散状态转变为常染色质，因此得名。正常女性的间期细胞中能够看到在细胞核中紧贴着细胞核膜有一个染色较深的椭圆形小体，称为 X 染色质或 X 小体。该类型的染色质是由加拿大学者巴尔最早在雌猫神经元细胞中发现的，所以又称为巴氏小体或巴尔小体。

我们知道，正常人类个体的染色体数目是固定的（23 对，46 条染色体），增加（如 21 号染色体的增加可造成唐氏综合征）或减少（如 5 号染色体的部分缺失造成猫叫综合征）都会造成疾病的产生。那么，一个正常的女性个体具有两条 X 染色体，而男性只有一个 X 染色体，为何女性两个 X 染色体的产物不比男性多？

1961 年，科学家莱昂提出了莱昂假说，指出：X 染色体失活发生在胚胎早期，是随机的（即个体失活的 X 染色体可来自于母亲，也可以来自于父亲），也是完全和永久的（也即一旦某细胞内的 X 染色体失活，那么该细胞经细胞增殖所产生的后代细胞都是该 X 染色体失活的）。X 染色质在临床上有重要的应用价值，由于 X 染色质在胚胎发育早期（胚胎发育第 16 天）就可出现，可以根据 X 染色质的有无来判断胎儿性别，并且可以分析 X 染色质数量异常的个体（间期细胞核中 X 染色质的数目总是比所有 X 染色体数目少 1，即 X 染色质数目＝X 染色体数目－1）。

三、人类染色体

染色体是在细胞分裂期由染色质经过逐级螺旋和折叠之后所形成的棒状结构（见图 3－2）。

在细胞有丝分裂前期，染色质开始凝缩，中期的时候形成棒状染色体结构（见图 3－3）。

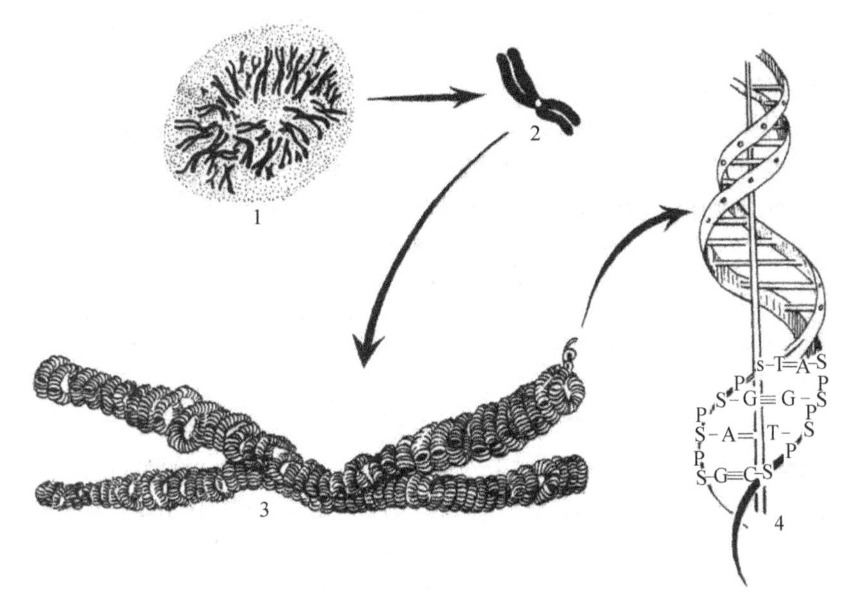

图 3－2　染色体结构模式

1－有丝分裂中期的染色体；2－分离后的染色体；
3－螺旋状盘绕的染色丝；4－螺旋状排列的 DNA

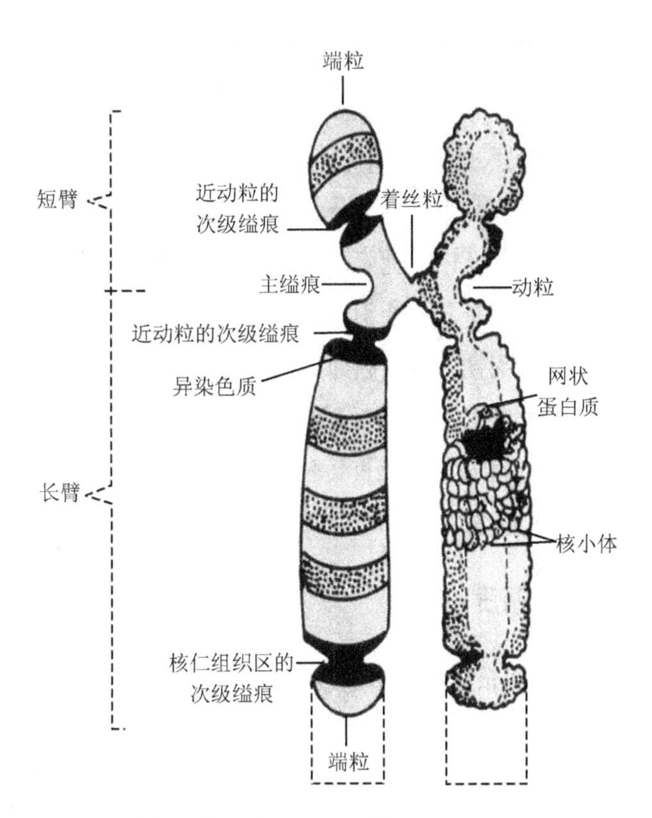

图 3－3　有丝分裂中期染色体的结构

每一种生物都含有固定数目的染色体，如正常人体染色体数目为46条。中期染色单体的结构主要包括：

（一）着丝粒

着丝粒是每条染色体上的凹陷部位，又称为主缢痕，是姊妹染色单体相连的部位。着丝粒将染色体分为短臂(p)和长臂(q)。根据着丝粒的位置不同，人类染色体分为三种：中央着丝粒染色体、亚中着丝粒染色体和近端着丝粒染色体，使染色体出现不同形态。

（二）动粒

动粒又称着丝点，是细胞分裂时姊妹染色单体与纺锤体相连的部位，在细胞分裂后期，两个单体的着丝粒分离，纺锤体微管带动两条姊妹染色单体向两极移动。

（三）次缢痕

次缢痕是某些染色体上另一种缢缩的部位，有一些是核仁组织区。

（四）随体

随体是某些染色体的末端具有的圆形结构，通过次缢痕与染色体短臂相连，可作为染色体识别的特征之一。

（五）端粒

端粒是衰老的计时器，在正常细胞的染色体末端，可维持染色体的稳定性和完整性。细胞每分裂一次，端粒减少50～100bp，当端粒缩短到一定长度的时候，细胞退出细胞周期而死亡。端粒长度的增加需要端粒酶的作用，正常的细胞中端粒酶缺失活性，而肿瘤细胞中端粒酶具有活性，可使端粒长度增加，使细胞进行无限增殖。因此，关于端粒及端粒酶的研究在近些年成为与细胞衰老及肿瘤的相关的热点内容之一。

不同物种的染色体形态、数目各不相同，同一物种的染色体的形态、数目是相对恒定的。绝大多数高等生物的染色体数目为二倍体，每个体细胞内具有两个染色体组，用$2n$表示，每组染色体成对存在，每一对称为同源染色体，人类的正常体细胞染色体数目是$2n=46$，包含22对常染色体和1对性染色体，每个生殖细胞中染色体的数目是$n=23$。染色体的数目或者形态变化可能会影响个体正常的形态结构和生理功能。人类体细胞中全套染色体按照固有的染色体形态特征和规定，进行配对、编号和分组，并进行形态分析的过程，称为核型分析。1966年制定了人类有丝分裂染色体的识别、编号等统一标准命名系统，人体细胞1～22号为常染色体，另一对为性染色体(女性为XX，男性为XY)，23对染色体根据大小及着丝粒位置不同分为A～G七组(见表3-2，图3-4)。

表3-2 人类核型分组与各组染色体形态特征

组号	染色体号	大小	着丝粒位置	次缢痕	可鉴别程度
A	1～3	最大	(1、3号)中；2号，亚中	1号	可鉴
B	4～5	次大	亚中		难鉴
C	6～12，X	中等	亚中	9号	难鉴
D	13～15	中等	近端		难鉴
E	16～18	小	16号，中；(17、18号)亚中	16号	16可鉴；17、18难鉴
F	19～20	次小	中		难鉴
G	21～22，Y	最小	近端		难鉴

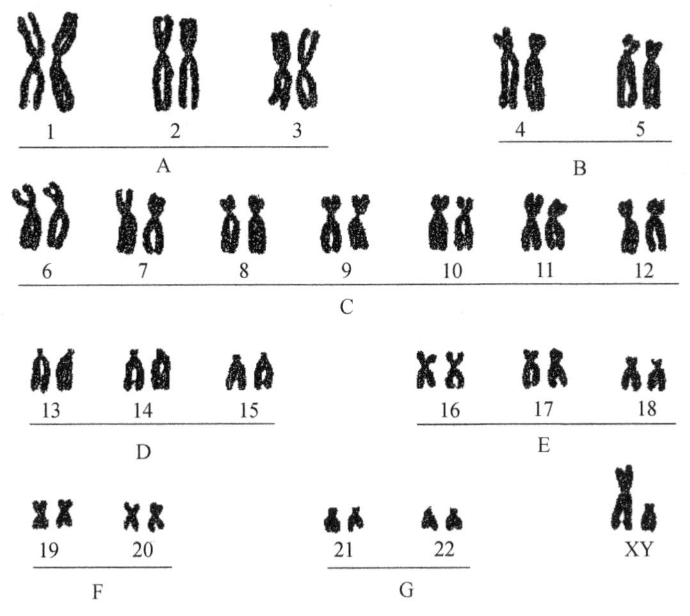

图 3-4 人类染色体核型(男性)

第二节 遗传病的特点与类型

传统研究认为,遗传病是由遗传物质发生改变而引起的或者是由致病基因所控制的疾病,可完全或部分由遗传因素决定。细胞内遗传物质的改变,主要涉及基因突变和染色体畸变(包括受精卵形成前或形成时产生的染色体畸变等)。基因突变包括了点突变(碱基替换、移码突变)、片段突变(缺失、重复和重排)、动态突变(三核苷酸重复)等;染色体畸变包括了染色体数目及形态结构的变化(包括缺失、断裂、易位等)。遗传病的产生需要上述遗传基础,并将该遗传基础以一定的方式传递给后代个体,因此通常认为遗传病包括单基因遗传病、多基因遗传病及染色体病。但随着学科发展,遗传病的范围已不仅限于上述三种,还包括了体细胞遗传病和线粒体遗传病。

一、遗传病的特点

遗传病具有遗传性、先天性、家族性和终身性的特点。通常情况下,不具有传染性,在群体中以"垂直"的方式在有亲缘关系的个体间发生,不会延伸至无亲缘关系的个体,也不会以"水平"方式在群体中传播,除了某些具有传染性的遗传病,如朊粒蛋白病。遗传病的获得往往是由于子代获得了亲代的遗传病的基础,因此往往具有先天性的特点,即出生即表现出相应疾病。如镰状细胞贫血,是一种隐性基因遗传病,由于基因突变导致血红细胞形态结构发生变化造成的溶血性贫血,出生即表现出相应症状,体现出先天性的特点。而某些遗传病属于延迟显性,患者出生时表现正常,而要在数日、数月、数年甚至数十年之后才发病。如亨廷顿(Huntington)舞蹈症,患者三十岁之后才发病,显然不属于先天性疾病,因此并不是遗传病都具有先天性的特点。很多人认为先天性疾病(出生缺陷)属于遗传病,这种观念也是片面的,先天性疾病也并不都属于遗传病。比如妇女妊娠期间由于放射线照射而造成患儿出生时的先天性畸形,虽然是先天性的,但是是环境因素影响的结果,并不属于遗传病的范围。由于遗传病在群体中以“垂直”的方式存在,常常体现出家族性的特点。一些显性遗传病在亲代与子代间代代相传,如亨廷顿舞蹈症,表现出家族性,但一些常染色体隐性遗传病也可能由于隐性基因导致在家族中偶然出现患者,而表现出散发性,如苯丙酮尿症患者的父母均正常而未显现出家族性。反之,家族性疾病也不全是遗传病。比如与生存环境有密切关系的甲状腺肿、夜盲症等等,虽然家族中多个成员患病,但是发病原因并非遗传因素,而是某些元素(如碘或者维生素 A)摄入不足,及时补给就可缓解相应的症状,因此也不属于遗传病。

遗传病的种类繁多,有人认为只有受亲代遗传因素决定的疾病才是遗传病,这一认识相对片面,比如有一些染色体畸变引起的疾病并非由亲代遗传因素决定,而是在受精卵形成过程中产生。但也并非说凡是受遗传因素影响的疾病都是遗传病,因为在人类疾病中,除了少数疾病(如外伤造成骨折)完全由环境因素所致,几乎绝大多数疾病都是由遗传因素和环境因素共同作用的结果,只是两者对疾病发生的贡献值不同。即使一些受环境因素影响十分明显的疾病,不同个体之间也存在着易感性的差异,而这种差异也是受遗传因素影响的。所谓易感性,就是在多基因遗传病中由遗传因素决定一个个体患病的风险。完全由遗传因素决定的疾病(单基因疾病、染色体畸变造成的疾病,如 18 三体综合征)和完全由环境因素决定的疾病(如外伤性骨折)都是少数,而大多数人类疾病都属于环境因素和遗传因素共同作用的结果。如高血压、糖尿病等为多基因遗传病。但不同疾病的遗传度不同,即遗传因素影响越大,则遗传度就越高。一般根据遗传方式不同,遗传病分为五大类。

二、单基因遗传病

由一对等位基因控制,单基因的突变导致疾病的产生,如果是由等位基因中的一个发生突变导致的疾病称为显性遗传病,如果是由两条染色体上的等位基因发生突变造成的疾病称为隐性遗传病。根据突变发生的染色体类型不同,单基因遗传病分为常染色体显性遗传病(AD)、常染色体隐性遗传病(AR)、X 连锁显性遗传病(XD)、X 连锁隐性遗传病(XR)和 Y 连锁遗传病。单基因遗传病的性状又称质量性状,出现全或无的特点,通常没有中间性状(不完全显性除外),单基因疾病相对发病率很低,其遗传方式符合孟德尔遗传定律。

(一) 常染色体显性遗传病

常染色体显性遗传病的遗传方式如图 3-5 所示,可见该类疾病具有以下特点:发病与性别无关,男、女患病概率均等;患者双亲中必定一个是患者,患者同胞中有 50%的患病可能,如果父母正常,子女一般不发病;患者的子代有 50%的患病可能。常见的常染色体显性遗传病有短指(趾)症、视网膜母细胞瘤、马方(Marfan)综合征、亨廷顿舞蹈症等。亨廷顿舞蹈症是一种进行性神经病变,患者大脑基底神经节变性,主要是由于动态突变(CAG 三核苷酸重复)所造成。临床表现上,患者神经系统处于过度兴奋状态,出现不自主地舞蹈样动作,伴随病

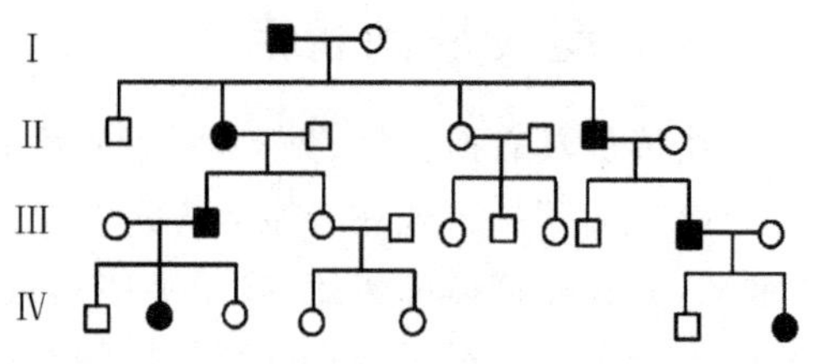

图 3-5 常染色体显性遗传病系谱

黑色为患病者,白色为表型正常个体,方形为男性,圆形为女性

情的加重，可出现精神异常的痴呆。该疾病具有延迟显性(患者往往在30～40岁时发病)及遗传早现(在连续几代的传递过程中，发病年龄提前、病情严重程度逐渐增加)的特点。

（二）常染色体隐性遗传病

如图3-6所示，该类疾病遗传方式是隐性的，只有隐性致病基因的纯合子才会发病。该类疾病的遗产方式具有以下特点：发病与性别无关，男女患病概率相等；患者双亲表现正常，是致病基因的携带者；患者的同胞有25%的患病可能，患者的同胞中有2/3为致病基因携带者，患者的子女一般不发病，但肯定都是携带者。常见的常染色体隐性疾病有白化病、苯丙酮尿症、尿黑酸尿症、半乳糖血症、镰状细胞贫血等。白化病主要是指眼皮肤ⅠA型，是由于患者上皮组织黑色素细胞内酪氨酸酶的缺乏导致不能形成黑色素所致。患者全身(包括皮肤、毛发)白化，畏光，眼睛缺乏黑色素，对日光敏感，暴晒可引起皮肤癌。苯丙酮尿症(PKU)是常见的常染色体隐性遗传病，因患者尿液中含有大量的苯丙酮酸而得名。该病的发生机制是由于患者体内苯丙氨酸羟化酶的缺失，使得苯丙氨酸不能进入酪氨酸途径，使得旁通路开放，反应沿着次要途径进行，转变为苯丙酮酸在体内累积，从而造成患者的神经系统的功能损害(见图3-7)。临床上表现出毛发黄，伴有特殊的鼠样臭味尿。但是该疾病可以通过饮食进行及时控制，患儿出生后可使用苯丙酮尿症特供食品，即低苯丙氨酸饮食治疗，否则会出现不可逆的大脑损害而影响智力发育。

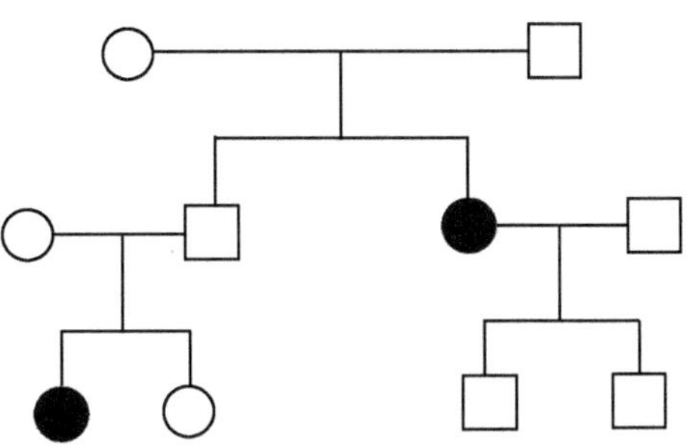
图3-6 常染色体隐性遗传病系谱
黑色为患病者，白色为表型正常个体，方形为男性，圆形为女性

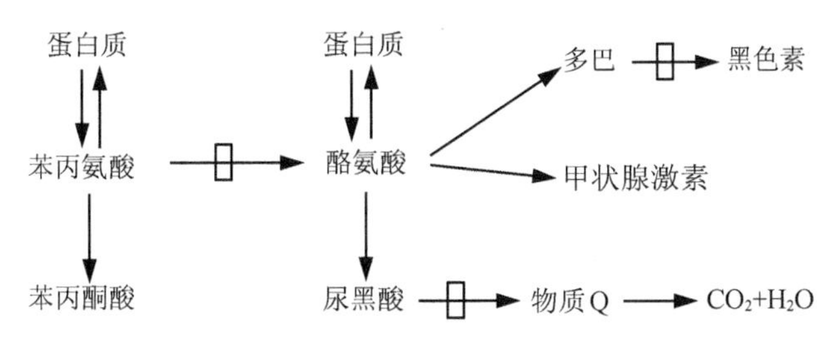

图3-7 苯丙氨酸代谢途径

前面提到为何不能近亲婚配。根据孟德尔遗传定律，近亲婚配的个体具有共同祖先，且可能携带从共同祖先遗传来的相同基因，其婚配的后代个体，相对普通人群来说，发生等位基因纯合子的可能性要大大增加，从而提高了获得隐性致病基因的可能性而患病。亲缘系数越大，患病风险越大。亲缘系数是指两个近亲个体在某一基因座上具有相同等位基因的概率。

（三）X连锁显性遗传病

如果致病基因位于X染色体上并且是显性的，那么女性杂合子发病，男性由于只有一条X染色体，在Y染色体上无对应的基因位点存在，因此男性成为半合子。该类遗传病的特点是：由于致病基因位于X染色体上，男性是半合子，因此患病数目女性大于男性，但由于女性存在随即失活的X染色体，因此女性患病的严重程度要较男性轻；患者双亲中至少有一方患病；由于男性的X染色体来源于其母亲，又只能传递给女儿，因此男性患者的女儿全部为患者，儿子都正常，女性杂合子患者的子女各有50%的患病可能。常见的X连锁显性遗传病有抗维生素D性佝偻病，该病患儿由于肾小管对磷酸盐的再回收减少所致，肠道吸收钙、磷不良，维生素D水平正常，常规剂量补充维生素D也不能缓解其症状。严重的患儿有进行性骨畸形和多发性骨折，并有骨骼疼痛，尤以下肢明显，甚至不能行走。身长的增长多受影响，牙质较差，牙易脱落且不易再生。该疾病女性患者多于男性，但是症状相对男性患者较轻，可以用莱昂假说进行解释。

（四）X连锁隐性遗传病

该类疾病治病基因位于X染色体，且为隐性致病基因，女性杂合子不发病，男性半合子发病。该类遗传病的特点是：群体中，由于男性是半合子，男性患者多于女性患者；双亲无病时，儿子有50%的患病可能，其致病基因来源于其母亲；患者的兄弟、舅父、姨表兄弟、外甥、外孙也有可能是患者。常见的X连锁隐性遗传病有血友病A、色盲、葡萄糖-6-磷酸酶缺乏症（蚕豆病）等。血友病A，是一种常见的X连锁隐性遗传病，主要是基因突变导致的血浆中凝血因子——抗血友病球蛋白缺乏所致的凝血障碍性疾病。临床上主要表现为患者血管破裂，较常人不易凝结，一般多表现为慢性出血症状。当发生于体表时，一般无严重后果；如果出血发生于关节、内脏或者颅内，则可导致关节肿胀变形甚至死亡。色盲，通常指先天性红绿色盲，患者无法分辨红色和绿色，控制红色和绿色的基因均位于X染色体上，但由于两者连锁，因此称红绿色盲。由于男性是半合子，只要X染色体上的红绿色盲基因发生突变即会产生色盲，而女性由于具有两条X染色体，只有两个位点上的基因均发生突变才会致病。正常女性如果和色盲男性婚配，其后代均正常，而男性色盲的致病基因会通过其女儿传给其外孙，表现出交叉遗传的特点。色盲一般不会造成个体发育的障碍，但是无法从事对颜色敏感的行业，如医疗、化工、纺织及交通等。

（五）Y连锁遗传病

由于致病基因位于Y基因上，随Y染色体遗传至下一代，只有男性具有Y基因，因此Y连锁遗传病也称全男遗传。由于定位在Y染色体上的基因数目较少，仅有少数遗传病属于此类，比如外耳道多毛症等。

三、多基因遗传病

多基因遗传病受遗传因素和环境因素共同作用，两者在疾病发生中的贡献值各不相同。多基因疾病中产生的性状是由多对等位基因控制的，相对单基因遗传病的质量性状，这些性状被称为数量性状。数量性状在群体中的分布是连续的，具有一个峰值，这点与单基因遗传病不同，如人类的身高。该类疾病不符合孟德尔遗传定律，但是每对等位基因的遗传仍符合孟德尔遗传定律。在多基因遗传病中，对疾病产生影响的基因数量较多，每对等位基因的作用都是微小的，称为微效基因，多个微效基因效应累加形成一定的表型，因此多基因疾病的产生是相对复杂的。

多基因遗传病具有以下特点：数量性状是遗传基础，受两对以上等位基因的控制；数量性状中的基因之间是共显性的，各微效基因之间无显、隐之分；每对基因的影响非常小；疾病的产生受环境因素影响。

在多基因遗传病中，遗传基础是微小基因，这些由遗传因素决定的患病风险称为易感性，遗传因素与环境因素共同作用决定个体患病的可能性称为易患性。在相同环境影响下，个体之间的患病差异是由易感性决定的。与单基因遗传不同的是，由于多基因遗传病由遗传因素和环境因素共同影响，人体性状或者疾病由基因决定的程度称为遗传度，一般用百分比表示。常见的多基因疾病有原发性高血压、糖尿病、腭裂、哮喘、无脑儿、脊柱裂、先天性心脏病、精神分裂症、强直性脊柱炎等。随着社会环境及生活习惯的变化，近年来糖尿病患者的数量大大增加。糖尿病中的2型糖尿病(非胰岛素依赖性糖尿病)的遗传模式属于多基因疾病，该疾病的发生涉及数目较多的基因、蛋白质等因子，发病多为胰岛素分泌缺陷，其临床特征表现为“三多一少”，即多食、多饮、多尿及体重降低。

四、染色体病

染色体病是指染色体结构和数目变化引起的机体结构和功能异常的疾病。染色体结构和数目的异常往往涉及多个基因，因此对个体的影响要远远大于单基因遗传病和多基因遗传病。染色体疾病一般表现为多发的先天性畸形、智力低下等。染色体异常的患儿，其异常染色体可以来源于父母，也可能是受精卵在形成前或形成后产生了染色体畸变。染色体畸变形成的原因很多，可以自发形成，也可以受环境因素影响，也可以遗传自父母。物理因素如电离辐射，化学因素如化学药物环磷酰胺、有机磷农药、食品添加剂等，生物因素如风疹病毒和局细胞病毒等，可引起染色体断裂、缺失、易位等；另外，母亲的年龄也是影响后代个体染色体畸变的原因之一，主要是母亲体内的生殖细胞受环境因素影响，在减数分裂时造成染色体不分离，从而造成卵细胞内的染色体数目异常。染色体畸变包括结构畸变和数目异常。

(一) 染色体结构畸变

细胞分裂中染色体断裂以及断裂后片段重接是造成染色体结构畸变的主要原因。结构畸变主要包括染色体缺失、易位、倒位、重复、环状染色体、等臂染色体、插入等(见图3-8)。

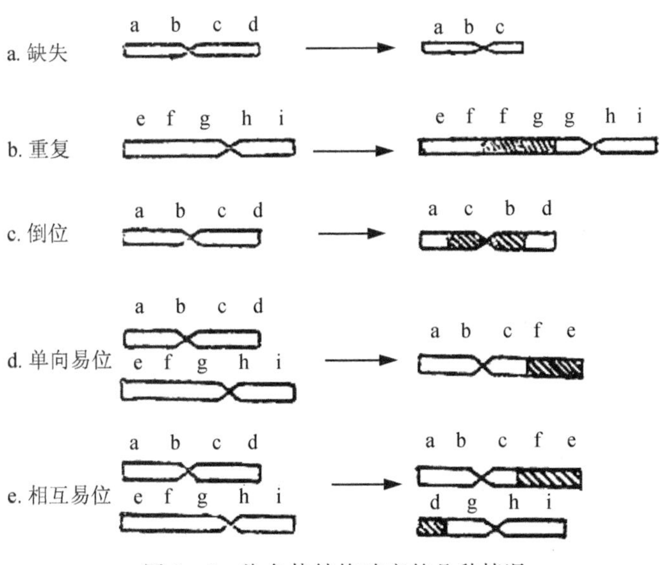

图3-8　染色体结构畸变的几种情况

1. 缺失

缺失是指染色体片段丢失一段。根据缺失的位置不同,可以分为末端缺失或者中间缺失。末端缺失是由于染色体断裂一次,无着丝粒的片段在细胞分裂的时候发生丢失;中间缺失是由于染色体发生了两次断裂,中间无着丝粒部分缺失,断点连接。

2. 重复

染色体上某一片段增加,增加的片段来源于同源染色体或者片段插入。

3. 倒位

倒位包括臂内倒位和臂间倒位。臂内倒位——两次断裂发生于同一臂上,断裂片段反转 180°后重接;臂间倒位——两次断裂发生在不同臂上,中间片段翻转重接。

4. 异位

异位包括染色体内异位和染色体间异位。染色体间的异位可分为转位和易位。易位又包括:

(1) 单向易位

一条染色体的某一片段转移到了另一条染色体上,即单向易位。两条染色体间相互交换了片段,较为常见。

(2) 相互易位

相互易位是指两个非同源色体之间互换节段,其发生过程是两个非同源染色体发生断裂,随后折断了的染色体及其断片交换重接。

(3) 罗伯逊易位

两条非同源染色体在着丝粒处或近着丝粒处断裂,一个染色体的长臂与另一个染色体的短臂发生交换。形成的两条易位染色体中一条染色体很大,几乎包括两条染色体的大部分或所有的基因;另一条染色体很小,仅有极少量的基因,在减数分裂过程中极易丢失。由于发生罗伯逊易位的个体在表型上没有什么异常,被称为平衡易位携带者,其后代个体患有唐氏综合征的概率较高。

5. 环状染色体

染色体长臂、短臂发生断裂,末端片段丢失,中间含着丝粒片段两端相互重接。

6. 等臂染色体

有丝分裂中着丝粒横向分裂、分开,导致染色体具有两条形态结构完全相同的臂。

(二) 染色体数目异常

染色体数目异常可分为整倍性和非整倍性。整倍性改变的结果是整倍体的产生,个体具有单倍体(n)整倍数的染色体,如三倍体、四倍体。其形成原因是双雌受精、双雄受精,或者是由于细胞核内复制,但细胞不分裂造成的。非整倍性改变造成的结果是形成非整倍体,如缺失一条或数条的亚二倍体,如特纳(Turner)综合征;或者增加一条或数条的超二倍体,如 21 三体、18 三体。非整倍体的改变通常是细胞减数分裂时同源染色体不分离所致。

染色体是遗传物质的载体,染色体畸变会引起基因的缺失、重排及重复,影响多个基因的表达和作用,造成个体分化发育、形态、结构和功能异常,影响个体正常生命活动。缺失片段的大小会造成不同的生物学效应,严重的会造成个体的死亡。发生畸变的染色体在进行减数分裂的过程中,可能会造成同源染色体无法配对或者发生不等交换等,从而在形成合子的时候造成某些蛋白无法正常合成,从而导致疾病。平衡易位携带者,本身不会发病,单是在减数分裂时，可产生多种配子，在受精后，可能形成单体、三体或者平衡易位携带者，容易造成流产、早产或者畸形儿。无论染色体发生何种改变，都会影响个体的正常生命活动。

（三）染色体遗传病的类型

染色体遗传病根据发生畸变的染色体类型不同分为常染色体遗传病和性染色体遗传病。

1. 常染色体遗传病

常染色体遗传病是指常染色体结构和数目发生异常造成的疾病。常见的常染色体遗传病包括唐氏综合征、18 三体综合征、5P -综合征和天使人（Angelman）综合征等。

（1）唐氏综合征

又称先天愚型或 21 三体综合征，是最常见的染色体病，患者体内 21 号染色体增加了一条。这主要是由于生殖细胞尤其是卵细胞在第一次减数分裂时，21 号染色体不分离所造成的，随着母亲年龄的增加，患病概率加大。患者临床上表现为智力低下，发育迟缓，具有特殊面容：内眦赘皮、鼻梁短平、眼距宽、舌肥大外伸、张口流涎、手短而宽、贯通掌等（见图 3 - 9），常常具有先天性心脏病，并较常人易患粒细胞性白血病。唐氏综合征患者具有三种核型。一种是游离型 21 三体，其染色体增加了一条 21 号染色体，该病的发生和亲代核型无关，主要是由于第一次减数分裂时 21 号染色体不分离所致，大多数来源于母亲。第二种是易位型，染色体总数为 46 条，其中增加的一条 21 号染色体是 14 号染色体和（或）21 号染色体形成的衍生染色体。该染色体的获得可能与亲代核型有关。双亲之一可能是 14/21 平衡易位携带者或 21/21 平衡易位携带者。如果是 14/21 平衡易位携带者，其后代有 1/3 正常，1/3是 14/21 平衡易位携带者，还有 1/3 是易位型 21 三体。如果是 21/21 平衡易位携带者，其后代如果存活的话绝对是 21 三体患儿。这也提示对于平衡易位携带者的检出的必要性。还有一种类型是嵌合体，嵌合体是指在个体细胞中含有两种以上核型的细胞。由于患者体内具有正常核型细胞，如果发生三体的细胞数量较少，则症状减轻。

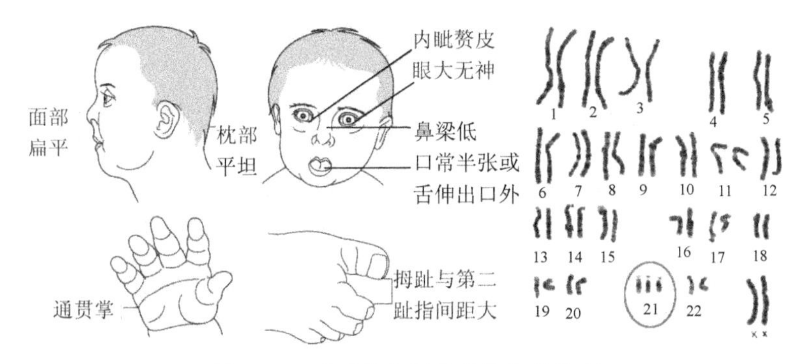

图 3 - 9 唐氏综合征及其染色体核型

（2）18 三体综合征

绝大多数是由于 18 号染色体的增加所致，患者大多数不能存活，存活的患儿表现为小头、动物样耳、智力低下、特殊掌纹、肌张力高。

（3）5P -综合征

患者的 5 号染色体短臂部分缺失，由于患者喉部畸形导致哭声似猫叫，又称为猫叫综合征。临床表现为小头、智力低下、满月脸、塌鼻梁、耳位低、内眦赘皮。

(4) 天使人综合征

又称微笑木偶综合征。属于常染色体微小缺失综合征，其15号染色体长臂1区1带至1区3带部分缺失，患者面孔似快乐木偶，具有过度笑容、智力低下、肌张力低、癫痫等临床表现。

2. 性染色体遗传病

发生数目或结构异常的染色体为X染色体或Y染色体。性染色体病的严重程度较常染色体轻。常见的性染体遗传病有特纳综合征、克氏(Klinefelter)综合征、超雄综合征、超雌综合征等。

(1) 特纳综合征

患者核型45，X。又称为先天性卵巢发育不全综合征。患者临床表现为肘外翻、身材矮小、后发际低、内眦赘皮，部分有蹼颈、乳房幼稚型、卵巢发育不全、原发性闭经。

(2) 克氏综合征

克氏综合征，又称先天性睾丸发育不全。患者核型47，XXY。患者通常身材高大，超过180cm，睾丸小，第二性征发育不良，不育。临床表现为四肢修长、胡须阴毛少，有些乳房发育，有些患者具有精神分裂症倾向。

(3) 超雄综合征

患者核型47，XYY，主要是减数分裂中Y染色体不分离所致。患者通常身材高大，脾气暴躁，通常具有暴力倾向，大多数男性可正常生育。

(4) 超雌综合征

患者核型47，XXX，或48，XXXX。有部分个体为嵌合体。多余的X染色体是由于母方的X染色体不分离所致。X染色体数量越多，患者智力影响越大，畸形越严重。

五、体细胞遗传病

在传统的遗传病概念中，体细胞遗传病不在此列。原因在于与单基因遗传病或多基因遗传病不同的是，体细胞遗传病突变的基因发生于体细胞中，该细胞的克隆具有突变的基因，而不是传给下一代。

六、线粒体遗传病

线粒体遗传病是指线粒体功能异常形成的疾病(见图3-10)。线粒体是人体的能量工厂，具有双层膜结构，其内膜上分布有氧化磷酸化及呼吸链复合物，以及ATP合成酶，可以利用电子传递过程中产生的质子动力势，通过ATP合成酶催化产生ATP，以供机体正常生命活动所需。线粒体是除了细胞核之外，人类细胞中唯一含有遗传物质的细胞器。线粒体具有合成蛋白的全套机构，能够独立合成蛋白，但由于其合成能力有限，只能合成13种与线粒体功能密切相关的蛋白，要完成其功能，还要依赖核基因编码蛋白，通过后转移的方式进入线粒体，因此我们称线粒体是半自主性细胞器。线粒体的DNA是闭环双链，由于线粒体基因组较短，各基因之间排布非常紧凑，与核基因相比，线粒体的密码子也不尽相同。由于线粒体DNA无结合蛋白和组蛋白，也无DNA修复系统，暴露在氧化磷酸化环境中，突变易保存。线粒体疾病的遗传属于母系遗传(由于受精卵中的线粒体几乎都来自于卵子，母亲可将其线粒体DNA遗传给她的子女，只有其女儿能将线粒体DNA传递至下一代)，不符合孟德尔遗传定律，但是编码线粒体蛋白的核基因的突变遗传方式符合孟德尔遗传定律。

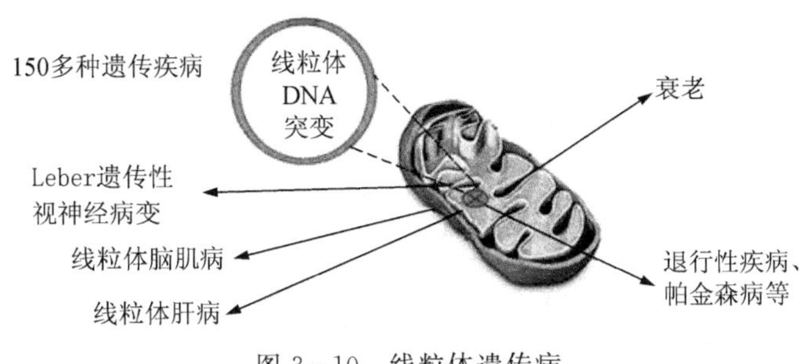

图 3-10 线粒体遗传病

常见的线粒体遗传病，如 Leber 遗传性视神经病变，主要表现为双侧视神经严重萎缩引起的视力损伤。诱发疾病产生的原因均为线粒体 DNA 点突变，造成 NADH 脱氢酶活性降低，从而造成视神经细胞的功能不足，使视神经退行性变。另外，帕金森病的发生也与线粒体相关，与呼吸链相关的复合物Ⅰ、复合物Ⅱ和复合物Ⅲ等存在功能缺陷，造成患者出现运动失调、震颤、动作迟缓等症状。由于线粒体特殊的遗传方式——母系遗传，一些线粒体遗传病可以通过核移植的方式避免，随着科技的进步，未来可望通过科学手段加以治疗。

七、遗传与优生

随着医学知识和基因工程技术的飞速发展，人类遗传病的诊断、治疗有了突破性进展。人类对遗传病不再是束手无策，了解遗传病的发病原因可对遗传病进行预防及治疗。如苯丙酮尿症患儿，可在出生后及时控制苯丙氨酸类食物的摄入，即可避免造成永久的智力损伤；“蚕豆病”患儿，不食用含有葡萄糖-6-磷酸的食物，避免造成溶血性贫血等；唇裂、腭裂及先天性心脏病等可以通过手术进行修补和矫正。当然，有些遗传病可以通过食物或者药物进行治疗，但有些遗传病，如染色体病仍然无法进行根本性的治疗。从优生的角度看，遗传咨询和遗传病的筛查也是非常重要的。

为了避免遗传病的发生，可以通过家系分析、产前诊断、基因诊断等进行诊断和预防。产前诊断是对胎儿的染色体和基因进行分析诊断，是预防遗传病患儿出生的有效手段。产前诊断的主要对象是：①夫妻之一有染色体畸变或为平衡易位携带者；②接触致突变因素；③高龄产妇(年龄超过 35 岁的孕妇)；④有习惯性流产的孕妇；⑤有遗传病家族史；⑥曾出生过有遗传病患儿的。产前诊断的方法有 B 超、羊膜穿刺法、绒毛取样法、脐带穿刺法、胎儿镜检查及孕妇外周血检查等。随着科学技术的发展、社会的进步和人类文化水平的提高，人类将会杜绝遗产病儿的出生。

第三节 肿 瘤

肿瘤属于体细胞遗传病，是个体遗传基础和环境因素协同引起 DNA 出现损伤或突变，导致细胞异常增殖形成的细胞群。其中恶性肿瘤称为癌症，是当今世界三大热点研究疾病(癌症，肝炎、艾滋病等传染性疾病，心脑血管疾病)之一。

一、肿瘤的遗传学基础

肿瘤，有的属于单基因遗传病，有的属于多基因遗传病，有些与染色体畸变相关。视网膜母细胞瘤有一部分属于常染色体显性遗传病，致病基因定位于13号染色体长臂，是婴幼儿常见的一种眼部恶性肿瘤，通常发病较早，可发于单侧、双侧先后或同时罹患。大多数肿瘤是个体遗传基础和环境因素共同作用形成的，属于多基因遗传病。引起细胞癌变的原因很多，包括物理、化学、病毒等因素影响。有些发生癌变的细胞中(如慢性粒细胞性白血病)存在标志性染色体——Ph小体，可作为疾病诊断和治疗的指标。

二、原癌基因和抑癌基因

肿瘤的发生涉及癌基因的激活和抑癌基因的突变失活。癌基因是指能够导致癌症的基因，是原癌基因的突变形式。原癌基因存在于正常细胞中，是一类控制细胞生长分化的基因组，其产物在信号转导和细胞增殖分化的调控方面起到重要作用。当原癌基因发生突变转变为癌基因时，其表达的产物包括生长因子、生长因子受体、蛋白激酶类、*ras*基因和核蛋白类。生长因子与生长因子受体结合后可激活胞内蛋白激酶活性，使下游蛋白质磷酸化，影响细胞的增殖和分化，*ras*基因活性产生，能够促进受体酪氨酸激酶途径开放，引起有丝分裂原活化蛋白激酶进入细胞核，激活参与细胞增殖的基因，驱动细胞从G_1期向S期转化。当抑癌基因的两个等位基因都缺失或者失活，可引起癌症。抑癌基因在细胞内的功能主要是促进细胞终末分化、触发细胞衰老、诱导细胞凋亡、调节细胞生长等。当抑癌基因发生突变时，其产物失去正常功能，会促使细胞增殖失控，分化存在障碍。原癌基因、癌基因与抑癌基因在肿瘤发生中的作用如图3-11所示。

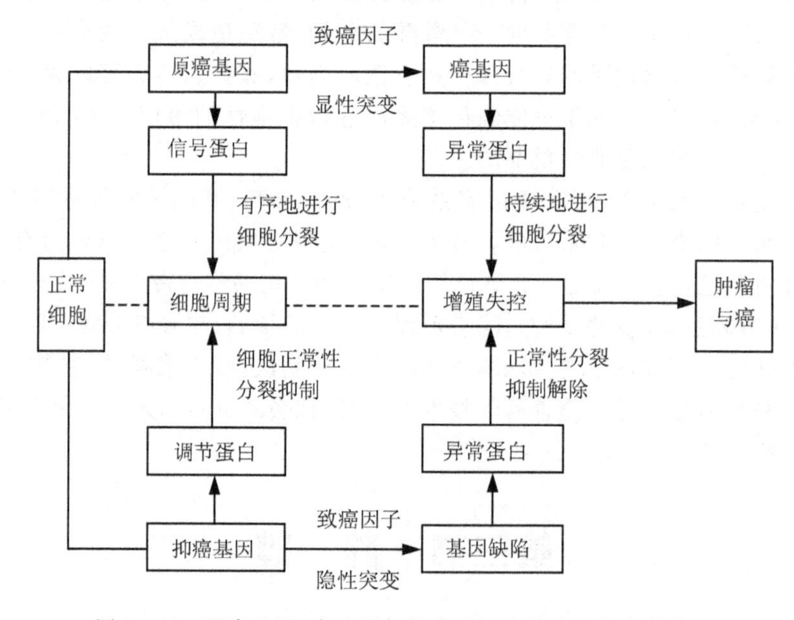

图3-11　原癌基因、癌基因与抑癌基因在肿瘤发生中的作用

近年来，随着肿瘤的分子遗传学的发展，对肿瘤发生、发展的机制有了更多了解，将为防治肿瘤提供重要的理论依据和实践价值。

(李林林)

第四章　营养与健康

第一节　营养和宏量营养素

一、营养学简介

生物需要生存和繁殖，就必须从自然界获得食物并进行利用。从广义上来说，研究营养的科学称之为“营养学”(nutriology)，分为植物营养学、动物营养学和人类营养学。本章所介绍的内容，均属于人类营养学这一范畴。

营养学是一门实用科学，从对营养物质即营养素的不断发现到量的确定，确立了营养学的开端，并在发展过程中进一步细化，衍生出膳食学、食品加工等学科。

(一) 营养素的概念

“民以食为天”，人若活到70岁或者更长，那么一生将要吃7万多顿饭，人的身体将要在这漫长的时光中处理掉50多吨的食物。对于人类而言，主要营养素包括碳水化合物、蛋白质、脂类、维生素、矿物质、水六大类，是人体为了维持生存、生长发育、体力活动和健康的需要，以食物的形式摄入的物质。

最早的营养素是人类从饮食和疾病之间的联系中发现的，由于疾病通常在特定人群中发生，通过观察，科学家们提出假设并进行验证，并获得了最后的成功。1740—1753年，英国医生林德发现柑橘可以治愈水手的坏血病，发表《坏血病大全》，首先确立了维生素C的治疗作用。1827年，内科医生普劳特在伦敦提出高等动物营养必需的三大物质：蛋白质、脂肪、碳水化合物，被广泛接受。到1850年，科学家通过动物实验发现了钙、磷、钠、钾、氯、铁等高等生物体内的必需元素。从1880年日本海军大规模发生脚气病(维生素B_1缺乏)，通过添加牛奶、肉类等食物得以缓解，到1890年荷兰军医发现稻壳中具有治疗脚气病的成分，最终在1901年，由格雷金斯确定并第一次提出营养缺乏病的概念，历时21年。进入20世纪，随着科技手段的日益先进，营养学飞速发展。食物中存在多种与存活、生长、健康相关的有机物这一观点逐渐为人所知，英国和美国在1918年就强调了食物多样化的重要性。最终，营养学家根据已确认的40余种营养素，概括分成了上述的六大类。

营养，就是人体对摄入的食物，通过消化、吸收、代谢和排泄，利用食物中的营养素和其他对身体有益的成分构建组织器官，调节各种生理功能，维持正常生长、发育的过程。不同的个体，由于年龄、性别、生理、劳动状况的不同，对各种营养素的需求也不同。长期缺乏某种营养素会导致对机体的危害；反之，过量摄入，也会产生相应的毒副作用。膳食不平衡、遗传缺陷、药物影响以及营养素之间的相互影响均会导致人体对营养素摄入异常。

(二)膳食营养素参考摄入量

膳食营养素参考摄入量(dietary reference intake,DRI)是一组每日平均膳食营养素摄入量的参考值。它是营养学家通过研究,根据不同人群个体差异制定的指标,自20世纪90年代开始推行。其具体指标包括:

1. 平均需要量(estimated average requirement,EAR):指群体中个体需要量的平均值,能满足群体中50%的成员的需要。

2. 推荐摄入量(recommended nutrient intake,RNI):作为个体每日摄入营养素的目标值,该剂量可满足群体中95%以上的成员的需要。

3. 适宜摄入量(adequate intake,AI):在无法统计平均需要量(EAR)的时候,通过对健康人群摄入量的观察和试验,得出一定的数值作为参考,同样也是作为个体营养素摄入量的目标。

4. 可耐受最高摄入量(tolerable upper intake level,UL):人体每日可摄入营养素的可耐受的最高剂量,换言之,人体平均每日摄入量超过越多,对健康的危害性就越大(见图4-1)。

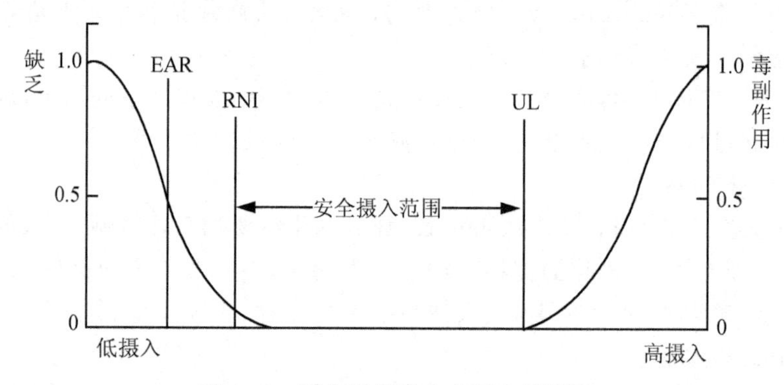

图4-1 膳食营养素参考摄入量图解

二、能量代谢

能量(energy)是维持体温和一切生命活动的基本保障。机体的新陈代谢包括了物质代谢和能量代谢两方面,两者密不可分。机体通过同化作用将外界营养物质转化为自身组成成分,同时通过异化作用进行体内物质分解并将废物排出体外,伴随这一物质代谢过程而进行的能量的释放、转移、利用,即称为能量代谢。

人体拥有非常灵敏的机制来调节能量代谢以维持能量平衡,这一机制在于改变自身机体构成,但是通常受到遗传和环境因素的影响。当人体摄入能量不足,机体会动用自身的能量储备甚至消耗自身组织以维持基本的生命活动,反之多余的能量以脂肪形式储存在体内,过多的体脂成为心血管疾病、2型糖尿病、高血压等疾病的潜在威胁因素。因此,合理膳食、维持能量平衡就显得至关重要。一旦失衡,就会出现营养过剩或营养缺乏等营养不良表现。

1. 能量的单位及其换算

营养学上常用千卡(kcal)作为能量单位,1kcal是将1000ml纯净水从15℃加热到16℃所需要的能量,目前国际上更常用的千焦(kJ)。两者的能量换算为:

$$1\text{kcal}=4.184\text{kJ}\quad 1\text{kJ}=0.239\text{kcal}$$

1g 碳水化合物、蛋白质、脂肪在体内氧化产生的能量称为能量系数，分别为：

1g 碳水化合物：16.81kJ(4.01kcal)

1g 蛋白质：16.74kJ(4.00kcal)

1g 脂肪：37.56kJ(8.98kcal)

注：1g 酒精在体内代谢能产生 29.29kJ(7kcal)能量。

2. 基础代谢

人体的能量消耗主要来自于基础代谢、食物热效应、体力活动和维持兴奋状态所需能量这三方面。

(1) 基础代谢的计算

基础代谢(basal metabolism)指人体在安静和 20℃室温环境中，禁食 12 小时后，清醒状态下维持呼吸、心跳、体温等最基本生命活动状态下的能量代谢。该状态下，人体每小时每平方米体表面积的能量消耗称为基础代谢率(basal metabolism rate，BMR)。

$$基础代谢(kJ)＝体表面积(m^2)\times基础代谢率[kJ/(m^2\cdot h)]\times24(h)$$

基础代谢粗略计算法：

$$基础代谢(kg)＝体重(kg)\times基础代谢率[kJ/(kg\cdot h)]\times24(h)$$

男性：按 1kg 体重每小时耗能 4.18kJ 计算。

女性：按 1kg 体重每小时耗能 3.97kJ 计算。

(2) 食物热效应的影响

食物热效应(thermic effect of feeding，TEF)，又称食物特殊动力效应，是指与食物摄取、消化、吸收、转运、储存以及利用相关的能量消耗。其中，碳水化合物的能量消耗量约占摄入碳水化合物的能量总量的 5%～6%，脂肪约占 4%～5%，蛋白质占 30%左右，与进食的量呈正相关。

导致食物热效应的原因有：食物引起消化蠕动、消化腺分泌增加及吸收过程耗能；食物营养素中所含部分能量以热能形式散发；体内合成代谢增加需要消耗能量。

(3) 体力活动和脑力活动的影响

体力活动和维持兴奋状态的能量消耗(energy expenditure for physical activity and arousal，EEPAA)是人体除基础代谢外的另一主要能量消耗。各种体力活动所消耗的能量一般占人体总耗能的 15%～30%，与活动时间和活动强度呈正相关。

中国营养学会参考 WHO 的指标，在 2000 年将 19～50 岁成人体力活动水平(physical activity level，PAL)分为轻、中、重三级，并给出相应系数，以便进行日常总能量消耗的计算(见表 4－1)。

表 4－1　中国 19～50 岁成人活动水平分级

活动水平	职业工作时间分配	工作内容举例	PAL
轻度	75%的时间坐或站立 25%的时间特殊职业活动	办公室工作，修理电器钟表，售货员，酒店服务，化学实验操作，讲课等	1.40～1.69
中度	40%的时间坐或站立 60%的时间特殊职业活动	学生日常活动，机动车驾驶，电工安装，车床操作，金工切割等	1.70～1.99
重度	25%的时间坐或站立 75%的时间特殊职业活动	非机械化农业劳动，炼钢，舞蹈，专业体育运动，装卸工，矿工等	2.00～2.40

例如，一名20岁、体重50kg的大学女生，其日常消耗能量为：

日耗能＝基础代谢×PAL系数＝[50kg×24h×3.97kJ/(kg·h)]×1.70＝8098.8kJ(相当于1936kcal)

换言之，该女生只要每日摄入1900～2000kcal的热量就能维持机体的能量平衡。

(4) 其他因素的影响

除了食物热效应和体力、脑力等因素外，体表面积、年龄、性别、遗传及特殊状况(如怀孕、疾病)等因素均可影响基础代谢。

例如，中国成年男性(19～50周岁)的基础代谢率在149.1～166.2kJ/(m^2·h)，成年女性(19～50周岁)的基础代谢率在138.6～154.1kJ/(m^2·h)，并随着年龄的增加而递减。

人体通过摄入动物性和植物性食物获取所需的能量。在新陈代谢过程中，食物中的碳水化合物、蛋白质、脂类通过氧化成为人体的能量来源，因此也被称为“产能营养素”。氧化释放的55%～75%的能量以热量形式变为体热，其余部分的能量以化学能的形式储存于ATP等分子的高能磷酸键中，直接供给生命活动的需要，如肌肉收缩、神经传导、生物合成或腺体分泌。

三、碳水化合物

碳水化合物是由碳、氢、氧三种元素组成的一类化合物，是人类的主要能量来源之一。碳水化合物将太阳能转化成生命可利用的形式，形成了食物链中的第一环，支撑着自然界的所有生命。除了牛奶中的乳糖，人类摄取的几乎所有碳水化合物都来自于植物性食物。

(一) 碳水化合物的类型

营养学中根据含糖分子的数量的不同，将碳水化合物分为单糖、双糖、低聚糖和多糖。单糖包括葡萄糖、果糖和半乳糖。葡萄糖是人体内提供能量最重要的单糖；果糖在自然界中很常见；半乳糖只存在于牛奶的乳糖中直至被消化。双糖由两个单糖通过糖苷键缩合而成，包括乳糖、麦芽糖和蔗糖。低聚糖又称寡糖，其中麦芽糊精分解产物均为葡萄糖，而大豆中的棉籽糖和水苏糖不能被消化酶分解。多糖包括淀粉、糖原、纤维素和果胶等。淀粉是植物储存能量的方式，能被人体分解成葡萄糖产生能量；糖原是动物体内储存能量的方式。

大部分膳食纤维在体内不提供能量，但对维持机体健康有一定作用。

(二) 碳水化合物的代谢

碳水化合物的消化从口腔开始，贯穿整个消化道。唾液中的酶可以将淀粉分解成麦芽糖，而最主要的消化场所是小肠。在肠腔中多种水解酶的作用下，碳水化合物最终被分解成单糖并通过小肠上皮细胞吸收，通过血液进入肝脏进行代谢，或者直接运送到其他组织器官参与代谢(见图4-2)。少部分纤维素在结肠细菌的作用下发酵，产生气体和短链脂肪酸，帮助消化。

碳水化合物的代谢主要是葡萄糖在体内进行的一系列复杂化学反应。葡萄糖是体内首先被利用的供能物质，当供应充足时，机体会以糖原的形式将其储存在肝脏和肌肉，在人体内的储量约为150g，同时肝脏会将多余的能量转化为脂肪储存起来。当人体需要时，首先分解肝糖原提供能量，供应不足时，机体会分解蛋白质和脂类来满足人体的能量需求。

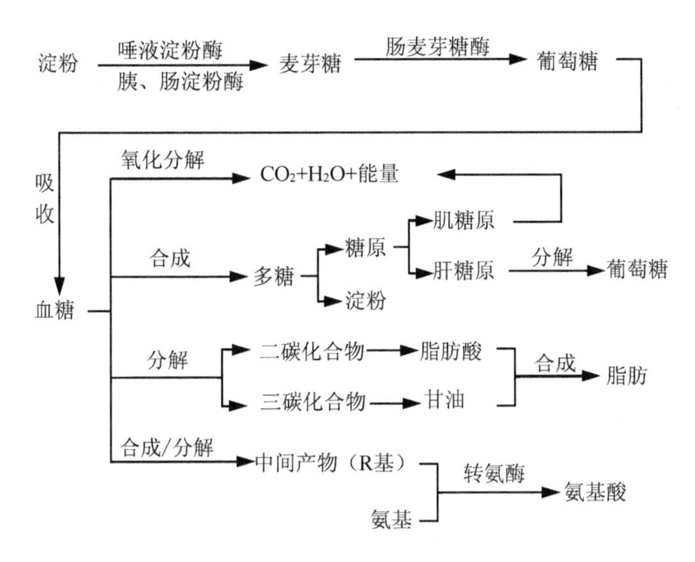

图 4－2　淀粉在人体内代谢利用过程

（三）碳水化合物的生理功能

在机体中，碳水化合物的主要功能包括：

1. 提供能量。人类 55%以上的能量来自于碳水化合物。碳水化合物是人体最经济、最主要的能量来源。

2. 参与机体合成。碳水化合物是构成组织的重要物质，并参与细胞组成和多种活动。

3. 参与营养素的代谢。碳水化合物有利于机体对氮的储存，并参与脂肪分解，防止生成过多酮体。

4. 解毒作用。肝脏内的葡萄糖醛酸能结合多种有害物质，如细菌毒素、砷、酒精等，降低毒性。

5. 肠道保健功能。纤维素在结肠细菌作用下发酵，产生少部分气体及短链脂肪酸，同时可以吸收水分，刺激肠壁产生便意，维持肠道健康。

（四）碳水化合物的推荐摄入量

碳水化合物的适宜摄入量为 55%～65%，其最大来源包括谷物（含 70%～75%）、豆类（含 40%～60%）、薯类（含 20%～25%），单糖和双糖则主要从蔗糖、水果、甜点、蜂蜜、牛奶中获取。

四、蛋白质

蛋白质是生命的物质基础，在人体内占总体重的 15%～20%。氨基酸是组成蛋白质的基本单位，其中有 8 种需要通过摄食获取，称为必需氨基酸（如亮氨酸、色氨酸、苯丙氨酸、赖氨酸等），另外 12 种可以通过已有物质在体内自行合成，称为非必需氨基酸。氨基酸通过肽键连接，卷曲折叠形成形态各异的蛋白质，基于蛋白质的多样性，能够完成体内不同的功能。

（一）蛋白质的性质

蛋白质在受热、乙醇、重金属盐、酸、碱作用下产生变性。变性的原理是蛋白质结构受到破坏，不仅使人体更容易消化蛋白质，而且在误服重金属盐等毒物时，可以与之结合，中和毒性，保护胃肠黏膜。

食物中的蛋白质在人体内代谢利用过程如图 4－3 所示。食物蛋白在人体内的消化场所是胃和小肠。在多种水解蛋白酶的作用下，蛋白质被分解为氨基酸和小分子肽，通过肠道黏膜细胞吸收进入血液循环，部分未被消化的蛋白质以及分解产物能在大肠细菌作用下产生少量胺、酚、吲哚等代谢物。进入血液的氨基酸被细胞摄取用于组织的生长更新。健康成年人每天体内的蛋白更新量可达总蛋白量的1%～2%。多数蛋白质的含氮量约为16%，因此，可通过测定食物样品的氮含量，再乘以6.25(蛋白质换算系数)得出样品中的蛋白质含量。

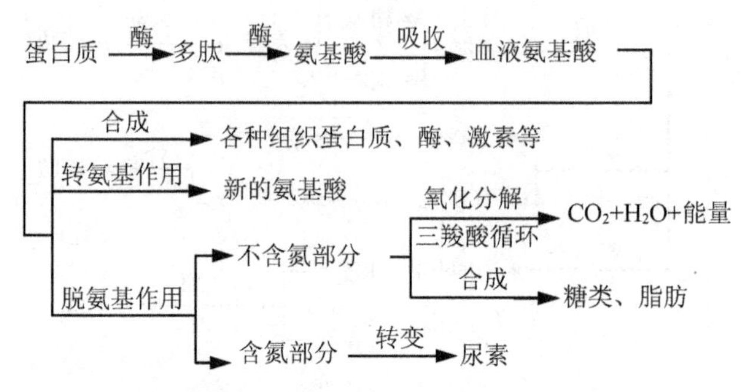

图4-3　食物中的蛋白质在人体内代谢利用过程

(二)蛋白质的生理功能

蛋白质在体内的作用多种多样，主要有：

1. 支持机体生长、更新。机体利用蛋白质合成细胞和组织，并在机体的细胞、组织内不断进行新旧更替、合成分解。

2. 合成酶、激素等化合物。几乎所有酶都由蛋白质组成，协助各种生化反应顺利进行，同时参与生长激素、胰岛素、肾上腺素等合成。

3. 合成抗体。合成免疫细胞、抗体、补体等，增强机体免疫功能。

4. 维持酸碱平衡。血液中的蛋白质参与氢离子代谢，维持内环境的pH值。

5. 维持体液渗透压。维持细胞内外液的胶体渗透压，帮助保持体液和电解质平衡。

6. 提供能量。只在糖和脂肪能量供应不足的时候分解供能。

(三)蛋白质消化率

在营养评价中，蛋白质消化率(digestibility，D)和氨基酸评分(amino acid score，AAS)是两个最常用的指标。前者可以反映蛋白质在消化道内被分解的程度，以及消化后氨基酸和肽被吸收的程度。后者通过分析蛋白质的氨基酸组成，评价蛋白质的营养价值。常见食物的蛋白质消化率见表4-2。

表4-2　常见食物的蛋白质消化率*

食物	消化率/%	食物	消化率/%
鸡蛋	97±3	燕麦	86±7
牛肉	95±3	小米	79
鱼	94±3	大豆粉	86±7
面粉(精)	96±4	菜豆	78
大米	88±4	花生酱	88
玉米	85±6	中国混合膳食	96

* 生大豆蛋白消化率60%，熟豆浆消化率为85%，制成豆腐消化率可达90%～95%。

（四）蛋白质的推荐摄入量

蛋白质摄入缺乏会导致消瘦、低蛋白水肿、发育迟缓等多种营养不良表现，但是摄入过多会影响人体骨矿物质吸收，加重肝、肾负担。成人以1kg体重每天摄入0.8g蛋白质为宜。蛋类、肉类、鱼类、豆类和谷物都含有丰富的蛋白质，但是动物性蛋白的吸收率要优于植物性蛋白，不同食物搭配食用可以起到氨基酸互补的作用。

五、脂类

脂肪和类脂统称为脂类，是具有重要生物学功能的化合物。脂类在健康人体内约占体重的15%～20%。其中，脂肪作为人体内重要的储能物质，以三酰甘油的形式储存于脂肪组织，约占脂类的95%。类脂包括磷脂、糖脂、类固醇及固醇，在体内含量稳定，很少受体重改变的影响。

（一）脂类的性质

脂肪酸是构成三酰甘油的基本单位，根据含不饱和双键的数量，分为饱和脂肪酸、单不饱和脂肪酸和多不饱和脂肪酸。脂肪酸的饱和度越高，脂肪的熔点也越高。因此，在相同的室温下，含饱和脂肪酸多的猪油呈固体状，而含不饱和脂肪酸多的葵花籽油则呈液态。

脂类主要在小肠内进行消化吸收，在胆盐作用下，脂肪颗粒被乳化，然后在肠道各种消化酶的作用下分解成脂肪酸、甘油一酯、胆固醇等产物，被肠道黏膜细胞直接吸收入血或通过淋巴系统进入血液循环。脂类代谢的主要功能就是为机体提供能量，脂肪酸的代谢产物乙酰辅酶A，通过三羧酸循环彻底氧化释放大量能量，也可通过糖酵解途径生成能量和酮体。食物中的脂类在人体内代谢利用过程如图4-4所示。

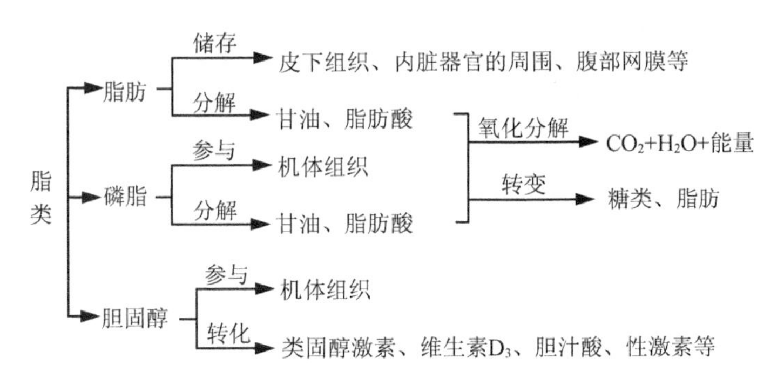

图4-4　食物中的脂类在人体内代谢利用过程

（二）脂类的生理功能

脂肪的主要生理功能是氧化供能，此外还包括其他多种功能：

1. 维持体温。皮下脂肪组织可隔热保温。

2. 保护脏器。体内组织器官周围的脂肪有支撑衬垫作用，保护内部器官免受外力伤害。

3. 内分泌作用。脂肪组织分泌瘦蛋白、肿瘤坏死因子、白细胞介素等，参与机体的代谢、免疫、生长发育等生理过程。

4. 促进脂溶性维生素（维生素A、维生素D、维生素E、维生素K）的吸收。

5. 胆固醇是体内许多重要活性物质（胆汁、性激素、肾上腺素、维生素D等）的合成材料。

6. 改善食物感官性状。改变食物的色、香、味、形,促进食欲。

值得一提的是必需脂肪酸。人体可以利用糖、脂肪、蛋白质合成大部分脂肪酸,但是无法合成亚油酸和α-亚麻酸这两种不饱和脂肪酸,只能通过膳食摄取。必需脂肪酸不仅是脑和神经系统主要的脂类,而且参与细胞膜构成,是人体合成类激素物质的原料,参与调节血压、凝血、血脂、免疫反应、炎症等多种反应。

(三) 脂类的推荐摄入量

中国营养学会建议的成人脂肪适宜摄入量比例如下:脂肪能量占总能量的20%～30%,其中饱和脂肪酸低于10%,单/多不饱和脂肪酸各占10%,每天胆固醇摄入少于300mg。

脂类的主要食物来源包括动物油脂、肉类、乳脂、蛋类等动物性食物,以及菜油、豆油、葵花籽油等植物油和坚果类等植物性食物。动物内脏、蛋类、鱼子中含有丰富的胆固醇和磷脂,对遗传因素导致的胆固醇增高人群来说,需要避免过多摄入。常见食用油的主要脂肪酸组成见表4-3。

表4-3 常见食用油的主要脂肪酸组成

(单位:%)

食用油	饱和脂肪酸	不饱和脂肪酸			其他脂肪酸
		油酸	亚油酸	亚麻酸	
椰子油	92	0	6	2	—
牛油	62	29	2	1	6
黄油	56	32	4	1.3	6.7
猪油	43	44	9	—	4
棕榈油	42	44	12	—	2
花生油	19	41	38	0.4	1.6
大豆油	16	22	52	7	3
玉米油	15	27	56	0.6	1.4
葵花籽油	14	18	63	5	—
菜籽油	13	20	16	9	42
橄榄油	10	83	7	—	—
茶油	10	78	10	1	1

第二节 维生素、矿物质和水

一、维生素

对生命体而言,维生素是必需的、不含热量的、微量的有机化合物,维持机体的正常生理功能和细胞内特异代谢反应。

从1906年荷兰人艾杰克曼提出“抗多发性神经炎因子”开始，维生素(Vitamin)这一概念逐渐形成，并于1920年正式确定名称。由于一发现即被命名，冠以不同的字母和数字，导致了维生素命名的混乱。

维生素通常分成两类：脂溶性以及水溶性维生素。不同的溶解性赋予维生素不同的特征。一般情况下，脂溶性维生素随脂肪被淋巴组织吸收后能够储存在脂肪组织和肝脏，从而能累积到毒性浓度，而水溶性维生素可直接吸收进入血液，并通过肾脏排出，因此直接的毒性风险要小于脂溶性维生素。维生素的分类如下：

（一）脂溶性维生素

1. 维生素A(Vitamin A)

维生素A也叫视黄醇，在动物性食物中以维生素A的形式存在，在植物性食物中以类胡萝卜素的形式存在，因此也称为维生素A原。除维持视网膜感光和角膜之外，维生素A对于维持上皮细胞生长分化、骨骼发育、正常生长和生殖功能、机体正常免疫以及肿瘤预防，都是不可或缺的。

维生素A的表示单位为视黄醇当量(retinol equivalent，RE)，一般成年人的膳食参考摄入量为平均800RE/d。如果长期摄入低于500RE/d，导致细胞分裂以及发育异常，就会表现为夜盲症、角膜角质化、眼干燥症、免疫系统损伤、儿童发育迟缓等病症；反之，过量摄入(长期>10000RE/d)所致的积蓄性中毒，则会引起皮疹、脱发、骨骼异常、生育缺陷、肝衰竭甚至死亡，但是通过食物发生中毒极为罕见，主要见于过量服用维生素A制剂。

鱼肝油是维生素A含量最丰富的食品，各种动物肝脏、鱼、乳制品、禽蛋类、鱼类，是很好的维生素A来源；而β-胡萝卜素常见于色泽鲜艳的植物性食品，如胡萝卜、红薯、辣椒、深绿色叶菜等蔬菜，以及杏、柿子、芒果(杧果)等水果中。

2. 维生素D(Vitamin D)

维生素D和其他营养物质不同，机体可以通过日晒在体内合成，因此也被称为“阳光维生素”。皮肤中的7-脱氢胆固醇在紫外线照射下，通过光化学反应转化成维生素D_3前体，然后以1,25-$(OH)_2D_3$的活性形式存在。维生素D与体内营养物质和激素的共同作用，通过肠道、肾脏维持血钙水平的稳定，调节钙、磷代谢，以满足骨骼结构的生成需要。近年来的研究还发现维生素D在免疫调节、抗肿瘤、血压调控等方面也有一定作用。

正常成年人维生素D推荐摄入量为10μg/d。维生素D缺乏可以导致儿童的佝偻病或成人的骨质疏松、骨软化及手足搐搦症。维生素D在各种维生素中毒性最大，过量会带来厌食、头痛、呕吐、烦躁等危险，甚至死亡。

经常接受日光照射，是人体获得维生素D的最好方式，同时紫外线可以破坏皮肤中制造的过量维生素D，因此不会存在中毒的危险。通常的食物来源包括鱼肝油、海鱼和强化了维生素D的乳制品。

3. 维生素E(Vitamin E)

从第一次在菜籽油中发现影响小鼠繁殖的生育酚至今，已有80多年了，之后又陆续发现了其余3种不同的生育酚和4种三烯生育酚，这一类相似活性的化合物统一命名为维生素E。

维生素E是身体抵抗氧化损伤的主要防御成分之一，它可以抑制细胞膜以及细胞内的脂质过氧化作用，尤其在肺部，保护肺部细胞膜在高氧浓度环境中不受损伤。维生素E与维持女性卵巢黄体功能、男性精子生成有关。另外，神经的正常发育、调节血小板的聚集黏附作用、肿瘤预防、免疫调节，均和维生素E相关。

正常成年人的维生素E推荐摄入量为14mg/d。有别于其他脂溶性维生素，维生素E广泛存在于植物性食物中，并且在体内可以被细胞循环再利用，因此很少发生维生素E缺乏的症状，如皮肤干瘪、消化系统炎症、老年斑、注意力下降等。同时，由于食物中作为维生素E有效成分的α-生育酚被人体吸收利用率不到50%，并且在机体内储存时间较短，发生维生素E中毒的情况也很少见。

维生素E含量最丰富的是麦胚油，其次是各种植物种子油(如葵花籽油、大豆油、菜籽油、芝麻油等)，以及杏仁、核桃、花生等坚果类，在鱼、乳制品、肉类等动物性食品中含量较低。

4. 维生素K(Vitamin K)

维生素K在1929年被科学家发现，缺乏这种物质会导致实验动物发生皮下出血和贫血的症状。进一步的研究表明，维生素K是合成帮助凝血的蛋白质所必需的物质，不仅如此，维生素K还可以促进结缔组织合成，以及合成骨钙蛋白，有助于预防骨质疏松症。心血管系统一些重要的蛋白质合成也离不开维生素K的帮助。

肝脏作为合成凝血蛋白的场所，是维生素K的主要储存器官。机体一半靠膳食摄入获得维生素K，一半依赖肠道中的大肠杆菌合成。摄入不足以及肠道正常菌群受到破坏时，会引起维生素K的缺乏，主要表现为伤口出血难以愈合、鼻血、牙龈出血、月经过多等出血性症状。由于钙吸收受影响，长期的维生素K缺乏会导致骨质疏松症。天然维生素K的中毒剂量目前尚未明确。一般正常成年人的推荐摄入量为50～100μg/d。

维生素K的主要来源是多叶的绿色蔬菜，80g绿叶蔬菜即可满足人体一天所需的摄入量。动物性食物的肝脏、牛奶等也含有丰富的维生素K。

(二) 水溶性维生素

1. 维生素B族(Vitamin B)

维生素B族是辅酶的组成成分，可以与酶结合使酶具有活性。维生素B族参与糖、脂类、氨基酸在体内的代谢，协助细胞进行工作，并参与生成新的蛋白质和细胞。该族维生素均为水溶性，因此富含该类维生素的食物在清洗、烹饪过程中很容易流失。维生素B缺乏常见于膳食摄入量过少，如食用过于精磨的米、面粉等，或长期大量饮酒干扰了人体对维生素B族的摄取。维生素B族容易通过血液被吸收，同时也容易通过尿液排泄，除非以药物形式大剂量摄入，一般很难造成中毒。维生素B族包括以下种类(见表4-4)：

表4-4 维生素B族

种类	功能	缺乏时的症状表现	食物来源	推荐每日摄入量/mg
维生素B_1(硫胺素)	参与糖代谢，维持神经、肌肉正常功能，维持肠蠕动和消化液分泌	富有攻击性，缺乏食欲，记忆力减退，睡眠障碍，皮肤麻痹，呼吸困难或便秘，严重的表现为脚气病(多发性的神经炎症、水肿和心力衰竭)。	全麦、小麦胚芽、粗粮谷物、坚果、动物内脏、豆类	1.2～1.5

续　表

种　类	功　能	缺乏时的症状表现	食物来源	推荐每日摄入量/mg
维生素 B_2（核黄素）	参与体内生物氧化和物质代谢，参与细胞生长修复，影响机体对铁的吸收利用	视物模糊，眩晕，口角炎，口腔溃疡，脂溢性皮炎，会阴部皮炎，贫血，免疫力下降，胎儿发育畸形等	啤酒酵母、动物内脏、牛奶及乳制品、蛋类、海鱼、谷物、绿叶蔬菜及柑橘类水果	1.2～1.5
维生素 B_3（烟酸）	参与细胞内生物氧化，参与氨基酸和DNA代谢	损害胃肠道黏膜、皮肤、口、舌、神经系统。表现为疲乏，皮肤病变，睡眠障碍，神经衰弱，腹泻等，严重可致糙皮病（皮炎、腹泻、痴呆）	动物肝脏、瘦肉、鱼类、坚果、粗粮谷物（玉米除外）、家禽	15～18
泛酸	参与辅酶A的合成，参与抗体、神经递质、类固醇激素的合成	手脚麻木或烧灼感，头痛，失眠，厌食，疲劳，胰岛素敏感性增强，免疫力下降	蜂胶、鱼子、全麦粒、麦芽、肉类、蛋类、坚果、豆类	5～6
维生素 B_6（吡哆醇）	参与细胞能量代谢，参与核酸和DNA合成，参与神经介质合成	常伴有其他B族维生素缺乏。表现为皮炎，唇炎，舌炎，淋巴细胞减少，贫血，精神抑郁或精神紊乱，癫痫	肉类、动物肝脏、鱼类、豆类、核桃、花生、葵花籽	1.6～1.8
生物素	参与羧化酶降解，参与细胞信号传导和基因表达	口角炎，结膜炎，共济失调，肌张力下降，皮肤感染，酮症酸中毒，婴幼儿发育迟缓	蜂蜜、麸皮、鱼肝油、蛋黄、动物肝脏、杏仁、食用菌菇	0.03～0.07
叶酸	参与核苷酸、氨基酸合成，参与上皮细胞合成	巨幼红细胞贫血，白细胞、血小板减少，早产，胎儿发育迟缓，神经管畸形，先天性心脏畸形，心血管疾病风险增加	绿叶蔬菜、芦笋、莴苣、草莓、杏、南瓜、豆类	0.3～0.4
维生素 B_{12}（钴胺素）	参与蛋氨酸合成，参与胆碱合成	婴幼儿、孕产妇的巨幼红细胞贫血，神经病变，记忆力下降，抑郁或呆滞，四肢震颤	肉类、动物内脏、鱼类、贝壳类、蛋类	0.003

2. 维生素C(Vitamin C)

维生素C又称为抗坏血酸，是人体需要量最大、用途最广泛的一种水溶性维生素。维生素C有很强的抗氧化功能，可以清除氧自由基，增进钠钾泵酶活性，还能够促进机体对铁剂的吸收，活化四氢叶酸，防止巨幼红细胞贫血，促进抗体形成，参与神经递质的合成，抑制动脉内皮细胞产生脂质过氧化物，维持心血管正常功能和健康。

缺乏维生素C引起的坏血病，表现为疲劳、免疫力下降、皮下出血、牙龈疼痛出血、伤口愈合缓慢、关节疼痛、骨骼变形、肌肉萎缩，甚至出现抑郁等神经症状，严重的可因发热、水肿、肠坏疽而死亡。膳食摄入不足会引起维生素C缺乏，正常成年人推荐摄入量为100mg/d，如果大剂量服用维生素C（超过3000mg/d），少数人会出现恶心、腹泻、腹痛等症状。

青椒、西蓝花、菠菜、辣椒等新鲜蔬菜和猕猴桃、柑橘、柠檬、山楂、浆果等水果含有丰富的维生素C;动物性食物和谷物粮食中维生素C的含量极其低微。

二、矿物质

氧、氢、氮、碳这4种宏量元素占了身体体重的96%,剩下的4%就由矿物质组成。人体需要的20余种矿物质,在自然界中广泛存在。一般来说,人们把每日摄入需要量超过100mg的矿物质,如钙、磷、钠、钾、氯、镁、硫,统称为常量元素;而把摄入需要量小于100mg的矿物质称为微量元素,如铁、锌、碘、硒、氟、铜等。需要量少并不代表微量元素就无足轻重,每天缺乏几微克的碘和缺乏几百毫克的钙,对身体造成危害的严重性是一样的。

在体内,不同矿物质的比例相对稳定,分布是不一致的。比如碘主要集中在甲状腺;铁主要存在于红细胞中;99%的钙和85%的磷存在于骨骼和牙齿中,其余少部分分布在软组织和体液中。这些物质无法在体内合成,只能从食物中获取,人体每天排出一定量的矿物质,同时也需要通过膳食补充,因此正确的营养膳食就显得非常重要。长期严格的饮食控制或严重的胃肠道疾病可能会导致矿物质失衡,从而出现相应的临床症状,严重的可致死。

主要常量元素和微量元素基本情况见表4-5和表4-6。

表4-5 常量元素简介

名称	生理功能	食物来源	推荐摄入量/(mg/d)
钙	钙是人体内含量最多的矿物质,约占体重的1.5%~2.0%。钙是人体骨骼和牙齿的主要组成成分,同时在维持神经传导、肌肉收缩、心血管功能和血液凝固方面起重要作用。缺钙会导致小儿佝偻病、成人骨质软化、骨质疏松、肌肉抽搐和痉挛等。但是如果摄入过多,也会造成结石、高血钙、碱中毒、肾功能障碍,以及影响其他矿物质的吸收利用	虾皮、牛奶及乳制品、海带、芝麻、沙丁鱼、三文鱼等含有丰富的钙质,豆制品含钙丰富但不容易被人体吸收	800
磷	磷在体内的含量仅次于钙,其中大部分和钙结合存在骨骼和牙齿中。体液中的磷不仅参与糖代谢,而且参与组成DNA,是遗传信息的携带者。人体内的磷酸盐缓冲体系是调节酸碱平衡的重要部分。由于食物中含磷丰富,因此很少出现缺乏症状	鱼类、肉类、牛奶及乳制品、蛋类、谷物、坚果	700~800
镁	镁仅占人体体重的0.04%左右,除了有一半以上存在骨骼和牙齿中,其余的几乎都在细胞内液。镁是酶促反应中重要的催化剂,维持骨骼结构,协调神经肌肉兴奋性,维持心血管、胃肠道功能。一旦缺乏,容易造成龋齿、骨质疏松、心血管疾病,甚至造成精神异常、出现幻觉	粗制谷物、豆制品、绿色蔬菜、坚果等含有丰富的镁,肉类、淀粉类以及乳制品相对含量低	
钠	钠离子主要存在于细胞外液中,是人体主要的阳离子。钠主要在体内维持细胞正常渗透压和机体的水平衡,增强神经的兴奋性,维持人体血压、肌肉运动等。人体缺乏钠离子会引起恶心、呕吐、疲乏、肌肉抽搐等症状,甚至昏迷	钠广泛存在于自然界中,动物性食物中的含量高于植物性食物,人体摄取一般以氯化钠为主	2200(相当于6g氯化钠)

续　表

名　称	生理功能	食物来源	推荐摄入量/(mg/d)
钾	钾离子主要存在细胞内液中，和钠离子共同维持电解质平衡。钾离子还有维持神经肌肉应激性、维持心肌细胞正常功能和降血压的功能。当人体内钾离子总量下降10%以上时，会出现肌无力、肠麻痹、心律失常、肾功能障碍等症状，严重时可因呼吸肌麻痹而窒息	香蕉、杏、无花果等水果和绿叶蔬菜是获得钾的最佳来源，土豆和红豆、扁豆等豆类也含有丰富的钾	2000
氯	氯离子是人体细胞外的主要阴离子，与钠、钾协同作用，调节体液和电解质平衡，并有助于分解蛋白质	食盐是最常见的食物来源	2000～3000

表 4-6　微量元素简介

名称	生理功能	食物来源	推荐摄入量/(mg/d)
铁	正常成年人体内含有 3～5g 铁，大部分存在于血红蛋白内，少部分以铁蛋白或含铁血黄素形式存在于肝、脾和骨髓中。铁的主要功能是参与氧和二氧化碳的转运，生成红细胞和血红蛋白。缺铁最常见的表现是贫血，症状为记忆力下降，乏力，头晕，心悸，严重的表现为儿童发育迟缓，成人黏膜、皮肤苍白，肝脾肿大甚至心力衰竭	动物肝脏、血液以及肉类食物含铁量较高，并且容易被人体吸收	成年男性 15 成年女性 20
锌	锌在体内的含量仅次于铁。锌维持机体正常发育和组织再生，对味觉影响，有助于维生素 A 的代谢以及维持性器官和性功能的发育。缺锌可导致发育迟缓、性成熟延迟、味觉减退、口腔溃疡、痤疮、毛发干枯、异食癖	贝壳类、海产品、红肉及动物内脏含锌丰富，蔬菜水果含锌量低	成年男性 15.5 成年女性 11.5
铜	铜在肝脏和大脑中浓度最高，是合成皮肤、毛发、骨骼和结缔组织的必需物质。机体缺铜比较少见，表现为虚弱、紧张、脱发、身体毛发色素减退、免疫力下降等症状	海产品、坚果、动物肝脏、麦胚以及豆类含铜量较丰富	2
硒	硒在体内有抗氧化作用，参与甲状腺激素代谢，同时对抗病毒感染有一定作用。对于硒抗肿瘤的功能目前还存在争议。长期缺硒会导致克山病(地方性心肌病)和大骨节病	肉类和贝壳类都富含硒，植物需要从土壤中获得硒，因此植物性食物的含硒量高低不一	成年男性 40μg/d 成年女性 30μg/d
碘	碘主要参与甲状腺激素代谢，促进机体物质能量代谢以及生长发育。缺碘会导致胚胎发育畸形或流产，婴幼儿缺碘会导致生长发育迟缓，智力低下，成人缺碘表现为甲状腺肿大或功能减退。碘摄入过多同样会导致甲状腺肿大、多发性结节等病变	海产品中含碘量大，目前普通食用盐均为加碘盐	150μg/d
氟	氟主要存在于骨骼和牙齿中。氟可以防止龋齿和强化骨骼。但是过量摄入可引起氟斑牙和骨骼疼痛、变形等症状	大部分氟来源于饮用水，海产品含氟量高于植物性食物	1.5

三、水

人体的所有细胞都存活在液体环境中，每天需要约500ml的水来清除体内代谢产物。水占据了正常成人体重的55%～60%，是人体的重要组成部分和生命活动的必需物质。

健康成人每天通过尿液排出1500ml左右的水，通过消化道（粪便）排出150ml的水分，通过皮肤（非显性）和呼吸失去的水分分别为500ml和350ml左右，如果在炎热的环境中或者进行高强度的体力活动，丢失的水会更多。而正常饮食的成年人可以从食物中获得1000ml水分，通过碳水化合物、脂肪、蛋白质在体内氧化生成的水约为300ml（每100g碳水化合物、脂肪、蛋白质氧化产生的水分别为60ml、107ml、41ml），因此，如果要维持人体的水平衡，每天至少需要摄入1200ml的水分。人体各组织器官的含水量见表4－7。

表4－7　人体组织器官的含水量（以重量计）

组织名称	含水量/%	组织名称	含水量/%
血液	83.0	大脑	74.8
肾脏	82.7	肠	74.5
心脏	79.2	皮肤	72.0
双肺	79.0	肝脏	68.3
脾脏	75.8	骨骼	22.0
肌肉	75.6	脂肪组织	10.0

除了给机体细胞运输营养物质和代谢产物，水还有调节体温、参与人体新陈代谢、维持电解质平衡、维持体温等功能。由于水的不可压缩性，水在体内还起到润滑和缓冲的功能，不仅给关节提供了防震保护，而且确保了胎儿在母体发育过程中不受挤压。

在神经系统口渴中枢、抗利尿激素、肾脏等调控下，人体体内的水分始终维持动态平衡。人体轻度脱水时，体内失水已达体重的2%，表现为口渴、尿少、精神不易集中；失水达4%～8%，会出现皮肤干燥、口舌干裂、声音嘶哑；如果重度脱水达8%或以上，则会发生高热、烦躁、精神恍惚，严重的甚至危及生命。

饮用水是直接的水来源，绝大多数食物都含有水分。除了水分，天然饮用水中还含有钙、镁等矿物质和其他微量元素，对人体是有益的补充。

第三节　膳食与人体健康

一、食物的营养价值

食物供给人体所需要的各种营养素，从而给人体提供能量，促进生长和组织修复，调节生理功能。自然界不同种类的食物所含的营养素含量也不同，除了提供碳水化合物、蛋白质、脂肪、维生素、矿物质和水，食物还给人带来情感满足和刺激机体产生对健康有益的激素。

（一）植物性食物的营养价值

谷物类食物包括大米、燕麦、小麦、玉米、高粱、荞麦等，是全球供能的最主要、最经济的农作物。加工后的谷物约含75%～80%的碳水化合物，主要以淀粉形式存在；蛋白质含量占7%～10%；脂肪含量极低。磷、铁、铜、锌、硒等矿物质以及维生素B_1、维生素B_2、烟酸、维生素E等大多数存在于谷皮、胚芽和谷粒周围，因此对谷物的研磨加工越精细，维生素和矿物质的流失就越多。每100g谷类可提供350kcal左右的能量，而不同粮食的搭配食用可以提高谷物的营养价值。减少清洗时间可以避免B族维生素的流失。

大豆类以及坚果类食物含丰富的蛋白质和脂肪。以黄豆为例，每100g黄豆中含40g蛋白质和18g脂肪，并含有以钙、磷、钾为主的矿物质和维生素B_1、核黄素等多种维生素。而赤豆、豇豆、绿豆、豌豆、蚕豆等豆类的蛋白和脂肪含量较低，但含碳水化合物高达55%～60%。当大豆被加工成豆浆、豆腐、豆腐干等豆制品时，膳食纤维减少，蛋白质消化率大幅度增加。加工成豆芽的干豆含有更多的维生素C。生豆含有抗胰蛋白酶因子和皂角素，影响蛋白质消化和刺激肠道，需要彻底加热煮熟才能食用。坚果类含丰富的脂肪和蛋白质，尤其富含不饱和脂肪酸以及必需脂肪酸，是优质的植物性脂肪来源。

新鲜的蔬菜和菌藻类含大量水分，是矿物质、维生素、膳食纤维的主要来源。除了根茎类、块根类的蔬菜（如山药、土豆、藕等）含淀粉较多，一般每100g新鲜叶菜仅含10～40kcal能量。蔬菜中富含钙、磷、钾、镁、铁、铜、碘、锰、氟等矿物质，并且是胡萝卜素、维生素C、维生素B_2和叶酸的重要来源。新鲜蔬菜存放时间越长，营养成分流失越多；烹饪以快火急炒为宜，避免维生素氧化。菌藻类食物中的发菜、香菇、口蘑含有20%的蛋白质，其中60%以上是人体必需氨基酸。海生植物中的海带、紫菜含丰富的碘以及铁、锌、硒等矿物质。

水果的营养价值和蔬菜相近，蛋白质、脂肪的含量较低，碳水化合物含量在6%～25%，主要以果糖、葡萄糖和蔗糖形式存在，但是矿物质和维生素含量不及蔬菜。水果中含有的纤维素和果胶能促进肠蠕动，刺激排便；果实中的有机酸（柠檬酸、苹果酸、酒石酸）还可以帮助消化。水果可以直接食用，不需要烹饪，因此水果中的维生素和矿物质损失较少。

（二）动物性食物的营养价值

禽畜肉类一般含10%～20%的蛋白质，根据肉类的来源、部位和肥瘦比例的不同稍有变化。肉类中氨基酸和人体蛋白质的组成成分相近，因此蛋白消化率高，营养价值大。脂肪含量根据动物的种类相差极大，猪肉的脂肪含量最高；兔肉、火鸡、鹌鹑的脂肪含量仅2%～3%；鸭和鹅含20%左右的脂肪，高于鸡和鸽子。禽肉类含维生素以A和B族为主，同时含丰富的铁、磷、硫、钠、钾等矿物质。动物内脏（如肝、肾、心、肚等）同样含丰富的蛋白质和矿物质，但是胆固醇和嘌呤含量较多，胆固醇偏高或者痛风患者应当减少食用。

鱼虾类是优质蛋白质的良好来源，蛋白质含量高，约为15%～20%，平均脂肪含量不到5%，碳水化合物含量更低，不仅容易消化，而且富含钙、磷、钾、碘等矿物质和维生素A、维生素D、维生素E等脂溶性维生素。由于鱼虾类体内多含不饱和脂肪酸，极易被氧化破坏而腐败变质，因此尽量避免食用不新鲜的鱼虾类水产品。

蛋类的营养成分受到家禽的品种、喂养饲料和季节的影响。蛋类中的蛋白质含量为12%左右，其氨基酸组成成分和人体十分相似，故而是最容易被人体吸收的蛋白质来源。98%以上的脂肪都在蛋黄部分，其中包含大量不饱和脂肪酸、磷脂和胆固醇。磷、镁、钙、硫、铁、铜、锌等矿物质和维生素A、维生素D、维生素B_1、维生素B_2也基本都在蛋黄中。生蛋的蛋清中含抗生物素蛋白酶和抗胰蛋白酶，影响人体对生物素和蛋白质的吸收，因此蛋类以熟食为佳。

乳类及乳制品含有除维生素C外的全面丰富的营养素。以牛乳为例，100ml新鲜牛乳可提供69kcal能量，其中含3%以上蛋白质、4%脂肪、5%碳水化合物、1%矿物质和87%水分，以及脂溶性维生素A、维生素D、维生素E、维生素K和水溶性维生素B族。酸奶、奶酪等乳制品经过发酵，氨基酸和肽类增加，更易被人体吸收。

（三）调味品的营养价值

大部分调味品来源于植物性食物，通过发酵、腌渍、水解、混合等工艺制作而成，如酱油、食醋、酒、糖及烹调油，因此其营养成分和原料相关性较大。食盐的主要成分为氯化钠，直接来自自然界(矿井或海水)。蜂蜜富含果糖、葡萄糖、少量矿物质和维生素，蜂蜜中还含有多种生物酶，对人体代谢能起到一定的作用。

（四）营养素密度

营养素密度(nutrient density，ND)是食物营养价值和营养流行病学调查的评价指标，可看作食物中相应于1000kcal能量的某一营养素的含量。食品营养素密度过低，在适度能量摄入时，容易发生营养素摄入不足。

$$\mathrm{ND(mg/kcal)}=\frac{\text{一定量食物中某营养素含量(mg)}}{\text{等量该食物中含的能量(cal)}}\times 1000$$

例如，两种食物维生素B_2的营养素密度比较：

100g猪后臀肉：含维生素B_2 0.11mg，含能量331cal，维生素B_2营养素密度＝0.11mg×1000÷331cal＝0.33mg/kcal

100g小白菜：含维生素B_2 0.09mg，含能量15cal，维生素B_2营养素密度＝0.09mg×1000÷15cal＝6.00mg/kcal

二、不同人群的合理膳食

（一）一般人群的膳食指南

2007年，中国营养学会根据中国居民饮食习惯，更新了《中国居民膳食指南》(以下简称“指南”)内容，提出了平衡膳食、合理获取营养的比例和生活方式。针对一般人群，该指南有10条建议：

1. 食物多样，谷类为主，粗细搭配；
2. 多吃蔬菜水果和薯类；
3. 每天吃奶类、大豆或其制品；
4. 常吃适量的鱼、禽、蛋和瘦肉；
5. 减少烹调油用量，吃清淡少盐膳食；
6. 食不过量，天天运动，保持健康体重；
7. 三餐分配要合理，零食要适当；
8. 每天足量饮水，合理选择饮料；
9. 如饮酒应限量；
10. 吃新鲜卫生的食物。

指南同时完善了中国居民平衡膳食宝塔的内容，添加每日饮用1200ml水和身体活动

6000 步的建议。成人的日常活动可换算成步行量：每日基本活动量＝2000 步，骑 7min 自行车＝1000 步，拖地 8min＝1000 步，中速步行 10min＝1000 步，打 8min 太极拳＝1000 步。如果身体条件允许，最好进行 30min 中等强度的运动。运动的适宜心率为：

18～29 岁　　每分钟 130～160 次
30～39 岁　　每分钟 120～150 次
40～49 岁　　每分钟 110～140 次
50～59 岁　　每分钟 100～130 次
≥60 岁　　每分钟 90～120 次

中国居民平衡膳食宝塔见图 4－5。

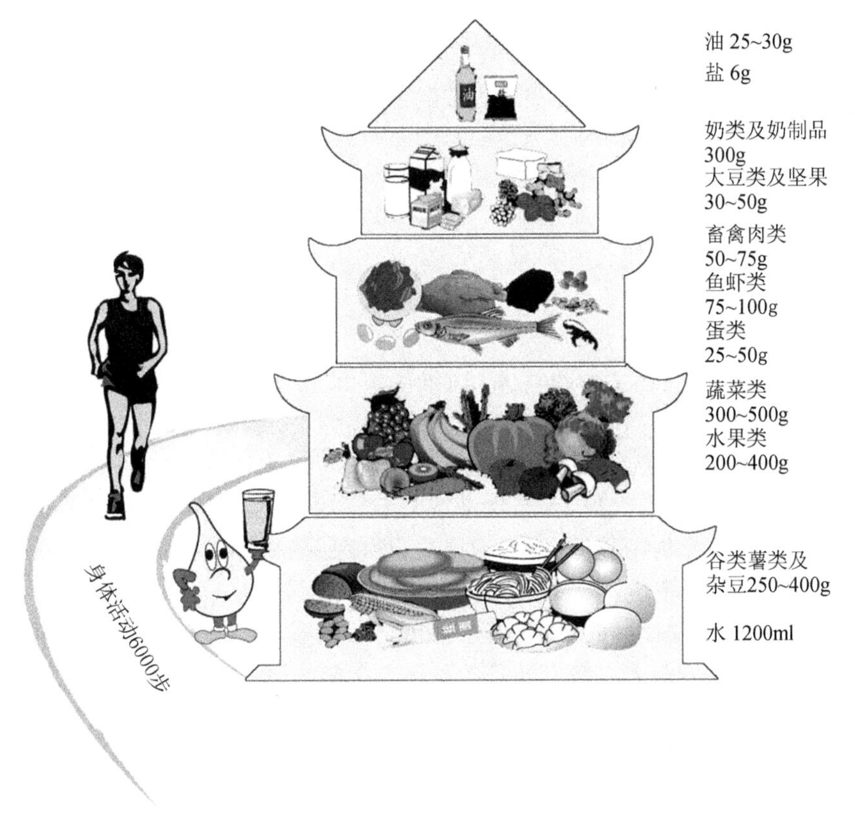

图 4－5　中国居民平衡膳食宝塔

（二）特殊人群的膳食指南

特殊人群不仅包括孕产妇、婴幼儿、青少年、老年人等不同生理时期的人群，也包括在异常温度环境工作、高原缺氧环境工作、接触电离辐射、运动员等不同人群，他们的膳食摄入成分和一般人群有所区别。

孕妇营养不良会导致胚胎发育异常，出现妊娠并发症，增加产伤和感染机会，令低体重新生儿和新生儿出生后的死亡、发育异常等概率上升。在妊娠期间，孕妇的肾小球滤过增强，血容量增加，基础的代谢率增加，机体新陈代谢旺盛，因此提供的膳食中各营养素比例要适合，能量摄入既要满足母体和胚胎发育的需要又不能过量，同时要增加维生素和矿物质的额外供给，如胚胎发育需要大量的钙、铁、碘、锌和维生素 A、维生素 D、维生素 E 等。哺乳期的妇女仍旧需要额外能量的补充，尤其是优质蛋白质的补充以保证乳汁的质量。

婴幼儿是生长发育最快的阶段，也是大脑发育的关键时期，因此对蛋白质的需求最大。母乳的营养成分最适合婴儿需要且容易消化吸收，母乳中所含的分泌型免疫球蛋白能有效增强婴儿的免疫力，不仅促进产后恢复，而且增进母婴感情。2010 年联合国儿童基金会建议婴儿出生前 6 个月纯母乳喂养，之后逐步添加辅食直至完全离乳。

儿童青少年时期是体格和智力发育的关键，此时也是个人行为、生活方式成型的时期。这一时期的人群活动量大，生长发育迅速，因此要摄入足够的能量，优质蛋白质、维生素以及矿物质的补充尤为重要，同时要避免肥胖和盲目节食，加强营养教育，建立健康的饮食观念和饮食习惯。

老年人的器官功能随年龄增加而逐年衰退，消化、代谢功能下降。因此老年人的膳食应该选择多样化的食物，合理烹饪食物以易于食用；适当补充优质蛋白质和铁，避免营养不良和贫血；注意钙、磷等骨矿物质的补充预防骨质流失，同时进行适宜的户外活动以维持健康的体重。

在高温环境(32℃以上)工作的人群，能量消耗增加，水分、无机盐、水溶性维生素丢失迅速。在这种环境下工作的人群，能量补充应相应增加 10%～40%；适当补充蛋白质；增加维生素 C 的膳食补充；水和无机盐补给要充足，多次少量，避免电解质失衡。

高原缺氧环境中，人体血氧饱和度下降，体内无氧酵解增多，水代谢失衡导致细胞水肿。针对该人群，需要适当增加能量供给，碳水化合物比例可增加到 65%，以提高动脉血含氧量，增强肺扩张能力，维持体力。维生素 A、维生素 B、维生素 C 和钾、镁、硒对改善心脏功能、促进机体物质代谢及提高缺氧耐受力有一定作用。

机体受到电离辐射后会产生多种生理和病理改变，影响体内代谢功能。由于工作原因而长期暴露在电离辐射下的人群，会产生食欲减退、体重下降、营养不均衡的表现。补充多种维生素，增加碳水化合物中果糖、葡萄糖比例，均可加强机体的防护功能。同时增加该人群的休假时间，以避免长期电离辐射对机体的累加损害。

运动员在训练和参加比赛时，机体处于高度应激状态，代谢旺盛，能量消耗剧增。不同运动项目，能量需求差异较大。糖原储备的不足直接影响运动员的体力和耐力，因此碳水化合物的摄入一般占运动员能量摄入 60%以上，及时补充水分和矿物质可以避免大量出汗导致的水、电解质紊乱。高热能密度食物可避免增加胃容量，减少对运动产生的影响，和少量多餐一样有益。

三、膳食和疾病

人类摄入的所有食物，不仅影响身体的健康状况，而且影响着身体功能。充足均衡的营养是维持健康的关键，营养过量和不足同样会损害机体的正常生理功能。文化传统、社会价值和食品消费观念密不可分，尤其体现在饮食习惯上，多数慢性病的发生、发展和膳食选择行为密不可分。2013 年，世界卫生大会批准了 WHO 提出的《2013—2020 年预防控制非传染性疾病全球行动计划草案》，其中提出九个自愿性全球目标，包括：减少有害使用酒精、身体活动不足、盐/钠摄入量、烟草使用量和高血压，遏制肥胖和糖尿病发生率的上升等。

(一) 肥胖

肥胖是由于长期摄入的能量超过机体消耗所需，在体内以脂肪形式过度储存的一种营养代谢性疾病。肥胖患者面临高血脂、睡眠呼吸暂停、骨关节炎、肝脏疾病等多种并发症的威胁，导致一系列的社会问题和经济问题。2010 年 WHO 数据统计表明，每年至少有 280 万人死于超重或肥胖，随着体重指数（BMI）的持续升高，心血管疾病、糖尿病等发病率也逐年上升。

BMI 是 WHO 推荐的国际统一使用的肥胖判断指标：

$$BMI(kg/m^2) = 体重(kg)/身高^2(m^2)$$

根据《中国成人超重和肥胖症预防控制指南》，我国 BMI 和肥胖判断标准见表 4－8。

表 4－8　中国 BMI 和肥胖判断标准

判断标准	BMI/(kg/m²)
偏瘦	<18.5
正常	18.5～23.9
偏胖	24.0～27.9
肥胖	≥28.0

腰臀比是指腰围和臀围的比值，若男性>0.9，女性>0.8，结合 BMI 值，可诊断为中心性肥胖。比值越高，中心性肥胖越严重。

过量进食、不良饮食习惯、运动消耗减少以及压力过大都会导致肥胖，环境和遗传因素也是导致发胖的原因。肥胖的预防重于治疗。对于肥胖人群，首先要在确保膳食平衡的前提下控制总能量的摄入，理想状态为每周体重下降 0.25～0.5kg，相当于每天减少 250～500kcal 的能量摄入；同时增加有氧运动锻炼以消耗体内过多能量，树立健康饮食观念并长期保持。对于 $BMI>40kg/m^2$ 的极端肥胖人群，除了药物治疗，还可以通过胃肠道手术和局部去脂术等手术方法减少机体脂肪。

（二）心血管疾病

高脂血症、高血压、冠状动脉粥样硬化性心脏病（冠心病）等非传染性疾病的致死率逐年上升。2008 年，这一类疾病的死亡人数占了全球 5700 万死亡人数中的 63%。心血管疾病的发生、发展和饮食有密不可分的关系。

高脂肪膳食影响人体的血脂代谢，尤其是富含饱和脂肪酸和反式脂肪酸的膳食，可显著升高血浆胆固醇和低/高度密度脂蛋白的水平，长期高脂蛋白血症可导致动脉粥样硬化和胰腺炎等继发疾病。营养预防首选食物多样化，以指南中的宝塔模式为参考比例摄入相应的膳食，保持一定的体力活动和维持适宜的体重。对于患有高脂血症的人群，必须控制膳食脂肪的摄入，每日脂肪摄入量应低于每日获得总能量的 20%～25%，其中胆固醇摄入量少于 300mg/d；中度限制钠盐，每天摄入食盐不超过 6g；少量多餐，限制食用油煎炸食物。

人体血压的收缩压≥140mmHg 和（或）舒张压≥90mmHg，即可诊断为高血压，这是发生脑卒中的高危因素之一。通过人群调查发现，每降低 100mmol/d 的钠摄入，可分别降低患者的收缩压 5.8mmHg、舒张压 2.5mmHg。尤其是 50 岁以上的人群及家族性高血压者，对盐敏感性较正常人高。除此之外，低钾饮食会导致血压升高，而钙、镁的摄入可以缓解高血压症状。素食者通常摄入的镁和膳食纤维含量较高，因此血压比非素食者低。对于高血压人群，首先就需要限制食盐的摄入，每天少于6g；控制体重，避免肥胖；增加富含钾、钙、镁的食物摄入，如新鲜蔬菜、水果、土豆、蘑菇、瘦肉等，禁用或少用高钠的腌制食品或加碱的加工食品。新鲜食品和加工食品中钠、钾含量的对比见表4-9。

表4-9 新鲜食品和加工食品中钠、钾含量的对比(每100g的含量)*

新鲜食品	钠含量/mg	钾含量/mg	加工食品	钠含量/mg	钾含量/mg
全麦面粉	1	120	全麦面包	530	92
牛排	70	400	牛肉肠	1100	220
金枪鱼	65	325	罐装金枪鱼	800	240
三文鱼	60	350	熏三文鱼	620	305
全脂牛奶	50	140	黄油	980	25
煮土豆	2	540	炸薯条	270	430
苹果	0.3	128	苹果酱	260	190
胡萝卜	48	342	胡萝卜泥	245	145

冠心病通常和高血压、高血脂、肥胖等疾病同时存在，是非传染性疾病的主要致死原因之一。膳食脂肪比例过大，可引起动脉粥样硬化，在血管内壁形成脂肪斑块和血栓，在出现临床症状之前，合理控制膳食是最佳防治方法。首先需要减少脂肪和胆固醇的摄入：脂肪占总能量的25%以下，胆固醇低于300mg/d；其次，摄入适量蛋白质，按1kg体重1.0g的比例；每日摄入充足维生素和微量元素，限制过多食用精制糖。饮食上选择含大量不饱和脂肪酸的植物油、新鲜蔬菜水果、鱼类、大豆及豆制品等食物。

(三) 糖尿病、痛风、甲状腺功能异常

这是一类已经明确的除了遗传因素外，和饮食密切相关的内分泌代谢性疾病。人体内血糖浓度、嘌呤和尿酸浓度、碘摄入状况，直接影响这类疾病的发生、发展以及患者病死率。

通过饮食合理控制能量摄入是治疗2型糖尿病的基础：保证占总能量60%～65%的碳水化合物的摄入，搭配12%～15%的优质蛋白质，以及25%～30%以不饱和脂肪酸为主的脂肪；同时保证充足的膳食纤维、维生素和微量元素的供给。

痛风患者的血尿酸浓度和进食高嘌呤的饮食相关。限制每日嘌呤饮食可减少200～400mg尿酸的生成。针对痛风的膳食在控制总能量的同时，减少蛋白质和脂肪的摄入。一般蛋白质摄入量为1kg体重0.8～1.0g/d，脂肪摄入低于50g/d；鼓励大量饮水及禁酒。

碘参与人体的甲状腺素合成。甲状腺功能亢进(甲亢)和甲状腺功能减退(甲减)，是影响人体新陈代谢的两种相反的异常表现。甲亢患者由于代谢率增高，需要比正常人群多摄入50%～70%的总能量，增加钙、磷、钾的摄入，忌食富含碘的食物，如海带、紫菜、虾皮等海产品及碘盐。甲减患者正相反，每日需摄入300～500μg碘，忌食卷心菜、白菜、油菜等易导致甲状腺肿的食物，同时补充蛋白质和控制脂肪摄入。

(四) 酗酒

大多数研究显示，适度饮酒可使冠状动脉疾病风险降低20%，同时，酒精的社会效应体现为消除压抑，有利社会交往，给人以精神愉悦的感觉。指南中指出，成年男性和女性一天内摄入的酒精量应分别不超过 25g 和 15g。

过量摄入酒精，无论短期还是长期，对人体都有极大影响。2010 年，WHO 在《全球非传染性疾病现状报告》中指出，每年大约有 230 万人死于酒精的有害使用，这约占全球死者总人数的 3.8%。对有害使用酒精进行干预，是《2013—2020 年预防控制非传染性疾病全球行动计划草案》中提出的主要目标之一。

酒精作为小分子物质，进入人体后能迅速通过胃壁到达大脑及身体各处。当体内血液酒精含量达 0.1%时，已达驾驶机动车的法定醉酒界限。血液中酒精含量和大脑的反应见表 4-10。

表 4-10 血液中酒精含量和大脑的反应

酒精含量/%	大脑反应
0.05	判断能力下降
0.10	感情控制削弱
0.15	肌肉协调和反应能力下降
0.20	视力下降
0.30	行为缺乏控制
0.35	倾向于昏迷
0.5～0.6	意识丧失、死亡

由于乙醇代谢在体内产生能量(1g 酒精提供约 7kcal 能量)，酗酒抑制了人体进食欲望，减少了对各种营养素的摄入，诱发营养不良。同时，乙醇在体内的代谢过程直接干扰人体对多种维生素和微量元素的吸收利用，降低血清镁、锌水平，进一步加剧营养不良。长期酗酒给身体带来许多破坏性作用，体现在大脑病变、肝脏病变、骨质疏松、心血管疾病等多方面。尤其是对于孕妇，酒精能通过胎盘屏障直接影响胎儿发育，表现为永久性的脑损伤、生长迟缓、智力迟钝、视力异常等多种健康问题。

(陈海芸)

第五章　生命的自我调控

第一节　内环境与稳态

人体是复杂的多细胞体，一个成年人的机体由几十万亿个细胞构成。这些细胞中，除了体表的上皮细胞、角质细胞和体腔表面的上皮细胞等直接暴露于外界环境中之外，其余绝大部分细胞其实浸浴在一个相互贯通的液体环境里，而不和外界环境发生直接接触。

人体细胞所处的液体环境统称为细胞外液。不同细胞的细胞外液不同。例如，血细胞生存在血液中，脑细胞生活在脑脊液中，淋巴细胞生活在淋巴液中，普通组织细胞生活在组织液中。细胞外液大约占人体体重的20%，其中大部分为组织液，约占体重的15%，血浆约占体重的5%。细胞外液加细胞内液，共占人体体重的60%左右。

一、内环境的概念

生理学中，把细胞直接生存的细胞外液称为细胞的内环境(internal environment)，以区别于体表和体腔这些外环境(external environment)。应当指出，消化道、呼吸道、泌尿道、生殖道等是与外界环境相通的，不属于内环境的范畴。

【小知识】

内环境一词的由来

"Internal environment"一词最早是法国生理学家贝尔纳提出的。他于1865年在*An Introduction to the Study of Experimental Medicine*一书中这样写道："I think I was the first to urge the belief that animals have really two environments: a milieu extérieur(外环境)in which the organism is situated, and a milieu intérieur(内环境)in which the tissue elements live. The living organism does not really exist in the milieu extérieur (the atmosphere it breathes, salt or fresh water if that is the element) but in the liquid milieu intérieur formed by the circulating organic liquid which surrounds and bathes all the tissue elements; this is the lymph or plasma, the liquid part of the blood which, in the higher animals, is diffused through the tissues and forms the ensemble of the intercellular liquids and is the basis of all local nutrition and the common factor of all elementary exchanges. A complex organism should be looked upon as an assemblage of simple organisms which are the anatomical elements that live in the liquid milieu intérieur."贝尔纳在大量观察的基础上提出"内环境"的概念，被认为是他一生最大的贡献之一，他也因此被誉为"实验医学之父"。

人体的内环境，有各种物理因素和化学因素。物理因素如温度、电位（电势差）、压强等；化学因素如酸碱度（pH）、各种溶质的浓度等，这些溶质又包括无机离子（如钠离子、钾离子、钙离子、氯离子）、小分子（如葡萄糖、各种氨基酸）、大分子（如蛋白质、多糖）等。

二、内环境的稳态

细胞生活在液体的内环境里，并非像标本浸泡在标本液中一样静止不变，而是一刻不停地进行着物质代谢和能量代谢。各种营养物质都来自细胞外，各种代谢废物也都会排到细胞外。随着代谢的进行，营养物质不断被消耗，代谢废物不断产生，从而使内环境的成分不断发生变化。因此，内环境理化性质不是静止的，而是不断地发生着变化。

以组织细胞为例，细胞新陈代谢所需的营养物质由组织液提供，组织液中的这些营养物质来自消化系统和呼吸系统，其中氧气由呼吸系统通过肺泡液-气界面的气体交换从空气中获得，其余的营养物质本质上都来自于消化道对食物成分的吸收。与此同时，细胞的代谢产物也排到组织液中，组织液的成分进入血液，再通过血液循环到达肺泡，将代谢产生的二氧化碳释放到大气环境，或到达肾脏的肾小球和肾小管，将其余代谢废物以尿生成的方式排放到体外。内环境与外环境的关系如图 5－1 所示。

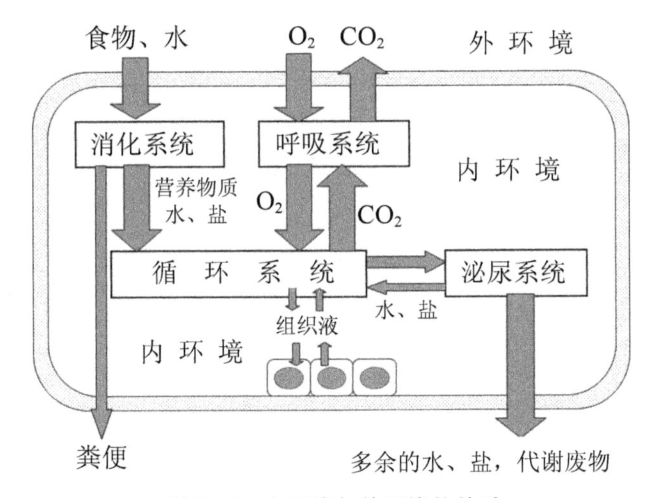

图 5－1　内环境与外环境的关系

在一个活的机体内，内环境的各种指标虽然在不断变化，但是始终保持相对的稳定，各种物质在不断交换和转化中达到相对平衡状态，也就是处于“稳态（homeostasis）”。

【小知识】

内环境一词的由来

1932 年，美国生理学家坎农在 *The Wisdom of the Body* 一书中，详细描述了内环境的相对稳定性，并提出“homeostasis”的概念。他写道：“The coordinated physiological processes which maintain most of the steady states in the organism are so complex and so peculiar to living beings-involving, as they may, the brain and nerves, the heart, lungs, kidneys and spleen, all working cooperatively—that I have suggested a special designation for these states, homeostasis. The word does not imply something set and immobile, a stagnation. It means a condition—a condition which may vary, but which is relatively constant.” Homeostais 这个词是一个组合词，其中 homeo 的意思是 the same，stasis 的意思是 standing still，合在一起，就是稳定的意思。但是坎农随即进行了解释：“稳态并非一成不变，而是一种不断变化、但是相对稳定的状态。”即稳态是一种动态平衡状态。

细胞的生存对内环境条件的要求很严格，内环境各项因素的相对稳定是高等动物生命存在的必要条件。由于细胞不断进行着新陈代谢，代谢底物不断消耗和代谢产物不断增加，不断地改变着内环境，不断破坏内环境的稳态。另外，外环境的变动也可影响内环境的稳态。例如，环境温度的升高或降低，会引起体表的温度升高或降低，进而引起体核温度的波动。为此，机体的血液循环、呼吸、消化、排泄等生理功能必须不断地进行调节，以纠正内环境各种指标的波动。某些情况下，即使内环境指标偏离了正常范围，生命也不会马上停止，在一定的极限范围内，通过各个功能系统的代偿调节，仍有可能将内环境的指标纠正回正常范围内。

人体主要几项内环境指标的正常值、正常范围和极限范围如表 5－1 所示。

表 5－1　人体内环境常用指标的正常值、正常范围和极限范围

	正常值	正常范围	极限范围
PaO_2/mmHg	40	35～45	10～1000
$PaCO_2$/mmHg	40	35～45	5～80
Na^+浓度/(mmol/L)	142	138～146	115～175
K^+浓度/(mmol/L)	4.2	3.8～5.0	1.5～9.0
Ca^{2+}浓度/(mmol/L)	1.2	1.0～1.4	0.5～2.0
Cl^-浓度/(mmol/L)	108	103～112	70～130
$CO_3{}^{2-}$浓度/(mmol/L)	28	24～32	8～45
葡萄糖浓度/(mg/dL)	85	75～95	20～1500
体温/℃	37.0	36.5～37.5	18.3～43.3
酸碱度/pH	7.4	7.3～7.5	6.9～8.0

三、主要功能系统在维持内环境稳态方面的作用

人体的呼吸系统、循环系统、消化系统和泌尿系统是人体最重要的四大功能系统，它们相互配合，共同维持机体基本生命活动所需的内环境。这四大系统的活动是人体维持生存的基础。

在适宜酶活动的温度下，细胞利用葡萄糖和氧气进行有氧代谢，产生能量，即 ATP，供给机体各种活动消耗使用，而这些 ATP 有一半以上转化为热量，用以维持体温。这些氧气是由呼吸系统从外界大气中获取的，葡萄糖主要由糖原分解而来，糖原是由消化系统吸收的各种营养物质在肝脏或肌肉组织中合成而来。

人们通过饮食摄入各种营养物质，这些营养物质包括三大类：糖、蛋白质和脂肪。这些营养物质除了在体内产生能量之外，很大一部分可以经过转化，形成我们身体的各种结构和

功能分子，例如支撑细胞的骨架、包围细胞和划分细胞区域的膜结构，或者是为维持这些结构的活动提供帮助。

正常的代谢过程，不仅有合成，而且有分解。实际上人体的结构也是通过新陈代谢在不断地更新。糖和脂肪完全分解后生成二氧化碳和水，而蛋白质还会产生尿素。物质分解产生的这些代谢产物，需要及时从体内清除出去。如果不能及时清除，就会破坏内环境的稳态。例如，氢离子过多会引起酸中毒，碳酸氢根离子过多就会引起碱中毒。内环境不能维持稳态，称为失稳态。失稳态会引起疾病，如果偏离稳态正常范围过多，超出了机体代偿的极限，甚至会引起生命危险。

第二节　生理功能的调节

呼吸系统、心血管系统、消化系统和泌尿系统的活动，有一定的自主性。例如，心脏的某些特化细胞具有自动节律性，能够自发产生有节律的兴奋，进而引起收缩；即使是离体心脏，只要条件适宜，仍然可以在体外维持搏动。又如，消化系统有发达的肠神经系统，可以自发地维持消化道的节律性兴奋与收缩。然而，这种自主性是具有局限性的。实际上，机体的一切生命活动都受到整体水平的调节，都时时处于神经系统、内分泌系统和免疫系统的调节和控制之下。神经调节就是指通过神经系统进行的调节。所谓体液调节，就是机体某些细胞产生某些特殊的化学物质，借助血液和组织液的运输，到达全身或局部组织，从而引起器官组织的某些特殊反应，包括内分泌调节和免疫调节。例如，内分泌细胞所分泌的各种激素，就是经过血液循环发挥对机体功能的调节作用的。

以下介绍神经调节和内分泌调节。关于免疫调节，将在本书第七章做专门介绍。

一、神经调节

神经调节的特点是迅速、短暂、准确，体液调节的特点是缓慢、持久、弥散。为了理解神经调节功能，需要先了解其结构基础。

（一）神经调节的结构基础

神经调节在人体内起主导的调节作用，其结构基础是神经系统。神经系统是由脑、脊髓、脑神经、脊神经、自主神经以及各种神经节组成，大体上可分成中枢神经系统和外周神经系统两大部分。中枢神经系统主要负责处理信息、做出判断和指令，而外周神经系统则负责捕获和传入信息、传出中枢指令。

中枢神经系统包括脑和脊髓，分别位于颅腔和椎管内，两者在结构和功能上紧密联系，组成中枢神经系统。外周神经系统包括 12 对脑神经和 31 对脊神经，它们的分支遍布全身，将中枢神经系统与全身其他器官、组织联系起来，从而使中枢神经系统能感受内、外环境的变化，并能调节机体各种功能，保证人体功能的协调、统一，从整体上实现机体对环境变化的适应。人体神经系统的主要组成见图 5－2。

神经系统的基本结构和功能单位是神经元（neuron），又称神经细胞。无论是中枢神经系统，还是外周神经系统，都由神经元组成。神经元是一大类特殊的细胞，虽然神经元形态与功能多种多样，但每个神经元的结构大致都可分成细胞体和突起两部分，突起又分树突和轴突两种。轴突往往很长，由细胞的轴丘分出，其直径均匀，开始一段称为始段，离开细胞体若干距离后始获得髓鞘，成为神经纤维。

神经元行使功能的特征性方式是产生并传导一种生物电信号——动作电位。许多细胞都会产生动作电位，动作电位是细胞兴奋的标志，能产生动作电位的细胞叫作可兴奋细胞。神经细胞产生的动作电位又称为神经冲动。例如，外周神经中的传入神经纤维把感觉信息传入中枢，传出神经纤维把中枢发出的指令信息传给效应器，都是以神经冲动的形式传送的。

每个神经元都可以接受信号或刺激，产生动作电位、传导冲动，并在末梢处释放神经递质，由此，神经元具有受体部位、可传导的冲动发生部位、冲动传导部位、递质释放部位四个功能部位。如图 5－3 所示，图中箭头所示的方向正是沿着神经元的信息流动方向。通常，大多数受体存在于胞体或树突，可传导的冲动发生的部位在轴丘或轴突始段，冲动传导部位在轴突，递质释放部位则在轴突末梢。

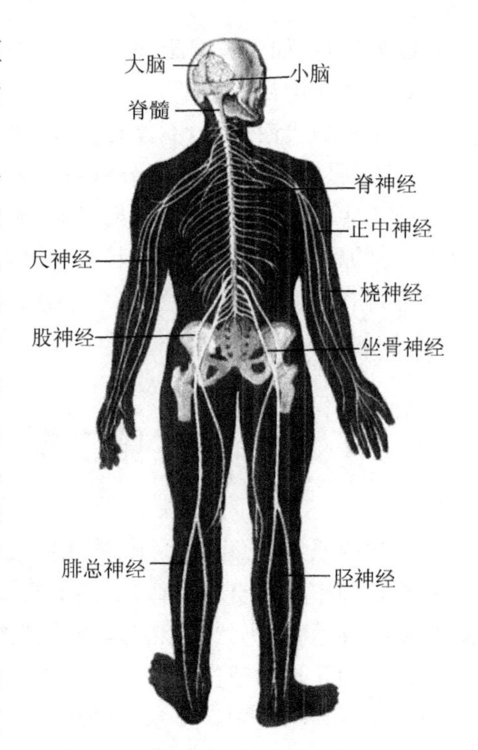

图 5－2　人体神经系统的主要组成

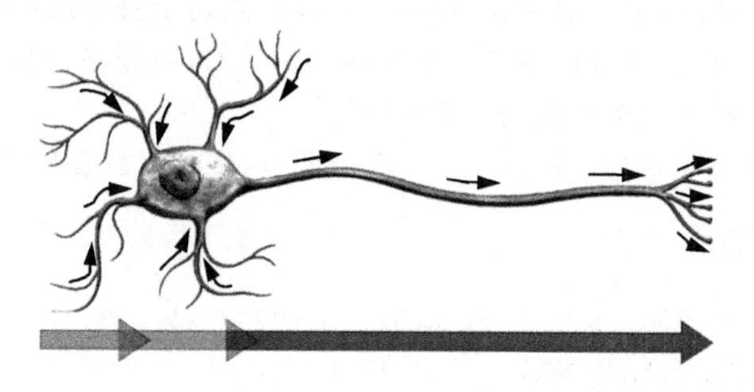

图 5－3　神经元的主要功能部位

（二）动作电位的产生与传导

对于大多数细胞，细胞外钠离子浓度比细胞内高数倍，有从细胞外向细胞内扩散的趋势；相反，细胞内钾离子浓度比细胞外高数倍，有从细胞内向细胞外扩散的趋势。但钠离子能否进入细胞、钾离子能否流出细胞，取决于细胞膜上钠通道和钾通道的状态，而这两种通道的开放与否，取决于膜电位的水平以及时间因素。当细胞受到刺激产生兴奋时，首先是少量兴奋性较高（阈值较低）的钠通道开放，少量钠离子顺着浓度差进入细胞内，使膜内、外两侧的电位差减小。未受刺激时的膜电位（即静息电位）处于内负外正的不均衡状态，称为“极化”状态；受到刺激后这种内外电位差变小，称为“去极化”或“除极化”。当膜电位差减小到一定数值（阈电位，即大多数钠通道被激活所需的电位）时，就会引起细胞膜上大量的钠通道同时开放，此时在膜两侧钠离子浓度差和电位差（内负外正）的作用下，细胞外的钠离子快速、大量地内流，导致细胞内正电荷迅速增加，电位急剧上升，形成了动作电位的上升支，即去极相（或除极相）。当膜内侧的正电位增大到足以阻止钠离子的进一步内流时，即接近钠离子平衡电位时，钠离子停止内流，并且钠通道因失活而关闭。钠通道属于快速激活、快速失活的通道，即快通道，而膜上的另一种通道——钾通道，则激活较慢，失活也较慢。在钠离子内流时，钾通道被激活而开放，钾离子顺着浓度梯度从细胞内流向细胞外，当钠离子内流速度和钾离子外流速度达到平衡时，电位达到峰值。随后，钾离子外流速度大于钠离子内流速度，大量的阳离子外流导致细胞膜内电位迅速下降，形成了动作电位的下降支，即复极相。此时，膜电位虽然基本恢复到静息电位的水平，但是由去极化流入的钠离子和复极化流出的钾离子尚未复位，此时，在钠钾泵（Na^+/K^+－ATP 酶）的驱动下，流入的钠离子被泵出细胞，流出的钾离子被泵入细胞，恢复到动作电位之前细胞膜两侧这两种离子不均衡分布的状态，为细胞膜下一次接受刺激产生兴奋做好准备。神经元动作电位的过程如图 5－4 所示。

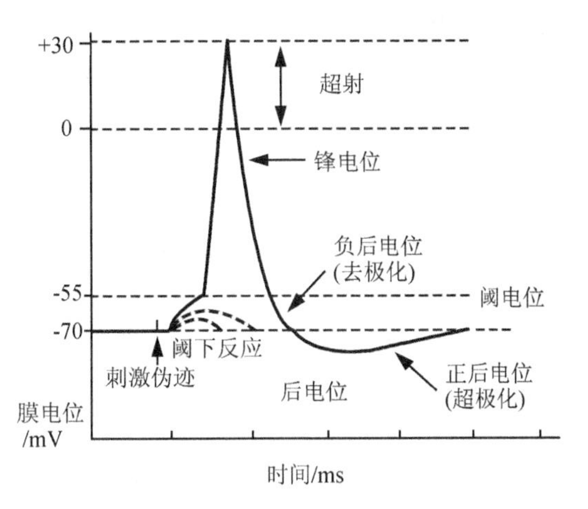

图 5－4　神经元动作电位的过程

如果将上述过程简化，动作电位锋电位包括去极相和复极相，其中去极相是由于大量钠通道开放引起的大量钠离子快速内流所致。如果用河豚毒素阻断钠离子通道，则能阻碍动作电位的产生。复极相则是随之由大量钾通道开放引起大量钾离子快速外流的结果。动作电位的幅度取决于钠离子平衡电位，而这一平衡电位取决于细胞膜内、外钠离子的浓度差；如果细胞外液钠离子浓度降低，则动作电位幅度也相应降低。

习惯上把神经纤维分为有髓纤维与无髓纤维两种。实际上，无髓纤维也有一薄层髓鞘，并非完全无髓鞘。神经纤维传导冲动是依靠局部电流来完成的。因此它要求神经纤维在结构和功能上都是完整的；如果神经纤维被切断或局部受麻醉药作用而丧失了完整性，则因局部电流不能很好通过断口或麻醉区而发生传导阻滞。一条神经干中包含着许多条神经纤维，但由于局部电流主要在一条纤维上构成回路，加上各纤维之间存在结缔组织，因此每条纤维传导冲动时基本上互不干扰，表现为传导的绝缘性。人工刺激神经纤维的任何一点引发冲动时，由于局部电流可在刺激点的两端发生，因此冲动可向两端传导，表现为传导的双向性。由于冲动传导耗能极少，比突触传递的耗能小得多，因此神经传导具有相对不疲劳性。

一般，神经纤维的直径越大，其传导速度越快。这是因为直径大时神经纤维的内阻就小，局部电流的强度和空间跨度就大。有髓纤维的传导速度与直径成正比，其大致关系为：

$$传导速度(m/s)=6\times 直径(\mu m)$$

直径相同的恒温动物与变温动物的有髓纤维，传导速度亦不相同。如猫的 A 类纤维的传导速度为 100m/s，而蛙的 A 类纤维只有 40m/s。神经纤维的传导速度与温度有关，温度降低则传导速度减慢。当周围神经发生病变时，传导速度减慢，因此测定传导速度可以帮助诊断神经纤维的疾患和估计神经损伤的预后。

（三）神经递质与受体

要确认一种化学物质为神经递质，需要符合以下条件：①在突触前神经元内具有合成该递质的前体和合成酶，能够合成这一递质；②递质储存于突触小泡，以防止被胞质内其他酶系所破坏，当兴奋冲动抵达神经末梢时，小泡内递质能释放入突触间隙；③递质通过突触间隙作用于突触后膜的特殊受体，发挥其生理作用，用电生理微电泳方法将递质离子施加到神经元或效应细胞旁，以模拟递质释放过程能引致相同的生理效应；④存在使这一递质失活的酶或重摄取回收的环节；⑤用递质拟似剂或受体阻断剂能加强或阻断这一递质的突触传递作用。

在神经系统内存在许多化学物质，但不一定都是神经递质，只有符合或基本符合以上条件的化学物质才能认定为神经递质。

神经递质的种类很多，大体上有胆碱类、单胺类、氨基酸类、肽类、气体分子等，以下简要介绍几种经典的神经递质及其受体。

1. 乙酰胆碱

乙酰胆碱是最早发现的神经递质，也是在动物界最广泛存在的神经递质。1921 年，德裔科学家勒维在蛙心灌注实验中观察到，刺激迷走神经时蛙心活动受到抑制，如将灌流液转移到另一蛙心中去，也可引致后一个蛙心的抑制。显然，在迷走神经兴奋时，有化学物质释放出来，从而导致心脏活动的抑制。后来证明这一化学物质是乙酰胆碱，乙酰胆碱是迷走神经释放的递质。释放乙酰胆碱作为递质的神经纤维，称为胆碱能纤维。以后证明，副交感神经节前、节后纤维，交感神经节前纤维，躯体运动神经纤维都是胆碱能纤维。因此，乙酰胆碱是外周最广泛存在的神经递质之一。

在中枢神经系统，乙酰胆碱也广泛存在于脊髓前角、丘脑腹后侧、脑干网状结构上行激动系统、尾核、纹状体等部位。此外，边缘系统的梨状区、杏仁核、海马等部位也可能存在乙酰胆碱递质系统。

乙酰胆碱的受体分为毒蕈碱受体（M 受体）和烟碱受体（N 受体），M 受体和 N 受体又分别有 $M_{1\sim5}$、$N_{1\sim2}$ 几种亚型。M 受体和 N 受体的命名是来自于对受体有特异亲和力的两种物质——毒蕈碱（muscarine）和烟碱（nicotine）。在外周，M 受体广泛分布于副交感神经节后纤维支配的内脏平滑肌、腺体细胞的表面，N_1 受体分布在交感、副交感神经节，N_2 受体分布在骨骼肌细胞的表面。

2. 单胺类神经递质

单胺类递质是指多巴胺、去甲肾上腺素、肾上腺素、5-羟色胺（5-HT）和组胺，主要存在于中枢神经系统，但去甲肾上腺素也在外周存在，是外周最重要的神经递质之一。

多巴胺主要存在于中枢的黑质-纹状体、中脑边缘系统和结节-漏斗部。其中，黑质-纹状体的多巴胺能神经元与运动的控制有关，此部位多巴胺的减少可引起震颤麻痹（帕金森病）。多巴胺的受体有 $D_{1\sim5}$ 五种亚型，多介导兴奋性作用。

中枢的去甲肾上腺素系统比较集中，其神经元主要位于低位脑干，尤其是中脑网状结构、脑桥的蓝斑以及延髓网状结构的腹外侧部分。去甲肾上腺素在外周主要存在于交感神经节后纤维。但并非所有的交感神经节后纤维都是肾上腺素能纤维，如支配汗腺的交感神经纤维和骨骼肌的交感舒血管纤维都是胆碱能纤维。去甲肾上腺素的受体包括α、β两大类，具体又有 $\alpha_{1\sim2}$、$\beta_{1\sim3}$ 等亚型。

中枢的5-羟色胺递质系统也比较集中，其神经元主要位于低位脑干近中线区的中缝核内。5-羟色胺受体包括5-$HT_{1\sim7}$七种亚型，多介导抑制性作用。

3. 氨基酸类

氨基酸类递质包括谷氨酸(Glu)、门冬氨酸、甘氨酸和γ-氨基丁酸。

谷氨酸是感觉传入神经系统和大脑皮层内主要的神经递质之一。其受体包括促离子型受体(iGluR)和促代谢性受体(mGluR)，其中iGluR至少有三种亚型：NMDA-R(*N*-甲基-D-天冬氨酸受体)、AMPA-R(α-氨基-3-羟基-5-甲基-4-异嘿唑受体)和KA-R(海藻酸受体)，在中枢神经系统广泛存在。通常说谷氨酸是兴奋性氨基酸，实际上是由于其受体介导兴奋性作用。

γ-氨基丁酸存在于大脑皮层浅层、小脑皮层的浦肯野细胞层、黑质-纹状体等部位。其受体又分A、B、C三种亚型，其中A和C亚型属于促离子型受体，B型属于促代谢型受体，均介导抑制性效应。

4. 肽类递质

下丘脑视上核、室旁核神经元产生多种肽类递质，包括升压素、催产素、促甲状腺激素释放激素、促性激素释放激素、生长抑素、β-内啡肽、脑啡肽，还有胃肠肽等多种多肽。

除了上述类型外，一些气体分子(如NO、CO)、嘌呤类(如腺苷、ATP)、脂类(如前列腺素)都可成为神经递质。

(四) 经典的化学性突触传递

神经元与神经元之间在结构上并没有原生质相连，神经元的轴突末梢与其他神经元的胞体或突起形成突触(synapse)联系。主要的突触类型有：①轴突与细胞体相接触；②轴突与树突相接触；③轴突与轴突相接触。

突触有特殊的微细结构，一个神经元的轴突末梢首先分成许多小支，每个小支的末梢部分膨大呈球状，称为突触小体，贴附在下一个神经元的胞体或树突表面。

经典化学性突触的结构见图5-5。轴突末梢的轴突膜称突触前膜，与突触前膜相对的胞体膜或树突膜则称为突触后膜，两膜之间为突触间隙。每个突触都由突触前膜、突触间隙和突触后膜三部分组成。突触前膜和后膜较一般的神经元膜稍增厚，约为7.5nm。突触

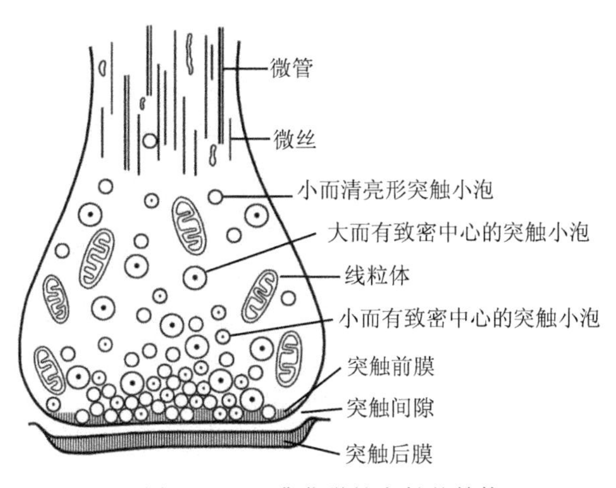

图5-5　经典化学性突触的结构

间隙约为20nm，其间有黏多糖和糖蛋白。在突触小体的轴浆内，含有较多的线粒体和大量聚集的囊泡（又称突触小泡）。突触小泡的直径为20～80nm，它们含有高浓度的递质。不同突触内所含小泡的大小和形状不完全相同。释放乙酰胆碱的突触，其小泡直径约为30～50nm，在电镜下为均匀致密的囊泡；而释放去甲肾上腺素的小泡，直径为30～60nm，其中有一个直径为15～25nm的致密中心。突触小泡在轴浆中分布不均匀，常聚集在致密突起处。

当冲动到达神经末梢时，末梢的动作电位引起电压门控的钙通道开放，膜外的钙离子进入膜内，与钙调蛋白（CaM）在轴浆中形成 $4Ca^{2+}$ - CaM 复合物，激活了一系列过程，包括动员、摆渡、着位、融合，最后解除了对释放递质的阻碍作用，小泡内递质等内容物就释放到突触间隙内。突触前膜释放递质的过程，称为出胞（exocytosis）或胞裂外排。

在递质释放的程中，钙离子是最重要的触发因素，由膜外进入膜内的钙离子的多少直接关系到递质的释放量。小泡破裂，把递质和其他内容物释放到突触间隙时，小泡外壳仍可留在突触前膜内，以后仍旧可以重新被利用，继续合成并储存递质。

进入突触间隙的递质分子，在作用于突触后膜发挥生理作用后，就要被迅速清除。清除的方式包括酶解失活或是重摄取回到突触前膜内。例如，乙酰胆碱被胆碱酯酶水解成胆碱和乙酸，去甲肾上腺素一部分被血液循环运至肝中被破坏失活，一部分进入细胞内，在儿茶酚胺氧位甲基转移酶和单胺氧化酶的作用下失活，大部分是由突触前膜再摄取，回收到突触前膜处的轴浆内并重新加以利用。多巴胺、5 -羟色胺的失活与去甲肾上腺素的失活相似。氨基酸递质在发挥作用后，能被神经胶质细胞再摄取而失活，谷氨酸在胶质细胞内被转化为谷氨酰胺，再转运到神经元内重新利用。肽类递质则经氨基肽酶、羧基肽酶和一些内肽酶的降解后失活。

（五）突触后电位的产生

突触处的信号传递，本质上就是突触前神经元的电变化引起突触后神经元的电变化。突触后电位有两种可能：一种是膜电位去极化；另一种是超极化。如果神经递质与后膜受体结合引起后膜对钠离子、钙离子的通透性增加，或是对钾离子或氯离子的通透性减弱，都会引起后膜电位的去极化，称为兴奋性突触后电位（EPSP）。反之，如果是引起后膜对钾离子或氯离子的通透性增加，或是对钠离子或钙离子的通透性减弱，都会引起后膜电位的超极化，称为抑制性突触后电位（IPSP）。EPSP和IPSP都是局部电位，都呈电紧张扩布，随着时间和空间迅速衰减。

神经元的树突和胞体是接受其他神经元信息的主要部位，轴丘或轴突始段由于分布了较多的钠离子通道，容易产生动作电位。在同一个突触后神经元的树突或胞体，同时或相继产生的EPSP和IPSP，到达轴突始段或轴丘时会发生总和（叠加），总和的结果如果达到了阈电位，就会引起一次动作电位。反之，如果总和的结果是膜电位超极化，就会使神经元的兴奋性降低，从而产生抑制作用。

（六）反射与反射弧

反射是指机体在中枢神经系统参与下对内、外环境刺激的规律性应答。早在17世纪，人们就注意到机体对一些刺激具有规律性反应。例如机械刺激角膜可以引起眨眼，于是借用了物理学中“反射”一词表示刺激与机体反应之间的必然因果关系。

苏联生理学家巴甫洛夫发展了反射概念，把反射区分为非条件反射和条件反射两类。非条件反射是先天遗传的、出生后无需训练就具有的反射，如防御反射、食物反射、性反射等。这类反射能使机体初步适应环境，对个体与种系的生存有重要意义。条件反射则是指在出生后通过训练而获得的反射。例如，工人进入劳动环境中就会发生呼吸加强的条件反射，这时虽然劳动尚未开始，但呼吸系统已增强活动，为劳动准备提供足够的氧并排出二氧化碳。条件反射可以建立，也可以消退。条件反射的建立由于扩大了机体的反应范围，因此是一种更高级的神经活动，较非条件反射有更大的灵活性，更有利于对复杂环境的适应。

反射活动的结构基础称为反射弧，包括感受器、传入神经、神经中枢、传出神经和效应器（见图 5－6）。感受器是接受刺激的器官，效应器是产生反应的器官；中枢在脑和脊髓中，传入和传出神经是将中枢与感受器和效应器联系起来的通路。

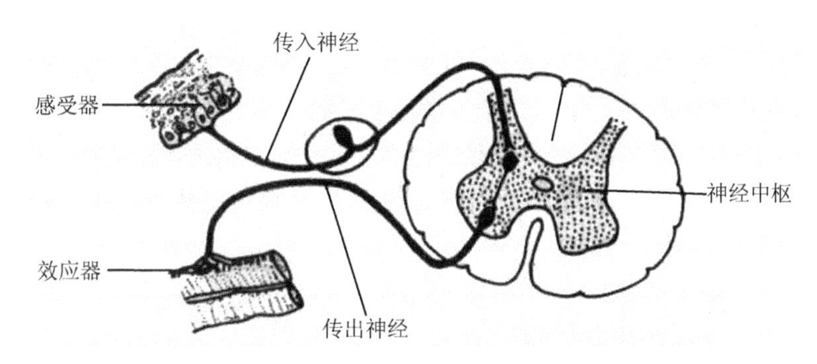

图 5－6　反射弧构成

简单地说，反射过程是这样进行的：感受器接受一定刺激，发生兴奋；兴奋以神经冲动的方式经传入神经传到中枢，引起中枢兴奋或抑制；中枢的兴奋又经传出神经到达效应器，使效应器发生相应的活动。如果中枢发生抑制，则中枢原有的传出冲动减弱或停止。在实验条件下，人工将刺激直接作用于传入神经也可引起反射活动。但在自然条件下，反射活动一般都需经过完整的反射弧来实现，如果反射弧任何一个环节中断，反射即不能发生。

感受器一般是由神经末梢特化形成的特殊结构，它能把内外界刺激的信息转变为传入神经的动作电位，因此是一种生物换能器。某一特定反射往往是在刺激其特定的感受器后发生的，感受器所在的部位称为该反射的感受野。

中枢神经系统是由大量神经元组成的，这些神经元组合形成许多不同的神经中枢。神经中枢是指调节某一特定生理功能的神经元群。一般地说，作为某一简单反射的中枢，其范围较窄。例如膝跳反射的中枢在腰脊髓，角膜反射的中枢在脑桥。调节复杂生命活动的中枢，其范围却较广。例如调节呼吸运动的中枢分散在延髓、脑桥、下丘脑以至大脑皮层等处，延髓是调节呼吸节律的基本中枢，而脑桥的呼吸中枢则起到调整作用。

图 5－7 是一个屈肌回撤反射的示意图。图中，体表的感受器感受到伤害性刺激后，经过传入神经，经过中枢的整合，再经躯体运动神经传出，引起屈肌收缩，同时引起拮抗肌（伸肌）的舒张，两者相互协调，保证反射效应顺利实现。

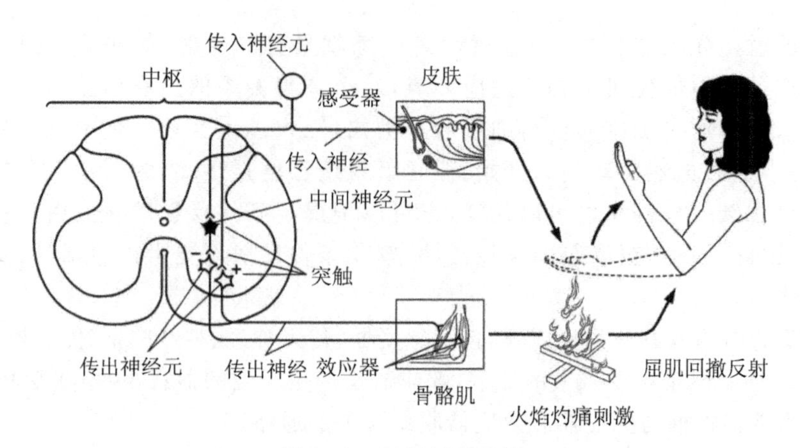

图 5-7 屈肌回撤反射

再以化学感受性呼吸运动反射为例(见图 5-8),当血液中二氧化碳增多或氧气减少时,主动脉体和颈动脉体的外周化学感受器便发生兴奋,通过迷走神经等传入神经将信息传至呼吸中枢,导致呼吸中枢兴奋,再通过膈神经和肋间神经传出冲动,使呼吸肌运动加强,结果使肺吸入更多的氧,血液中氧分压回升,多余的二氧化碳呼出体外,从而维持了内环境的稳态。

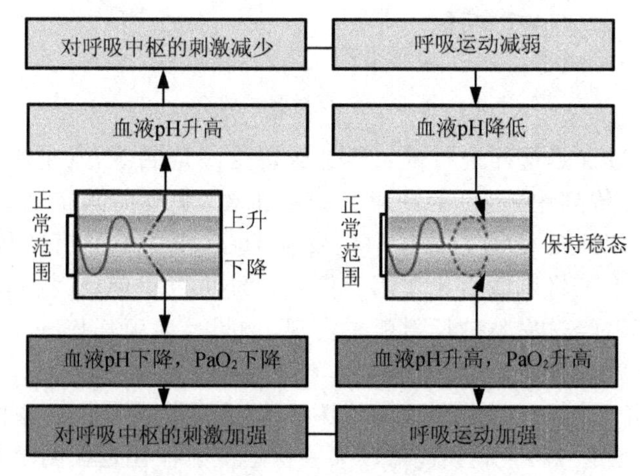

图 5-8 通过呼吸运动调节血液 pH 和氧分压(PaO_2)的过程

神经中枢的活动可通过神经纤维直接作用于效应器,在某些情况下也可通过体液的途径间接作用于效应器,这个体液环节就是指内分泌调节(详见下文)。此时反射过程是:感受器→传入神经→神经中枢→传出神经→内分泌腺→激素经血液循环→效应器。反射效应在内分泌腺的参与下,往往就变得比较缓慢、广泛而持久。例如,强烈的痛刺激可以反射性地通过交感神经引起肾上腺髓质分泌增多,从而产生广泛的反应。

反射调节是机体重要的调节机制,反射弧不完整时,神经调节将无法实现。例如,由于呼吸中枢位于延脑,延脑属于脑干,一旦脑干受损,那么人的呼吸就不能正常进行,甚至会停止。一旦呼吸停止,则需要呼吸机来人工维持呼吸,以保证机体代谢的需要和维持体液酸碱平衡。

二、内分泌调节

内分泌系统是由内分泌腺和分散存在于某些组织器官中的内分泌细胞组成的一个体内信息传递系统。人体内主要的内分泌腺有垂体、甲状腺、甲状旁腺、肾上腺、胰岛、性腺、松果体和胸腺；散在于组织器官中的内分泌细胞比较广泛，如消化道、心、肾、肺、皮肤、胎盘等部位中均存在各种各样的内分泌细胞；此外，在中枢神经系统内，特别是下丘脑，存在兼有内分泌功能的神经元，通过下丘脑-腺垂体系统和下丘脑-神经垂体系统发挥作用。

由内分泌腺或散在内分泌细胞所分泌的高效能的生物活性物质，经组织液或血液传递而发挥其调节作用，称为激素(hormone)。内分泌系统与神经系统密切联系，相互配合，共同调节机体的各种功能活动，维持内环境相对稳定(例如醛固酮对血钠的调节、抗利尿激素对血浆渗透压的调节)，调节物质和能量代谢(例如肾上腺素和胰岛素对血糖的调节)，维持生长、发育和生殖(例如生长激素促进生长、甲状腺素促进神经系统发育、性激素维持生殖功能)。

随着内分泌研究的发展，关于激素传递方式的认识逐步深入。如图5-9所示，大多数激素经血液运输至远距离的靶细胞而发挥作用，这种方式称为远距分泌(telecrine)。某些激素可不经血液运输，仅由组织液扩散而作用于邻近细胞，这种方式称为旁分泌(paracrine)。如果内分泌细胞所分泌的激素在局部扩散后又返回作用于该内分泌细胞而发挥反馈作用，这种方式称为自分泌(autocrine)。另外，下丘脑有许多具有内分泌功能的神经细胞，这类细胞既能产生和传导神经冲动，又能合成和释放激素，故称神经内分泌细胞，它们产生的激素称为神经激素(neurohormone)。神经激素可沿神经细胞轴突借轴浆流动运送至末梢而释放，这种方式称为神经分泌(neurocrine)。

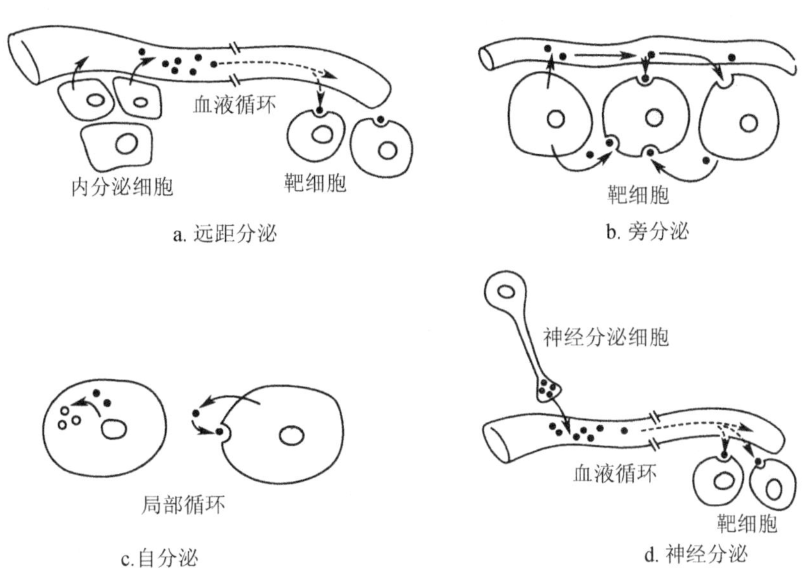

图5-9　激素传递的几种方式

(一) 激素的分类

激素的种类繁多，来源复杂，按其化学性质不同，可分为两大类：含氮激素与脂类激素。含氮激素包括肽类、蛋白质激素，以及胺类激素。肽类、蛋白质激素主要有下丘脑调节肽、神经垂体激素、腺垂体激素、胰岛素、甲状旁腺激素、降钙素以及胃肠激素等;胺类激素包括肾上腺素、去甲肾上腺素和甲状腺激素。

脂类激素包括类固醇激素,主要是肾上腺皮质和性腺分泌的激素,如皮质醇、醛固酮、雌激素、孕激素以及雄激素等。另外,胆固醇的衍生物1,25-二羟维生素D_3及前列腺素,也属于脂类激素。

(二) 激素作用的特性

激素种类很多,作用各异,但它们在调节靶细胞活动方面有一些共同特性。

1. 激素的信息传递使用

内分泌系统与神经系统都是信息传递系统,但两者的信息传递形式有所不同。神经信息在神经纤维上以生物电(动作电位)的形式传输,在突触或神经-效应器接头处,电信号转变为化学信号,进而在突触后膜或效应器细胞膜上再产生电信号。而内分泌系统的信息只有化学形式,即依靠激素在细胞与细胞之间进行信息传递。作为化学信使,激素只能对靶细胞的生理、生化过程起加强或减弱的作用,调节其功能活动。例如,生长激素促进生长发育,甲状腺激素增强代谢过程,胰岛素降低血糖等。在这些作用中,激素既不能添加成分,也不能提供能量,仅仅起着"信使"的作用,将生物信息传递给靶组织、靶细胞,调节靶细胞内原有的生理、生化过程。

2. 激素作用的相对特异性

激素释放进入血液,经血液循环被运送到全身各个部位,虽然它们与各处的组织、细胞有广泛接触,但多数激素只作用于某些器官、组织和细胞,称为激素作用的特异性。激素选择性发挥作用的器官、组织和细胞,分别称为靶器官、靶组织和靶细胞。有些激素专一地选择作用于某一内分泌腺体,这种腺体称为激素的靶腺。激素作用有特异性,是因为靶细胞上(内)存在能与该激素发生特异性结合的受体。激素的受体比较复杂,如肽类、蛋白质激素的受体存在于靶细胞膜上,而类固醇激素、甲状腺激素的受体则位于细胞质或细胞核内。激素与受体相互识别并发生特异性结合,经过细胞内复杂的反应,从而激发一定的生理效应。有些激素作用的特异性很强,如促甲状腺激素只作用于甲状腺,促肾上腺皮质激素只作用于肾上腺皮质,而垂体促性腺激素只作用于性腺等,这是由于其受体分布比较局限。有些激素作用比较广泛,如生长激素、甲状腺激素等,几乎对全身所有组织细胞的代谢过程都发挥调节作用,这是由于其受体分布广泛。

3. 激素的高效能生物放大作用

血液中的激素浓度都很低,一般 nmol/L,甚至 pmol/L 数量级。虽然含量甚微,但激素作用的效果显著,如1mg甲状腺激素可使机体增加产热量约4200kJ。激素与受体结合后,在细胞内通过一系列酶促反应,逐级放大效应,形成一个高效能的生物放大系统。据估计,一分子胰高血糖素激活一分子的腺苷酸环化酶,通过cAMP-蛋白激酶,可激活约10000个分子的磷酸化酶;一分子促甲状腺激素释放激素,可使腺垂体释放约十万个分子的促甲状腺激素;0.1μg的促肾上腺皮质激素释放激素,可引起腺垂体释放1μg促肾上腺皮质激素,后者能引起肾上腺皮质分泌约40μg的糖皮质激素,从而放大了400倍。由此不难理解,血中激素浓度虽然很低,但其作用却非常显著,因此维持体液中激素浓度的相对稳定,对发挥激素的正常调节作用极为重要。

4. 激素间的相互作用

当多种激素共同参与某一生理活动的调节时，激素与激素之间往往存在着协同作用(synergism)或拮抗作用(antagonism)，对维持激素功能活动的相对稳定有重要作用。例如，生长素、肾上腺素、糖皮质激素及胰高血糖素均能提高血糖，在升糖效应上有协同促进作用；相反，胰岛素降低血糖，与上述激素的升糖效应有拮抗作用。甲状旁腺激素与1,25-二羟维生素D_3对血钙的调节相辅相成，而降钙素则表现拮抗作用。另外，有的激素并不能对某些器官、组织或细胞直接产生生理作用，然而在它存在的情况下，另一种激素的作用会明显增强，因此是另一种激素发挥作用的前提条件。这种现象称为允许作用(permissive action)。以糖皮质激素为例，它对心肌和血管平滑肌并无收缩作用，但是必须有糖皮质激素存在时，儿茶酚胺(肾上腺素、去甲肾上腺素)才能发挥出缩血管作用。

激素之间的相互作用，机制比较复杂，可以在受体水平，也可以在胞内信息传递过程。例如，甲状腺激素可使许多组织(如心肌、脑组织等)β-肾上腺素能受体增加，提高对儿茶酚胺的敏感性，增强其效应。黄体酮与醛固酮在受体水平有拮抗作用，虽然黄体酮与醛固酮受体的亲和力较弱，但黄体酮浓度升高时，可与醛固酮竞争受体，从而减弱醛固酮调节水盐代谢的作用。

(三) 激素作用的机制

激素作为"信使"，与靶细胞的受体结合后，如何进一步传递信息，最终产生靶细胞的生物效应，其中的过程，就是激素作用的机制。含氮激素和类固醇激素的作用机制不同，分别简述如下：

1. 含氮激素作用机制——第二信使学说

第二信使学说是萨瑟兰等人于1965年提出来的(见图5-10)，其主要内容包括：①激素是第一信使，可与靶细胞膜上具有立体构型的特异性受体结合；②激素与靶细胞膜上的受体结合后，激活腺苷酸环化酶系统；③在Mg^{2+}存在的条件下，腺苷酸环化酶催化ATP转变

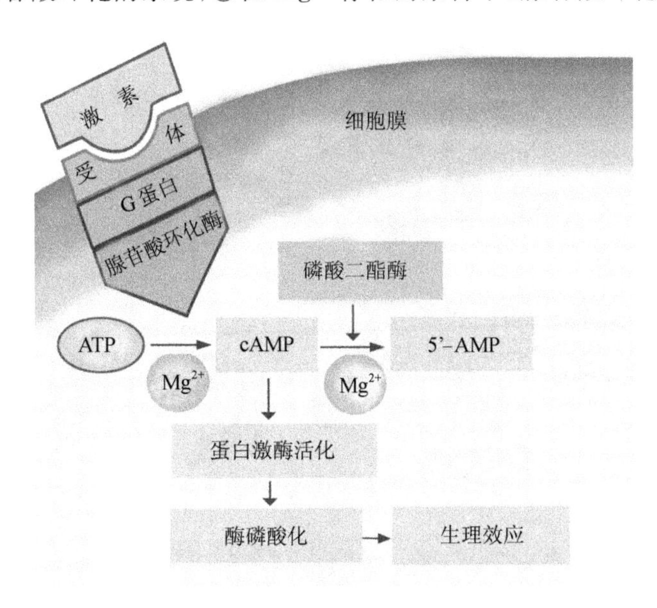

图5-10　含氮激素作用机制

为环磷酸腺苷(cAMP),cAMP 是细胞内第二信使,信息由第一信使传递给第二信使;④cAMP使无活性的蛋白激酶 A(PKA)激活。PKA 具有两个亚单位,即调节亚单位与催化亚单位。cAMP 与 PKA 的调节亚单位结合,导致调节亚单位与催化亚单位脱离,从而使 PKA 激活,催化细胞内多种蛋白质发生磷酸化反应,从而引起靶细胞各种生理生化反应。

后来的研究进一步丰富了第二信使学说,使之更加完整。目前认为,第二信使是在胞内产生的非蛋白类小分子或离子,cAMP 并不是唯一的细胞内第二信使,可作为第二信使的化学物质还有 cGMP、三磷酸肌醇(IP_3)、二酰甘油(DAG)、Ca^{2+} 等。细胞外"信使"与细胞表面的受体结合,通过多种途径,引起胞内第二信使浓度变化,进而调节胞内酶的活性和非酶蛋白的活性,从而在细胞信号转导途径中行使放大信号的功能。第二信使在细胞信号转导中起重要作用,它们能够激活胞内级联系统中的酶及非酶蛋白。第二信使在细胞内的浓度受第一信使的调节,它可以快速升高或降低,由此调节细胞内代谢系统的酶活性,控制细胞的生命活动,如葡萄糖的摄取和利用、脂肪的储存和移动以及细胞产物的分泌。第二信使也控制着细胞的增殖、分化和生存,并参与基因转录的调节。其中的 Ca^{2+},在肌细胞内还可以直接与肌钙蛋白或钙调蛋白结合,引起肌细胞的收缩。

2. 类固醇激素作用机制——基因表达学说

类固醇激素因相对分子质量小(仅约 300),具脂溶性,故可穿过细胞膜进入细胞。在进入细胞后,经过两个步骤影响基因表达而发挥作用,故把此作用机制称为二步作用原理,又称基因表达学说。

如图 5-11 所示,第一步是激素与胞质受体结合,形成激素-胞质受体复合物。类固醇激素的胞质受体是蛋白质,与相应激素结合专一性强、亲和力大。例如,子宫组织胞质的雌二醇受体能与 17-β-雌二醇(体内主要的雌激素)结合,而不能与 17-α-雌二醇结合。当激素与胞质受体结合后,受体蛋白发生构型变化,激素-胞质受体复合物因此获得进入核内的能力,由胞质转移至核内。第二步是与核内受体相互结合,形成激素-核受体复合物,从而促进 DNA 转录生成 mRNA,诱导蛋白质合成,继而引发生物效应。

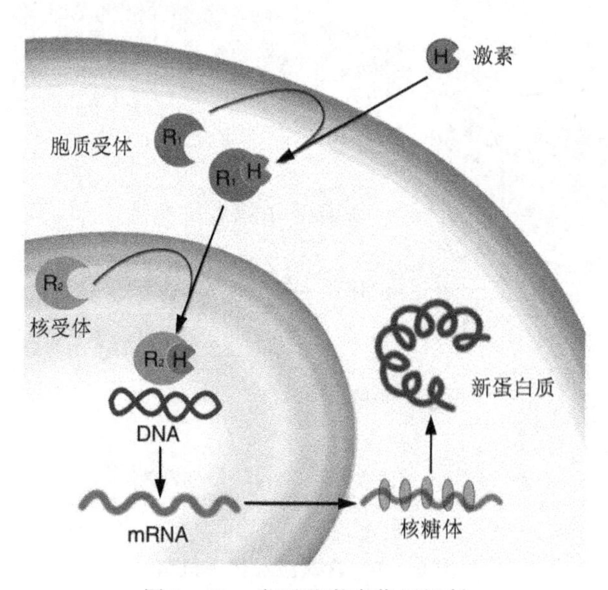

图 5-11 类固醇激素作用机制

类固醇激素的核内受体是特异性对转录起调节作用的蛋白，其活性受类固醇激素的控制。核受体有三个功能结构域：激素结合结构域、DNA结合结构域和转录增强结构域。一旦激素与受体结合，受体的分子构象便发生改变，暴露出隐藏于分子内部的DNA结合结构域及转录增强结构域，使受体DNA结合，从而产生增强转录的效应。

甲状腺激素虽然属于含氮激素，但作用机制却与类固醇激素相似，它可进入细胞内，不经过与胞质受体结合即可进入核内，与核受体结合调节基因表达。

除此以外应当指出，含氮激素也可影响转录、翻译与蛋白质合成，类固醇激素也可作用于膜受体引起某些效应。

（四）主要激素及其生理调节功能

1. 下丘脑调节肽

下丘脑的内侧基底部有促垂体区，主要包括正中隆起、弓形核、腹内侧核、视交叉上核以及室周核等，多为小细胞神经元，其轴突投射到正中隆起，轴突末梢与垂体门脉系统的第一级毛细血管网接触，可将肽类激素释放进入垂体门脉系统，从而调节腺垂体内分泌细胞的活动。下丘脑促垂体区肽能神经元分泌的肽类激素，主要作用是调节腺垂体的活动，因此又称为下丘脑调节肽。1968年吉耶曼实验室从30万只羊的下丘脑中成功地分离出几毫克的促甲状腺激素释放激素（TRH），并在一年后确定其化学结构为三肽。1971年，沙利实验室从16万头猪的下丘脑中提纯出促性腺激素释放激素（GnRH），又经过6年的研究，阐明其化学结构为十肽。此后，生长素释放抑制激素（GHRIH）、促肾上腺皮质激素释放激素（CRH）与生长素释放激素（GHRH）相继分离纯化成功，并确定了化学结构。下丘脑调节肽的主要功能是促进靶腺（腺垂体）相应激素的合成与分泌，另外也有一定的垂体外作用。

2. 神经垂体激素

下丘脑视上核、室旁核的大细胞神经元能够合成和分泌激素，运输到神经垂体储存，称为神经垂体激素，主要是抗利尿激素（升压素）与催产素。在适宜的刺激下，这两种激素由神经垂体释放进入血液循环。

（1）抗利尿激素

抗利尿激素（ADH，又称升压素，VP）主要在视上核产生，化学结构是九肽。其生理功能主要有两个方面：一是促进肾远曲小管和集合管对水的重吸收，即抗利尿作用；二是收缩血管，在脱水或失血情况下，维持血压。升压素的生理浓度很低，几乎没有收缩血管和升压的作用，对正常血压调节并不重要，但在失血情况下由于升压素释放较多，对维持血压有一定的作用。但是它的抗利尿作用却十分明显，因此称为抗利尿激素更为适宜。

抗利尿激素在调节机体水平衡和体液渗透压方面起着重要作用，如图5－12所示。大量饮水后，血液被稀释，血浆晶体渗透压降低，血容量增加，引起抗利尿激素分泌减少，致使肾远曲小管和集合管对水的重吸收减少，尿量增加。反之，如果大量出汗引起血浆晶体渗透压升高，引起抗利尿激素分泌增加，会使肾远曲小管和集合管对水的重吸收增加，尿量减少。

（2）催产素

催产素（OXT）具有促进乳汁排出、刺激子宫收缩的作用。哺乳期乳腺不断分泌乳汁，储存于腺泡中，当催产素分泌时，腺泡周围肌上皮细胞收缩，腺泡压力增高，使乳汁从腺泡经输乳管由乳头射出。催产素对非孕子宫的作用较弱，而对妊娠子宫的作用较强，雌激素能增加子宫对催产素的敏感性，而孕激素则相反，催产素可使细胞外 Ca^{2+} 进入子宫平滑肌细胞内，提高肌细

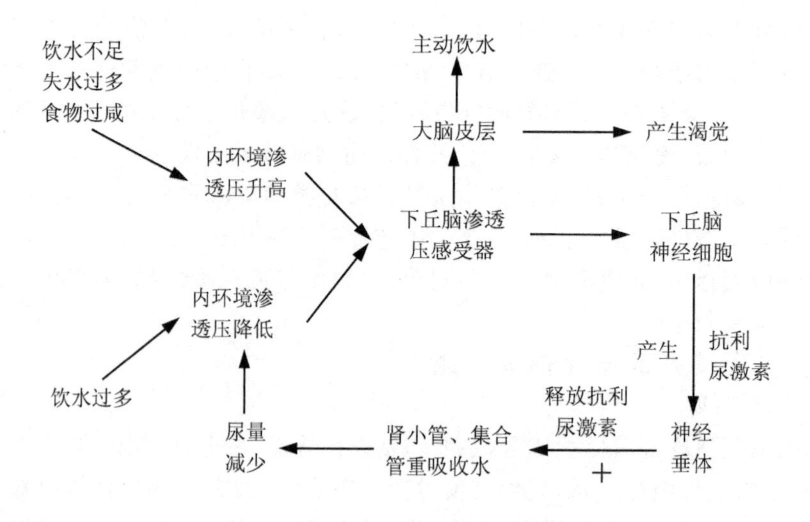

图 5-12　机体水平衡调节过程

胞内的 Ca^{2+} 浓度，通过钙调蛋白的作用，并在蛋白激酶的参与下，诱发子宫平滑肌收缩。

3. 腺垂体激素

腺垂体是最重要的内分泌腺，它分泌至少七种激素：生长激素(GH)、促甲状腺激素(TSH)、促肾上腺皮质激素(ACTH)、促黑(素细胞)激素(MSH)、促卵泡激素(FSH)、黄体生成素(LH)、催乳素(PRL)。在这些激素中，TSH、ACTH、FSH 与 LH 均有各自的靶腺，分别形成：①下丘脑-垂体-甲状腺轴；②下丘脑-垂体-肾上腺皮质轴；③下丘脑-垂体-性腺轴。腺垂体的这些激素是通过调节靶腺的活动而发挥作用的，而 GH、PRL 与 MSH 则不通过靶腺，分别直接调节个体生长、乳腺发育与泌乳、黑素细胞活动等。

人生长激素(hGH)含有 191 个氨基酸，是相对分子质量为 22000 的蛋白质，其生理作用是促进物质代谢与生长发育，对全身各器官与组织均有影响，尤其是对骨骼、肌肉及内脏器官的作用更为显著。人幼年时期 GH 不足，将出现生长停滞、身材矮小的现象，称侏儒症；如 GH 过多则为巨人症。人成年后 GH 过多，长骨骨骺愈合不再生长，只能肢端短骨、面骨及其软组织生长异常，为肢端肥大症。GH 的促生长作用是通过诱导肝脏产生生长介素，即胰岛素样生长因子(IGF)而发挥。生长介素至少有两种，即 IGF-Ⅰ 和 IGF-Ⅱ，GH 的促生长作用主要是通过 IGF-Ⅰ 作介导的。生长介素主要的作用是促进软骨组织增殖与骨化，使长骨加长。另一方面，GH 可促进蛋白质合成和脂肪分解，抑制外周组织摄取与利用葡萄糖，提高血糖水平。

催乳素(PRL)有 199 个氨基酸，相对分子质量为 22000。PRL 的作用极为广泛，主要有引起并维持泌乳，对卵巢的黄体功能有一定的作用，并参与反激反应。

4. 甲状腺激素

甲状腺是人体内最大的内分泌腺，内含有许多大小不等的腺泡。腺泡由单层的上皮细胞围成，腺泡腔内充满胶质。胶质是腺泡上皮细胞的分泌物，主要成分为甲状腺球蛋白。

甲状腺激素有两种主要形式：四碘甲腺原氨酸(T_4)和三碘甲腺原氨酸(T_3)，两者都是酪氨酸的碘化物。人体摄入的碘经过活化，可碘化甲状腺球蛋白的酪氨酸残基，合成甲状腺激素。

T_4与T_3都具有生理作用，T_4在外周组织中可转化为活性更强的T_3。甲状腺激素的主要作用是促进物质与能量代谢，促进生长和发育过程，作用十分广泛而复杂。甲状腺激素可提高绝大多数组织的耗氧率，增加产热。甲状腺功能亢进时，基础代谢率升高，患者喜凉怕热，极易出汗；而甲状腺功能低下时，产热量减少，基础代谢率降低，患者喜热恶寒，两种情况都无法适应环境温度的变化。甲状腺激素对蛋白质、糖和脂肪代谢有广泛影响，作用于核受体，刺激DNA转录过程，促进mRNA形成，加速蛋白质与各种酶的生成。肌肉、肝与肾的蛋白质合成明显增加，细胞增多、增大，表现为正氮平衡。甲状腺分泌过多时，加速蛋白质分解，导致血钙升高和骨质疏松。甲状腺激素分泌不足时，蛋白质合成减少，肌肉无力，组织间黏蛋白增多，可结合大量水，引起黏液性水肿；甲状腺激素促进小肠黏膜对糖的吸收，增强糖原分解，抑制糖原合成。甲状腺功能亢进时，血糖升高，可出现糖尿；甲状腺激素促进脂肪酸氧化，促进胆固醇的合成与分解，且分解的速度超过合成，所以甲状腺功能亢进患者血中胆固醇含量低于正常。

甲状腺激素具有促进组织分化、生长与发育成熟的作用，是维持正常生长发育不可缺少的激素，特别是对骨和脑的发育尤为重要。甲状腺功能低下的儿童，表现为智力迟钝、身体矮小，称为呆小症（又称克汀病）。胚胎期缺碘，可造成甲状腺激素合成不足，或出生后甲状腺功能低下，脑发育明显迟缓，所以在缺碘地区预防呆小症的发生，应注意在妊娠期补碘。

甲状腺激素不但影响脑的发育，对已分化成熟的神经系统也有影响。甲状腺功能亢进时，中枢神经系统的兴奋性增高，主要表现为注意力不集中、敏感疑虑、多愁善感、烦躁不安、失眠多梦等。相反，甲状腺功能低下时，中枢神经系统兴奋性降低、记忆力减退、语速和行动迟缓、淡漠嗜睡。另外，甲状腺激素对心脏的活动有明显影响，可使心率增快、心肌收缩力加强、心排血量增加。甲状腺功能亢进患者心动过速，可致心力衰竭。

5. 肾上腺皮质激素

肾上腺是维持生命最重要的腺体之一。如果摘除动物双侧肾上腺，动物可在一两周内死亡。如仅切除肾上腺髓质，则动物可存活较长时间，说明肾上腺皮质比肾上腺髓质更为重要。分析动物死亡的原因，主要由于缺乏盐皮质激素导致机体水盐损失严重，血压严重降低，循环衰竭；其次是由于缺乏糖皮质激素，使糖、蛋白质、脂肪等物质的代谢严重紊乱，对各种有害刺激的抵抗能力降低，血糖严重降低。

肾上腺皮质分泌的激素有三类，即盐皮质激素、糖皮质激素和性激素。其中，盐皮质激素主要是醛固醇（aldosterone），由皮质球状带细胞分泌；人类的糖皮质激素主要是皮质醇（cortisol），主要由皮质束状带和网状带细胞分泌。肾上腺皮质激素属于类固醇（甾体）激素，其基本结构为环戊烷多氢菲，由胆固醇为原料合成。

糖皮质激素是调节代谢最重要的激素之一，对糖、蛋白质和脂肪代谢均有作用。它促进糖异生，升高血糖，并有抗胰岛素作用。糖皮质激素分泌过多或服用糖皮质激素药物过多，可引起血糖升高，甚至出现糖尿；相反，肾上腺皮质功能低下（如阿狄森病）患者，可出现低血糖；糖皮质激素促进肝外组织，特别是肌肉组织蛋白质分解，加速氨基酸转移至肝生成肝糖原。糖皮质激素分泌过多时，由于蛋白质分解增强，合成减少，将出现肌肉消瘦、骨质疏松、皮肤变薄、淋巴组织萎缩等；糖皮质激素促进脂肪分解，增强脂肪酸在肝内氧化过程，有利于糖异生作用。肾上腺皮质功能亢进时，糖皮质激素对身体不同部位的脂肪作用不同，四肢脂肪组织分解增强，而腹、面、肩及背部的脂肪合成有所增加，以致呈现面圆、背厚、躯干部发胖而四肢消瘦的特殊体形，称为向心性肥胖。

皮质醇有较弱的贮钠排钾作用，即对肾远曲小管及集合管重吸收钠和排出钾有轻微的促进作用。它还可使血中红细胞、血小板和中性粒细胞的数量增加，而使淋巴细胞和嗜酸性粒细胞减少。它能增强血管平滑肌对儿茶酚胺的敏感性（允许作用），抑制前列腺素合成，降低毛细血管的通透性，因此有利于维持血压。肾上腺皮质功能低下时，血管平滑肌对儿茶酚胺的反应性降低，毛细血管扩张，通透性增加，血压下降。

当机体受到各种有害刺激，如缺氧、创伤、手术、饥饿、疼痛、寒冷、精神紧张和焦虑不安时，血中 ACTH 浓度立即增加，糖皮质激素也相应增多。能引起 ACTH 与糖皮质激素分泌增加的各种刺激称为应激原，而产生的规律性反应称为应激反应（stress response）。在这一反应中，除腺垂体-肾上腺皮质系统参加外，交感-肾上腺髓质系统也参与，所以血中儿茶酚胺水平也相应升高。应激反应可减少应激刺激引起的一些物质（缓激肽、前列腺素等）的产生及其不良作用，使能量代谢以糖代谢为中心，保持葡萄糖对重要器官（如脑和心）的供应，通过允许作用增强儿茶酚胺升高血压的作用，从而有利于增强机体的适应能力。

盐皮质激素主要为醛固醇，是调节机体水盐代谢的重要激素，它促进肾远曲小管及集合管对钠和水的重吸收，对钾的排泄，即保钠、保水和排钾。醛固酮分泌过多时，可引起钠和水潴留，引起高钠血症、高血压和低钾血症。相反，醛固酮缺乏时引起低钠血症、低血压和高钾血症。血钾水平自动调节过程如图 5-13 所示。另外，盐皮质激素也可增强血管平滑肌对儿茶酚胺的敏感性，允许作用比糖皮质激素更强。

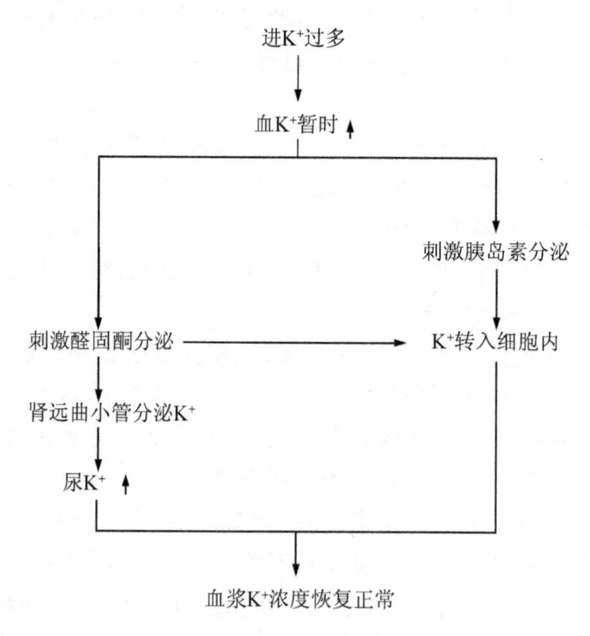

图 5-13　血钾水平自动调节过程

6. 胰岛的激素

胰岛细胞按其形态特点，主要分为 A 细胞、B 细胞、D 细胞等。其中，A 细胞约占 20%，分泌胰高血糖素（glucagon）；B 细胞占 60%～70%，分泌胰岛素（insulin）。

胰岛素是含有51个氨基酸的小分子蛋白质，相对分子质量为6000，靠2个二硫键把A链(21个氨基酸)与B链(30个氨基酸)连在一起，如果二硫键被打开则失去活性。1965年，我国首先成功地人工合成了具有高度生物活性的胰岛素。

胰岛素是促进机体合成代谢、调节血糖的主要激素。胰岛素促进组织细胞对葡萄糖的摄取利用，加速葡萄糖合成为糖原，储存于肝细胞和肌细胞内，并抑制糖异生，促进葡萄糖转变为脂肪酸，储存于脂肪组织，促进蛋白质合成，抑制蛋白质分解，导致血糖下降。胰岛素缺乏时，血糖升高，如超过肾糖阈，尿中将出现葡萄糖，引起糖尿。胰岛素缺乏，可引起脂肪代谢紊乱，脂肪的分解增强，血脂升高，加速脂肪酸在肝内氧化，生成大量的酮体，引起酮症酸中毒。胰岛素对机体的生长也有促进作用，但只有与生长素协同作用时，才能发挥明显作用。

胰岛素是调节血糖最重要的激素之一，而血糖浓度也是调节胰岛素分泌的最重要因素。当血糖升高时，胰岛素分泌明显增加，从而使血糖降低。当血糖浓度下降至正常水平时，胰岛素分泌也迅速恢复到基础水平。

胰高血糖素是由29个氨基酸组成的直链多肽，相对分子质量为3485。与胰岛素的作用相反，胰高血糖素是一种促进分解代谢的激素。胰高血糖素具有很强的促进糖原分解和糖异生作用，使血糖明显升高，还可激活脂肪酶，促进脂肪分解。

影响胰高血糖素分泌的因素很多，血糖浓度是重要的因素。血糖降低时，胰高血糖素分泌增加；血糖升高时，则胰高血糖素分泌减少。

胰岛素和胰高血糖素共同维持血糖的稳定，如图5-14所示。

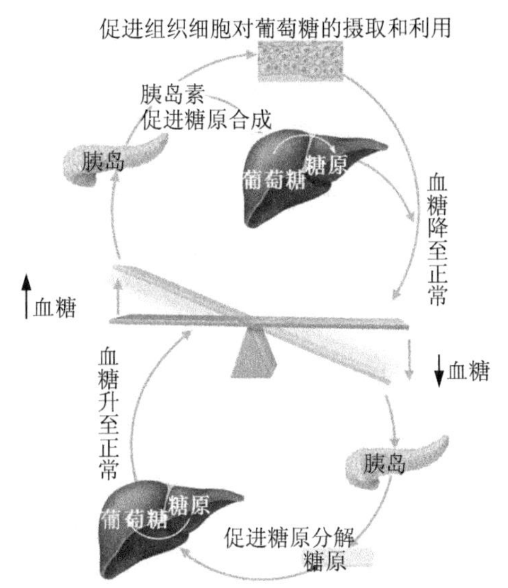

图5-14　血糖水平动态调节过程

7. 甲状旁腺激素及其他调节血钙的激素

甲状旁腺激素(PTH)、降钙素(CT)，以及1,25-二羟维生素D_3共同调节体内钙的代谢，控制血钙的稳定。

甲状旁腺激素是甲状旁腺主细胞分泌的含有84个氨基酸的直链肽，相对分子质量为9000。PTH是调节血钙水平的最重要激素，通过动员骨钙入血，使血钙浓度升高；通过促进肾远曲小管对钙的重吸收，使血钙升高；此外，在肾脏激活α-羟化酶，使25-羟维生素D_3转变为有活性的1,25-二羟维生素D_3。

1,25-二羟维生素D_3主要由皮肤中7-脱氢胆固醇经紫外线照射转化而来，它可促进小肠黏膜上皮细胞对钙的吸收，并动员骨钙，升高血钙。

另一种与血钙调节关系密切的激素是降钙素，它是含有一个二硫键的32肽，相对分子质量为3400。它可抑制破骨细胞活动，减弱溶骨过程，还能抑制肾小管对钙的重吸收，从而使血钙降低。

上述三种激素共同维持血钙水平的稳定，如图5-15所示。当血钙离子浓度降低时，甲状旁腺细胞能直接感受这种变化，促使甲状旁腺激素分泌增加，转而导致骨中的钙释放入血，使血钙离子的浓度回升，保持了内环境的稳定。

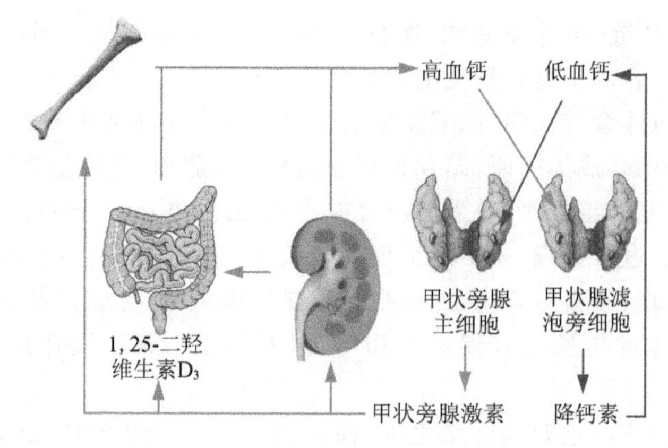

图 5-15　血钙水平调节过程

三、自身调节

自身调节是指组织、细胞在不依赖于外来的或体液调节的情况下，自身对刺激发生的适应性反应过程。例如，骨骼肌或心肌的初长（收缩前的长度）能对收缩力量起调节作用；当初长在一定限度内增大时，收缩力量会相应增加，而初长缩短时，收缩力量就减小。一般来说，自身调节的幅度较小，也不十分灵敏，但对于生理功能的调节仍有一定意义。

有时候一个器官在不依赖于器官外来的神经或体液调节的情况下，器官自身对刺激发生的适应性反应过程也属于自身调节。

第三节　机体内的控制系统

一、非自动控制系统

非自动控制系统是一个开环系统（open-loop system），其控制部分不受受控部分的影响，即受控部分不能反馈改变控制部分的活动。例如在应激反应中，当应激性刺激特别强大时，可能由于下丘脑神经元和垂体对血中糖皮质激素的敏感性减退，即血中糖皮质激素浓度升高时不能反馈抑制它们的活动，使应激性刺激能导致促肾上腺皮质激素（ACTH）与糖皮质激素的持续分泌；这时，肾上腺皮质能不断地根据应激性刺激的强度做出相应的反应。在这种情况下，刺激决定着反应，而反应不能改变控制部分的活动。非自动控制系统无自动控制的能力，在体内不多见。

二、反馈控制系统

反馈控制系统是一个闭环系统（close-loop system），其控制部分不断接受受控部分的影响，即受控部分不断有反馈信息返回给控制部分，改变着它的活动。这种控制系统具有自动控制的能力。

如图 5-16 是反馈控制系统原理示意图。图中把该系统分成比较器、控制系统、受控系统三个环节；部分输出信息经监测装置检测后转变为反馈信息，回输到比较器，由此构成闭合回路。在不同的反馈控制系统中，传递信息的方式是多种多样的，可以是电信号（神经冲动）、化学信号或机械信号，但最重要的是这些信号的数量和强度的变化中所包含的信息。

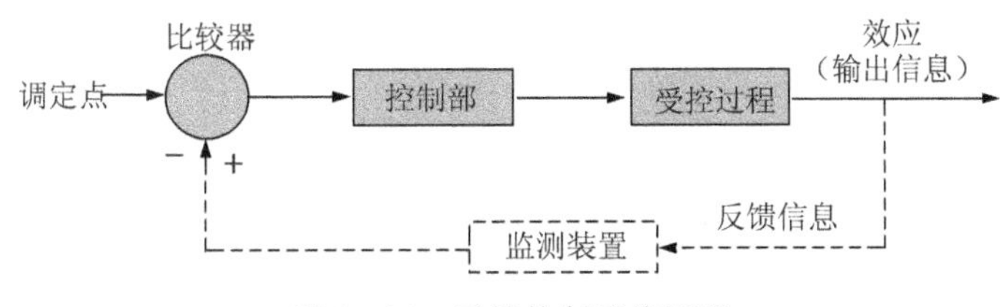

图 5－16　反馈控制系统原理

反馈有负反馈和正反馈两种。如果反馈的信息增强控制部原来的活动，即为正反馈；如果减弱控制部原来的活动，即为负反馈。

在负反馈时，反馈控制系统处于稳定状态。例如，人体的体温经常稳定在 37°C 左右，就是体温调节中枢负反馈调控作用的结果，如图 5－17 所示。在视前区/下丘脑前部（PO/AH）有决定体温调定点的神经元，这些神经元发出参考信息使体温调节中枢发出控制信息来调节产热和散热过程，保持体温维持在 37°C 左右。如果人体进行剧烈运动，产热突然增加，相当于干扰信息，使输出变量增加，体温随着升高，则中枢和外周的温度感受器（监测装置）根据反馈信息，在比较器与调定点进行比较，由此产生的偏差信息作用于控制部（体温调节中枢），从而改变控制信息来调整产热和散热过程，使升高的体温回降，恢复到 37°C 左右。

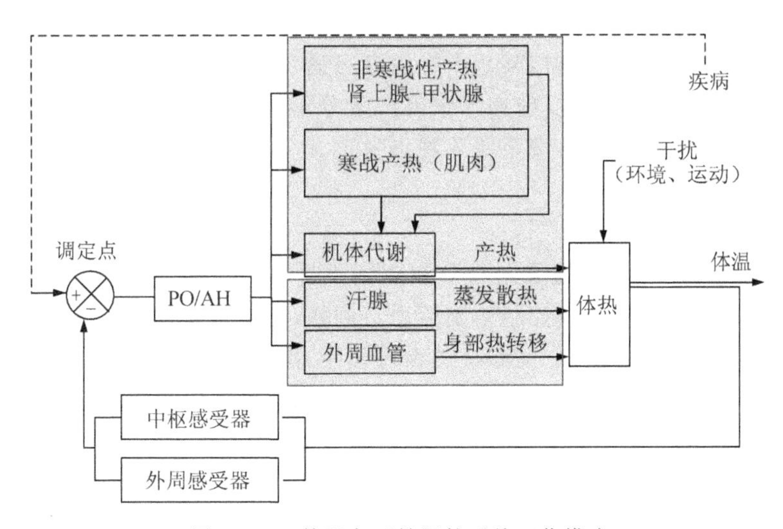

图 5－17　体温负反馈调控系统工作模式

又如，血压的快速调节是通过压力感受性反射（又称降压反射、减压反射、窦弓反射）。如图 5－18 所示，当某种原因引起血压升高时，位于颈动脉窦与主动脉弓的牵张感受器受到刺激，传入冲动增多，通过心血管中枢的分析综合，控制信息沿传出神经传到效应器，使心脏活动减弱及血管扩张，从而使血压回降，可见，降压反射是促使血压不致过分升高的控制机制。另一方面，反射的降压效应本身又会反过来减弱牵张感觉器所受的刺激，减弱了负反馈活动，使感受器传入冲动有所减少，这样降压反射活动也不会导致血压无限制地下降。因此，在降压反射的调节下，血压就能保持在某一相对稳定的水平上。

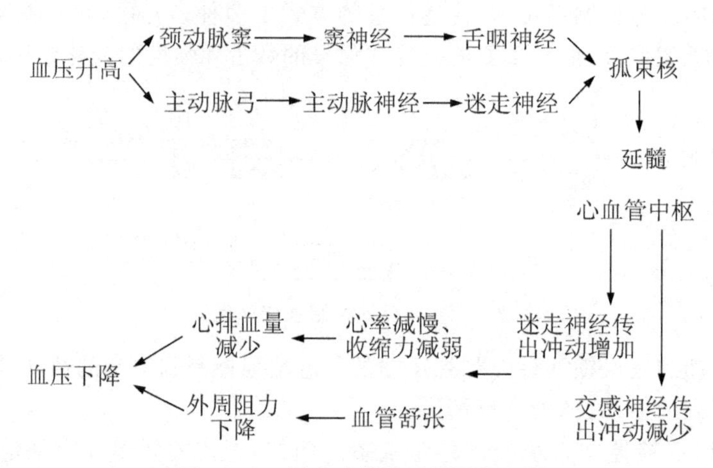

图 5-18　压力感受性反射调节血压

可见，内环境的稳态主要是通过负反馈来维持。

正反馈的例子也不少见，例如排尿反射进行过程就是如此。当膀胱排尿时，尿液刺激膀胱壁和尿道内感受装置，传入的冲动信息经传入神经传向中枢，通过中枢和传出神经的活动，使膀胱逼尿肌收缩加强；这样尿液排出加强，刺激也加强（正反馈联系），使排尿过程越来越强烈，直到尿液排完为止。因此，在具有正反馈联系的条件下，自动控制系统就有自我反复加强的特性，使效应装置活动愈来愈强。正反馈联系一般是在效应装置活动尚未达到最大效应之前发挥作用的。

又如分娩过程，当临近分娩时，某些干扰信息可诱发子宫收缩，子宫收缩导致胎儿头部牵张子宫颈部；宫颈受到牵张可反射性导致催产素分泌增加，从而进一步加强宫缩，转而使宫颈进一步受到牵张；如此反复，直至胎儿娩出为止。

三、前馈控制系统

前馈控制系统所起的作用是预先监测和防止干扰，或是超前预测，提前做出适应性反应。条件反射活动就是一种前馈控制系统活动。例如，见到食物就引起唾液分泌，这种分泌富有预见性，更具有适应性意义。又如在进食过程中，副交感神经兴奋，促使胰岛 B 细胞分泌胰岛素来调节血糖水平，可及早做好准备以防食物消化吸收后引起的血糖水平过分波动。

（刘健翔）

第六章　微生物与健康

第一节　微生物概述

微生物(microorganism)是一群形体微小、结构简单、分布广泛、增殖迅速、肉眼看不清楚、必须借助光学显微镜或电子显微镜才能观察到的微小生物的总称。

一、微生物的类群

微生物在自然界中分布广泛，种类繁多。按照其细胞结构、分化程度及化学组成的不同，微生物分为三大类，即原核细胞型微生物、真核细胞型微生物、非细胞型微生物(见表6-1)。

表6-1　微生物的主要类群

微生物类型	种　类
原核细胞型	细菌、放线菌、支原体、衣原体、立克次氏体、蓝细菌
真核细胞型	真菌(酵母、霉菌等)、原生动物、微型藻类
非细胞型	病毒、类病毒、朊病毒等

二、微生物的基本特点

(一) 体积小，比表面积大

比表面积是指物体单位体积所具有的面积。微生物的体积很小，但它们的比表面积却很大。因此，微生物与外界的接触面积很大，有利于微生物吸收营养物质、排泄代谢废物，有利于进行物质交换和能量交换。

(二) 吸收多，转化快

生物界有一个普遍规律：生物的个体越小，其单位体重所消耗的食物就越多。看一下以下的例子便很容易明白这个道理：一只体重为3g的地鼠，每天能消耗与其体重等重的粮食；一只体重为1g的闪绿蜂鸟，每天能消耗两倍于其体重的粮食；但发酵乳糖的细菌在1小时内就可分解掉几千倍于其自重的乳糖。

(三) 生长旺，繁殖快

微生物是生物界中繁殖最快的生物。把大肠杆菌培养在牛奶中，在37℃进行培养，大约12～20min就可分裂一次，培养1天后，理论上1个大肠杆菌可分裂为1×2^{72}个，即4.7×10^{21}个。但由于繁殖空间、营养条件等因素的限制，在液体培养基中，细菌细胞的浓度一般

仅能达到 $10^8 \sim 10^9$ 个/ml。

(四) 适应强,易变异

微生物对外界环境的适应能力特别强,大多数细菌在 $-196 \sim 0$℃(液氮)的低温条件下仍能保持生命力。有些细菌能在一些极端环境中生存。例如,一些嗜高温菌能在火山口的高温条件下生长;一些嗜盐菌甚至能在高浓度的盐水中正常生活;许多产芽孢的细菌可在干燥条件下存活几十年。

微生物易发生变异,其突变频率一般为 $10^{-10} \sim 10^{-5}$。因微生物繁殖快,数量多,又与外界环境直接接触,因而可在短时间内出现大量变异的后代。由于基因突变,微生物可产生许多性状和表型的突变,包括形态突变、代谢途径突变、生理突变、抗性突变、抗原性突变以及代谢产物产量的突变等。利用微生物易变异的特性,在微生物工业生产中可以进行诱变育种,获得高产优质的菌种,以提高产品的产量和质量。然而,有些微生物的突变也会产生不利的后果。如流感病毒的突变,会引起全球性的流行性感冒的暴发性流行。

(五) 分布广,种类多

微生物在自然界中的分布极为广泛,空气、土壤、江河、湖泊、海洋等环境中都有数量不等、种类不一的微生物存在。在人类、动植物的体表及其与外界相通的腔道中也有多种微生物存在。

在日常生活中,微生物几乎达到"无处不在"的地步。微生物在自然界中是一个十分庞杂的生物类群。迄今为止,我们所知道的微生物种类有近 10 万种,并且每年仍有许多新的微生物种类在增加。微生物的种类和数量之多,是动植物所不及的。

第二节　微生物的主要种类

一、细菌

细菌是原核微生物中的一类,是一类具有细胞壁、单细胞、以二分裂方式进行繁殖的原核生物。细菌在自然界中分布广泛,种类繁多,是大自然物质循环的主要参与者。

细菌广泛分布于土壤和水中,或者与其他生物共生,也有部分种类的细菌分布在极端的环境中。在人体体表及与外界相通的管道中都存在相当多的细菌,据估计,人体内及体表的细菌总数约是人体细胞总数的十倍。

细菌对人类活动有很大的影响。一方面,在日常生活中人类可以利用细菌,如制作乳酪及酸奶、生产抗生素、处理废水,以及基因工程等领域都与细菌有关。另一方面,细菌也会对人类造成不利的影响。细菌是许多疾病的病原体,包括肺结核、淋病、炭疽病、梅毒、鼠疫、伤寒等疾病都是由细菌所引发的,严重威胁着人类的健康。

(一) 细菌的基本形态

细菌的基本形态主要有球状、杆状和螺旋状三种,分别称为球菌、杆菌和螺旋菌(见图 6-1)。

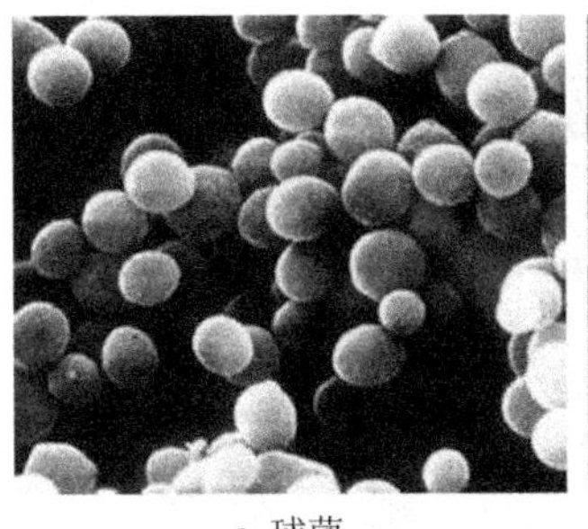
a. 球菌

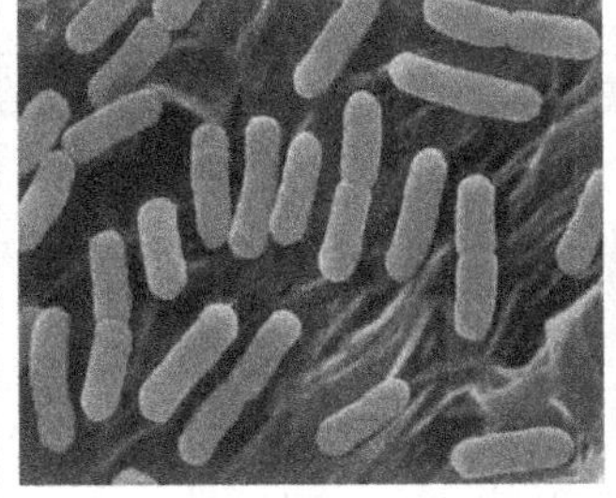
b. 杆菌

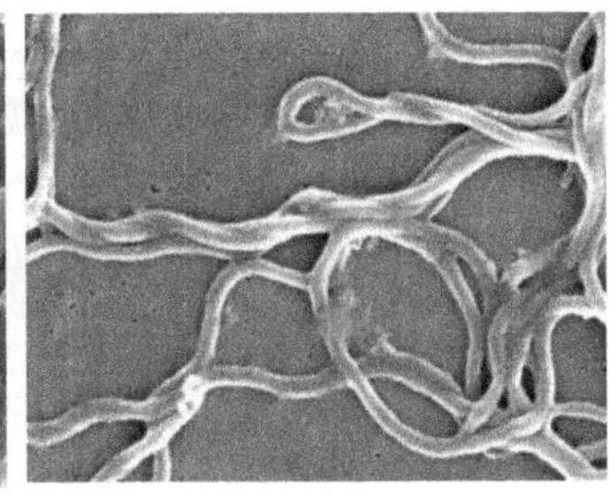
c. 螺旋菌

图 6-1　细菌的基本形态

1. 球菌

外观呈球形或近似球形。其按排列方式不同，又可分为单球菌、双球菌、四联球菌、八叠球菌、葡萄球菌和链球菌等多种。

2. 杆菌

外观呈杆状或近似杆状，有多种细胞形态，包括短杆状、棒杆状、梭状、月亮状、分枝状等。

3. 螺旋菌

菌体呈弯曲状。其按弯曲程度不同，可分为弧菌（螺旋不满 1 环）和螺菌（螺旋满 2～6 环，小且坚硬的螺旋状细菌）。

细菌形态可随生长环境的改变而发生变化。若要观察细菌的形态，最好选择在适宜的生长条件下培养的对数生长期的细菌。

（二）细菌的大小

细菌是单细胞微生物，用肉眼无法看清，需要用显微镜来观察。1683 年，虎克最先使用自己设计的单透镜显微镜观察到了细菌，大概放大了 200 倍。

测量细菌大小的单位是微米（μm）。球菌直径一般为 0.5～1μm；杆菌和螺旋菌的直径与球菌相似，长度 2～5μm 左右。

（三）细菌的基本结构

1. 细胞壁

细菌细胞壁的主要成分是肽聚糖，由 *N*-乙酰葡糖胺和 *N*-乙酰胞壁酸构成双糖单位，以 β-1,4-糖苷键连接成大分子。*N*-乙酰胞壁酸分子上连有四肽侧链，相邻肽聚糖链之间的短肽通过肽桥连接起来，从而形成肽聚糖层。

革兰氏阳性菌细胞壁厚 20～80nm，有几十层肽聚糖片层组成，还含有磷壁酸（teichoic acid），有的还具有少量蛋白质。革兰氏阴性菌细胞壁厚约 10nm，仅含有 2～3 层肽聚糖，由外向内依次为脂多糖、细菌外膜和脂蛋白（见图 6-2）。

可通过自发突变或人为因素产生少数细胞壁不完整甚至完全缺失的细菌，称为细胞壁缺陷型细菌。它可以分为以下三种类型：

（1）L 型细菌。是指某些在实验室或宿主体内，通过自发突变形成细胞壁缺陷的变异菌株，因 1935 年首先在英国 Lister 研究所被发现而得名。L 型细菌呈多型性，对渗透压非常敏感，在固体培养基上可形成“油煎蛋”型菌落。

（2）球状体。是指在人为条件下，用溶菌酶和 EDTA 部分水解细菌细胞壁所获得的残

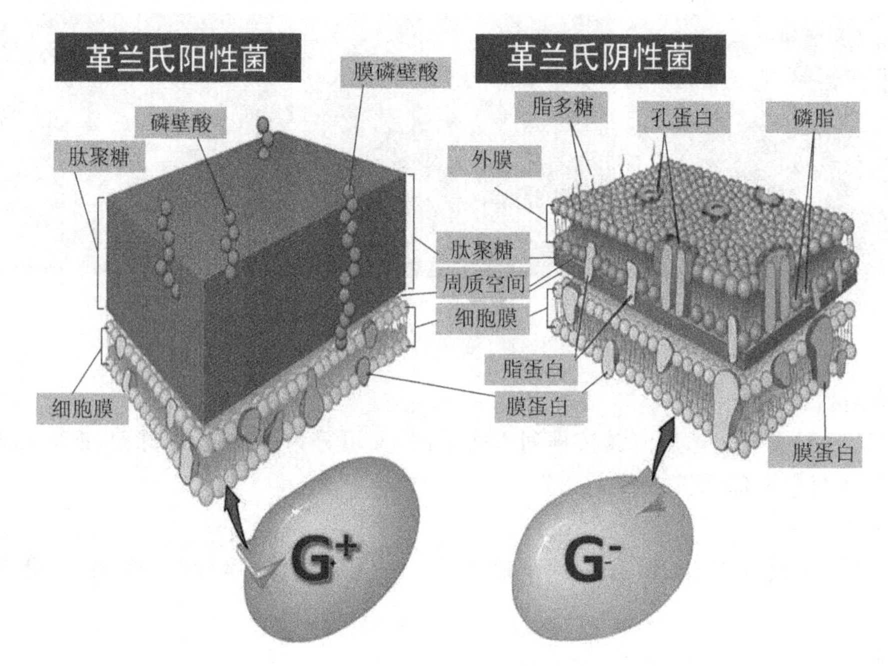

图 6-2　革兰氏阳性菌和革兰氏阴性菌细胞壁的比较

留部分细胞壁的细菌细胞。

(3) 原生质体。是指在人为条件下,用溶菌酶或青霉素处理革兰氏阳性菌,获得的仅有细胞膜包裹的圆球状结构。不同菌株的原生质体之间易发生原生质体融合,因此原生质体是微生物遗传育种的基础研究材料。

2. 细胞膜

细菌的细胞膜紧贴在细胞壁内侧,是典型的单位膜结构,由脂双层分子构成。细菌细胞膜的主要功能是选择性地控制细胞内外营养物质及代谢产物的运输;作为渗透屏障,维持细胞内正常的渗透压;在细胞膜上具有与呼吸和光合作用相关的酶,是细菌的产能基地;细胞膜是鞭毛的着生部位。某些革兰氏阳性菌的细胞膜向内褶叠,形成小管状结构,称为间体。间体扩大了细胞膜的表面积,提高了代谢效率,有拟线粒体之称,还可能与 DNA 的复制有关。

3. 细胞质

细胞膜内便是细胞质。细菌细胞质内含有大量的水分,还含有蛋白质、核酸、脂类等,以及一些核糖体。每个细菌细胞约含上万个核糖体,部分附着在细胞膜内侧,大部分游离于细胞质中。细菌核糖体由大亚基(50S)与小亚基(30S)组成,其沉降系数为 70S。核糖体是细菌蛋白质合成的场所。

胞质颗粒是细菌细胞质中的一些颗粒状的内容物,多为细菌储存的营养物质、堆积的代谢产物,包括多糖、脂类、多磷酸盐等。

4. 遗传物质

细菌和其他原核生物一样,没有核膜、核仁结构,只有无固定形态的原始细胞核[称为核区、拟核或核质体(nuclear body)]。细菌核质体是环状的双链 DNA 分子,含有细菌全部的遗传信息,空间构建十分精简,没有内含子。由于没有核膜,因此 DNA 的复制、RNA 的转录与蛋白质的合成可同时进行，而不像真核细胞那样，这些生化反应在时间和空间上是严格分隔开来的。

除了核区 DNA 以外，许多细菌在细胞核外还存在一些可进行自主复制的遗传因子，称为质粒(plasmid)。质粒是裸露的共价闭合环状的双链 DNA 分子，能进行自我复制。质粒在遗传工程研究中常用作基因重组与基因转移的载体。

（四）细菌的特殊结构

细菌的荚膜、鞭毛、芽孢等特殊结构的产生是由细菌的遗传特点决定的，是种的特征。有些细菌失去特殊结构后，仍然能正常生长。

1. 荚膜

某些细菌在生活过程中向细胞壁外分泌的一层蛋白质或糖蛋白，边界明显的称为荚膜(capsule)(见图 6－3)，边界不明显的称为黏液层(slime layer)。荚膜对细菌的生存具有重要意义，细菌不仅可以借助荚膜有选择地黏附到特定细胞的表面，还可以在环境缺乏养分时，利用荚膜中储存的物质。荚膜对细菌起着保护作用，具有较强的抗干燥、抗吞噬能力，保护细菌不受白细胞吞噬。

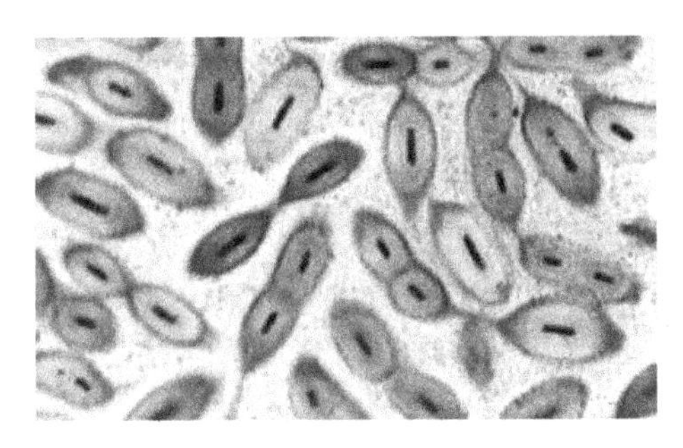

图 6－3　荚膜

荚膜的形成是由细菌的遗传特性决定的，也与环境因素密切相关。在某些生长条件下，细菌可能会失去荚膜，但并不影响细菌的正常生长。

通常有荚膜的细菌菌落表面湿润、光滑、呈黏液状，称为光滑型(smooth，S)菌落；失去荚膜的细菌菌落表面干燥、粗糙，称为粗糙型(rough，R)菌落。

2. 鞭毛

某些细菌的细胞表面生长着一根或数根细长、弯曲的丝状物，称为鞭毛(见图 6－4)。鞭毛是细菌的运动器官，是由鞭毛蛋白构成的，其结构由基体、钩状体、丝状体组成。具有鞭毛的细菌可以通过调整鞭毛的旋转方向来改变运动状态，在液体环境中可以快速游动。

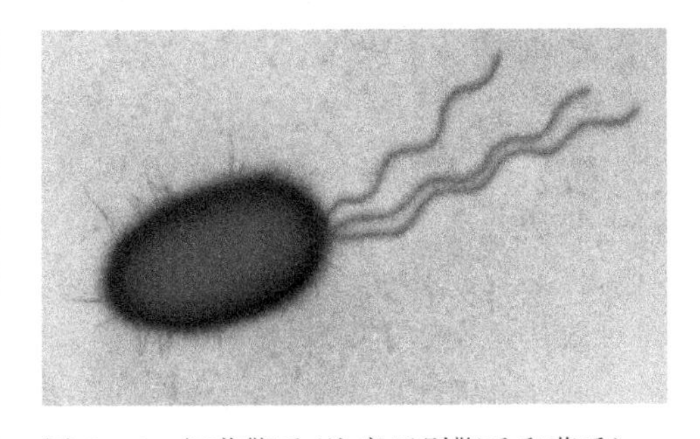

图 6－4　细菌鞭毛(注意区别鞭毛和菌毛)

3. 菌毛

某些细菌表面生长着的纤细、中空、短直且数量较多的丝状物，称为菌毛(见图 6－4)。菌毛需用电镜观察，其特点是细、短、直、硬、多。菌毛与细菌的运动无关。其根据形态和功能不同，可分为普通菌毛和性菌毛两类。普通菌毛与细菌的黏附性有关，它能与宿主细胞表面的相应受体结合，导致感染的发生。性菌毛由 F 质粒编码，与传递遗传物质有关。细胞内有 F 质粒的细菌称为雄性菌株，记做 F^{+} 菌株。F^{+} 菌株可以借助于性菌毛通过接合作用向 F^{-} 菌株传递遗传物质。

4. 芽孢

有些细菌在生长发育的后期，在菌体内部形成一个圆形或椭圆形的厚壁的抗逆性结构，称为芽孢(见图 6-5)。由于芽孢在细菌细胞内形成,故又称为内生孢子。芽孢是细菌的休眠体,对不良环境具有较强的抵抗能力,能抵抗高温、干燥、辐射、化学药品等不良环境。芽孢在适当环境中,又能萌发为细菌。

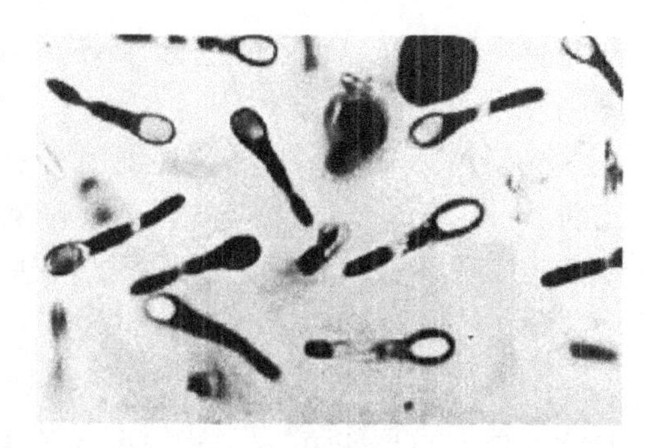

图 6-5 芽孢

芽孢的生命力非常顽强,在干燥的条件下,芽孢的代谢活动极低,呈休眠状态,保存几十年后仍具有活力。例如肉毒杆菌的芽孢在 pH 7.0 时能耐受 100℃煮沸 5～9.5 小时。因此,要达到灭菌的目的,高压蒸汽灭菌需在 121℃,灭菌 20min,干热灭菌需在 160～170℃,灭菌 2 小时,才可杀死全部芽孢。

(五) 细菌的繁殖

细菌最主要的繁殖方式是二分裂法这种无性繁殖的方式。一个细菌细胞经过 DNA 的复制、细胞内物质的合成,分裂成两个完全相同的子代细胞(见图 6-6)。

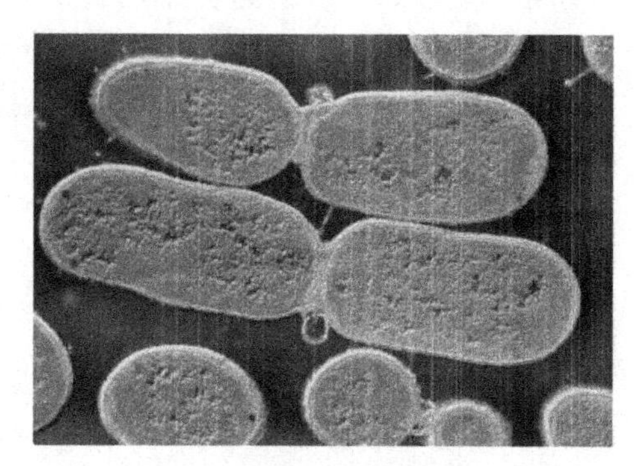

图 6-6 繁殖中的细菌

(六) 细菌的培养

1. 培养基

培养基(medium)是人工配制的供微生物生长繁殖和产生代谢产物的营养基质。培养基中含有微生物生长所需的营养要素,包括碳源、氮源、无机盐、生长因子和水。配制培养基时,还需要根据不同微生物的生长特点调节到适宜的 pH,并经过灭菌,才可以用来培养微生物。

2. 细菌的菌落特征

细菌在固体培养基上繁殖所形成的肉眼可见的集合体,称为菌落。菌落的形态包括菌落的大小、形状、颜色、边缘、光泽、质地、透明度等。每一种细菌在一定条件下培养后所形成的菌落具有一定特征(见图 6-7)。不同种细菌的菌落特征是不同的,这些特征对菌种的识别和鉴定具有一定的意义。因此,菌落特征是菌种鉴别的一个重要指标。同种细菌在不同的培养条件下,其菌落特征会有所不同。

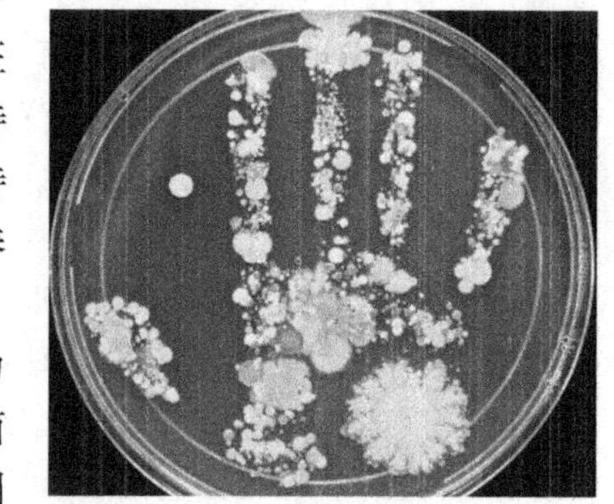

图 6-7 手掌表面接种培养后形成的不同菌落

细菌的菌落一般较小,菌落较湿润,与培养基结合力较弱,故易被接种环挑起。具有荚膜的细菌菌落的表面湿润、光滑、边缘整齐;有鞭毛的细菌常形成边缘不规则的菌落;有芽孢的细菌的菌落表面干燥、有皱褶;有些能产生色素的细菌的菌落会出现鲜艳的颜色。

将细菌接种在固体培养基上,经培养后长出的菌落有时能融合成片,称为菌苔。

3. 细菌的生长曲线

描述细菌在培养过程中的群体生长规律的曲线称为细菌的生长曲线,它是通过实验的方法获得的。生长曲线的制作方法是：将少量的单细胞微生物接种到一定体积的液体培养基中，在适宜的条件下进行培养，每隔一定时间取样测定细胞的数量。以培养时间做横坐标，以细胞数目的对数值为纵坐标，绘制出一条如图 6-8 所示的曲线，这就是细菌的生长曲线。

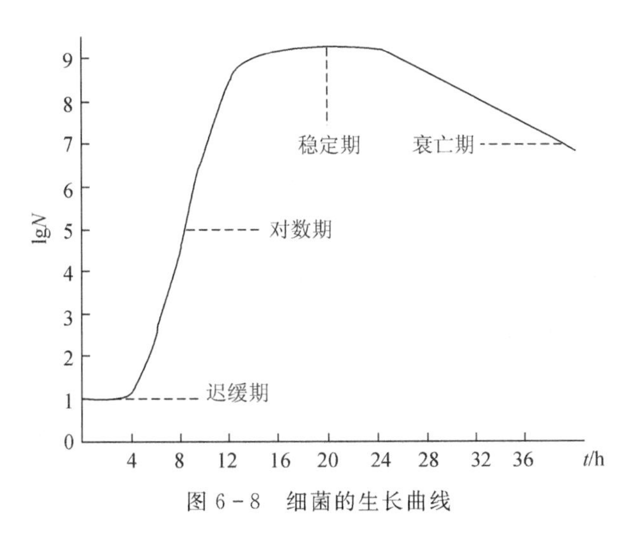

图 6-8 细菌的生长曲线

从细菌的生长曲线可以看出，细菌的生长繁殖可以分为 4 个时期：迟缓期（调整期）、对数期、稳定期、衰亡期。

迟缓期(lag phase)：又叫调整期、适应期，是指少量微生物刚刚接种到培养基后，其数量不增加的一段时期，这是微生物细胞分裂前的准备期。微生物细胞的代谢系统需要适应新的环境，需要合成酶、辅酶，为细胞分裂作准备，所以这一时期的细胞数目没有增加。迟缓期的长短因微生物的种类、接种量、菌龄以及营养物质等的不同而异，一般为 1～4 小时。在这一时期，细菌细胞体积增大，胞内 RNA 特别是 rRNA 和蛋白质的量大大增加。

对数期(exponential phase)：又称指数期。这一时期活菌的数目以几何级数增加，处于对数期的细菌的繁殖速度最快。细菌繁殖一代所需的时间称为代时，由于细菌种类及营养条件的差异，细菌的代时也有差别。对数期的特点是：生长速率最快，代谢旺盛，酶系活跃，活细菌数和总细菌数非常接近，细胞的化学组成、形态及理化性质基本一致。因此对数期的微生物是研究微生物生理特性的最好材料。

稳定期(stationary phase)：该期的微生物总菌数处于平坦阶段。由于受培养基中营养物质的消耗、一些有害代谢产物的积累、环境 pH 的变化等不利因素的影响，细菌的繁殖速度渐趋下降，细菌死亡数目开始逐渐增加。因此，这一时期细菌的增殖数目与死亡数目渐趋平衡。同时，细菌的形态、染色、生物活性会出现改变，并开始产生相应的代谢产物，如外毒素、内毒素、抗生素等，芽孢也开始形成。稳定期的特点是：活的细菌数保持相对稳定，总细菌数达到最高水平，细胞代谢产物积累达到最高峰，是生产的收获期，芽孢杆菌开始形成芽孢。

衰亡期(death phase)：随着有害代谢产物的积累，菌体的死亡速率超过了繁殖速率，活细胞的数目明显减少。在这一时期，细胞的形态会发生明显改变，菌体开始自溶。生长环境对细胞的继续生长越来越不利，从而导致大量的细胞死亡。

4. 细菌的营养类型

细菌具有不同的营养方式。根据利用碳源和能源的不同,细菌分为 4 种营养类型。根据细菌对碳源的利用的不同,一些细菌能以二氧化碳作为主要或唯一碳源,被称为自养型细菌;另一些细菌必须依靠分解有机物作为碳源,被称为异养型细菌。根据细菌对能源的利用的不同,一些细菌能通过光合作用,利用光能作为能源,被称为光能型细菌;而那些必须依靠氧化化合物,从中获取能量的,则称为化能型细菌。

细菌的光合作用与高等绿色植物的光合作用有相似之处,而光合细菌则是从 H_2S 等无机硫化物中得到氢还原 CO_2。

综上所述,细菌的四种营养类型如表 6-2 所示。

表 6-2 细菌的营养类型

类 型	能 源	碳 源	代表类型
光能自养型	光能	CO_2	绿硫细菌、蓝细菌
光能异养型	光能	有机物	红螺细菌
化能自养型	化学能(无机物)	CO_2 或碳酸盐	硝化细菌
化能异养型	化学能(有机物)	有机物	多数细菌和全部真核微生物

(1) 光能自养细菌

这类细菌能利用光能作为能量的来源,利用 CO_2 作为碳源,以无机物作为供氢体以还原 CO_2 合成细胞的有机物,包括红硫细菌、绿硫细菌、蓝细菌等。它们的细胞内都含有一种或几种光合色素,可以进行独特的光合作用,它们完全可以在无机的环境中进行生长。光能自养细菌中的蓝细菌,是已知的最古老的生物,在地球大气的氧气的制造中起了重要的作用。

(2) 光能异养细菌

这类细菌能利用光能作为能源,利用有机物作为供氢体还原 CO_2 合成细胞的有机物。例如,红螺细菌能进行光合作用,并利用异丙醇作为供氢体,积累丙酮。

(3) 化能自养细菌

这类细菌的能源来自于无机物氧化所产生的化学能,碳源是 CO_2(或碳酸盐)。它们可以在完全无机的环境中生长发育,这类细菌广泛分布于土壤和水环境中,包括硫细菌、铁细菌、硝化细菌、氢细菌等。

(4) 化能异养细菌

大多数细菌都属于这种营养类型。这类细菌所需要的能源来自于有机物氧化所产生的化学能,它们的碳源也主要是有机物,如淀粉、纤维素、葡萄糖、有机酸等。因此有机含碳化合物对这类细菌来说既是碳源也是能源。大多数细菌、放线菌、全部真菌均属于化能异养型生物。

(七) 细菌的遗传和变异

由于微生物细胞内遗传物质的改变而导致的性状变异,可以稳定地遗传给后代。将性状不同的细胞的遗传基因,转移到另一细胞内,可使之发生遗传变异。细菌的基因转移和重组方式主要包括:

1. 转化。受体菌直接从周围环境摄取供体菌的游离 DNA 片段,并将它整合到自己的基因组中,从而获得了供体菌部分遗传性状的过程。

2. 接合。供体菌与受体菌通过性菌毛直接接触，供体菌的遗传物质通过性菌毛转入受体菌，使后者获得前者的遗传性状的过程。

3. 转导。以噬菌体为媒介，将供体菌的遗传物质转移入受体菌中，通过交换重组而使受体菌获得供体菌的部分遗传性状的过程，称为转导。其中，通过完全缺陷噬菌体将供体菌任何DNA片段转移到受体菌的转导现象，称为普遍转导，普遍转导又分为完全转导和流产转导；通过部分缺陷噬菌体将供体菌少数特定的基因转移到受体菌的转导现象，称为局限转导。

二、放线菌

放线菌(actinomycetes)是一类细胞呈菌丝状生长(见图6-9)，主要以孢子繁殖的陆生性较强的原核生物。其因在固体培养基上呈辐射状生长而得名。放线菌在形态上分化为菌丝和孢子，在培养特征上与真菌相似。

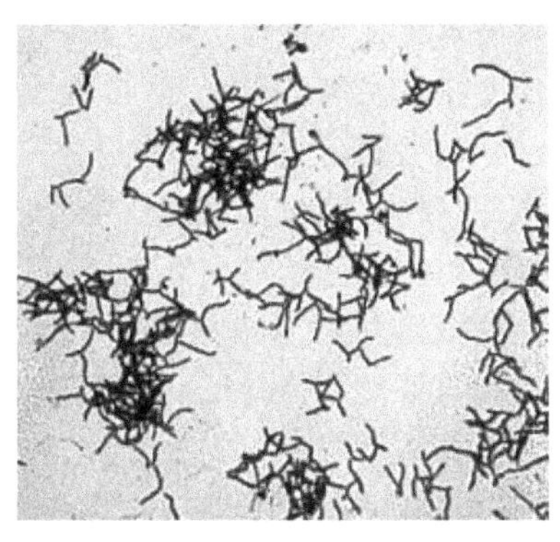
图6-9 放线菌

(一) 放线菌的研究价值

放线菌一般生长在含水量较低、有机物丰富、呈微碱性的土壤中，泥土中特有的"泥腥味"就是由放线菌的代谢产物所形成的。许多放线菌能产生抗生素，具有巨大的经济价值和医学意义。研究表明，放线菌是抗生素的主要产生者，而其中大多数抗生素又是由链霉菌属所产生的。著名的、常用的抗生素链霉素、土霉素、抗肿瘤的博莱霉素和丝裂霉素、抗真菌的制霉菌素、抗结核病的卡那霉素、能有效防治水稻纹枯病的井冈霉素等，它们都是链霉菌的次级代谢产物。抗生素工业的发展不仅挽救了亿万人的生命，也创造了巨大的经济价值。但是，目前许多病原性细菌用现有的抗生素已经得不到适当的抑制，或者已经产生了抗药性菌株，因此，必须继续寻找和筛选新的抗生素。

(二) 放线菌的菌丝

大多数放线菌具有发达的分枝状菌丝，菌丝纤细，直径约为0.5～1.1μm。在这里以与人类关系最密切、分布最广泛、形态特征最典型的链霉菌为例，来阐述放线菌的形态特征。链霉菌菌丝根据着生部位、形态和功能的不同，可分为基内菌丝、气生菌丝和孢子丝三种(见图6-10)。

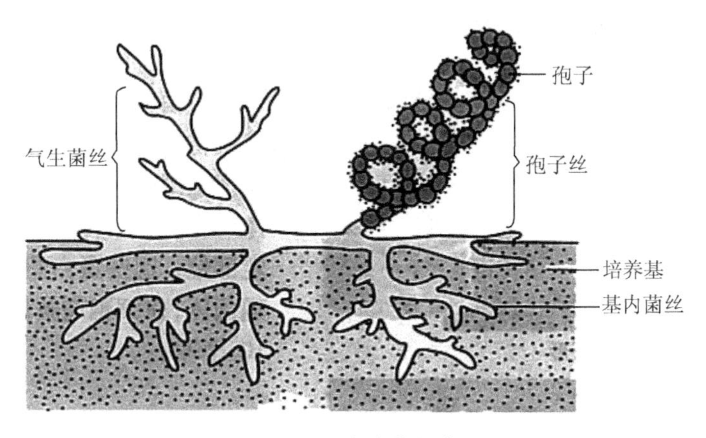

图6-10 放线菌的菌丝

1. 基内菌丝

当链霉菌的孢子落在适宜的固体培养基表面，在适宜的培养条件下吸收水分，孢子肿胀，萌发出芽，进一步向基质表面和内部伸展，即形成基内菌丝(又称初级菌丝或者营养菌丝)。其主要功能是吸收营养物质和排泄代谢产物。有的基内菌丝可产生不同的色素，如黄、蓝、红、绿、褐和紫等水溶性色素和脂溶性色素，是放线菌的分类和鉴定的重要依据。基内菌丝较细，直径为0.5～0.8μm，颜色较浅。

2. 气生菌丝

当基内菌丝发育到一定阶段，长出培养基外并伸向空间延伸的菌丝，称为气生菌丝或二级菌丝。在显微镜下观察时，一般气生菌丝颜色较深，比基内菌丝粗，直径为1.0～1.5μm，长度相差悬殊，形状呈直形或弯曲。气生菌丝同样可以产生色素，且多为脂溶性色素。

3. 孢子丝

当气生菌丝发育到一定程度，在其顶端分化出的可形成孢子的菌丝，称为孢子丝，又称繁殖菌丝。孢子成熟后，可从孢子丝中逸出飞散。放线菌的孢子丝的形态及其在气生菌丝上的排列方式，因菌种不同而异。孢子丝的形状有直线形、波状、钩状、螺旋状等多种，螺旋状的孢子丝较为常见，其螺旋的松紧、大小、螺数和螺旋方向均因菌种而异。孢子丝的着生方式有互生、丛生与轮生等多种。这些也是放线菌菌种鉴定的重要依据。

当孢子丝发育到一定阶段便分化形成孢子。在光学显微镜下，孢子呈圆形、椭圆形、杆状、圆柱状、瓜子状、梭状和半月状等多种形状。应当指出，即使是同一孢子丝分化形成的孢子，有时也有可能产生差异，因而孢子的形态和大小不能作为分类、鉴定的依据。放线菌的孢子成熟后一般能分泌脂溶性色素，其颜色十分丰富，有白色、黄色、灰黄色等。孢子的表面因种而异，在扫描电子显微镜下清晰可见，有光滑、皱褶、疣状、刺状、毛发状或鳞片状等，是放线菌分类、鉴定的重要依据。

三、真菌

真菌属于真核生物，是一大类细胞核高度分化、有核膜和核仁、细胞质内有完整的细胞器、细胞壁由几丁质或纤维素组成、无叶绿素的真核细胞型微生物。

真菌的形态和种类多样，在自然界中分布广泛，是生物界中很大的一个类群。可分为单细胞真菌和多细胞真菌，酵母菌属于单细胞真菌，霉菌属于多细胞丝状真菌，而蕈菌属于大型真菌。

(一) 酵母

酵母是一类单细胞真菌，在自然界中分布很广，主要生长在偏酸性的富含糖类的环境中，如一些水果、蔬菜、蜜饯的表面，以及果园的土壤中。此外，在空气、土壤、水、昆虫体内都会有一些酵母生活着。酵母菌在工农业生产及日常生活中有着广泛的应用，如在食品发酵、酒类酿造、酶制剂工业、石油脱蜡等方面被广泛应用。酵母菌菌体含有丰富的蛋白质及维生素，可以从中提取核苷酸、氨基酸、辅酶A等生物材料，还可用于生产单细胞蛋白。但少数酵母菌也能引起人或其他动物的疾病。

酵母在有氧和无氧的环境下都能生存，在缺乏氧气时，发酵型的酵母可以将糖类转化成二氧化碳和乙醇，以获取能量。

1. 酵母菌的形态

酵母的细胞形态通常呈球形、卵圆形、椭圆形、柠檬形或藕节形等，比细菌细胞要大得多，典型的酵母细胞的宽度为2.5～10μm，长度为5～20μm。酵母菌具有典型的真核细胞的结构，有细胞壁、细胞膜、细胞核、细胞质、液泡、线粒体等(见图6-11)。

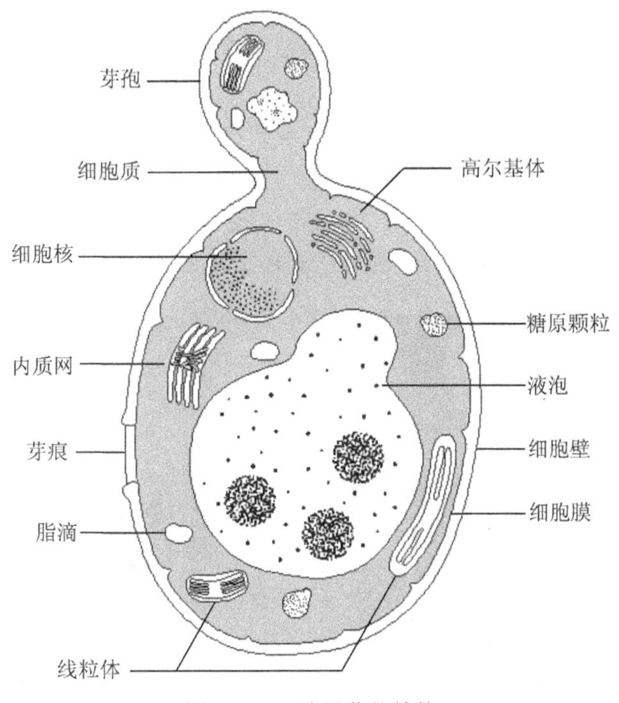

图6-11 酵母菌的结构

2. 酵母菌的繁殖

酵母菌的生殖方式分无性繁殖和有性繁殖两大类。无性繁殖以出芽繁殖为主，简称芽殖；少数酵母以分裂方式繁殖，简称裂殖。酵母的有性繁殖方式是产生子囊孢子。

酵母菌能在pH值为3.0～7.5的范围内生长，其最适生长pH值为4.5～5.0。

3. 几种常见的酵母菌

(1) 酿酒酵母(也称面包酵母)(*Saccharomyces cerevisiae*)：这是人类较早应用的一种微生物，早在几千年前人类就开始利用它来发酵面包和酿造酒类。酿酒酵母属于单细胞真核微生物，它易于培养，且生长迅速，已被广泛应用于现代生物学的研究中。酿酒酵母作为重要的模式生物，也是遗传学和分子生物学的常用研究材料。

(2) 白假丝酵母(*Candida albicans*)：通常存在于人的口腔、皮肤、胃肠道、生殖道等部位的黏膜上，能引起鹅口疮、口角糜烂、阴道炎等感染性疾病，也会引起内脏感染和中枢神经系统的感染。一般情况下，白假丝酵母的菌体呈圆形或卵圆形，以出芽方式进行繁殖。在组织内易形成芽生孢子和假菌丝。在一些因素的诱导下，如免疫力缺陷、过量使用抗生素、菌群失调等，白假丝酵母会大量繁殖，入侵患者的黏膜系统，造成机会性感染，导致发病。

(3) 新生隐球菌(*Cryptococcus neoformans*)：是隐球菌属中的一种致病菌，主要存在于土壤及鸽粪中，也存在于人体体表、口腔和粪便中。新生隐球菌的细胞外有一层很厚的荚膜，用墨汁进行负染色后，在显微镜下可以清晰地观察到菌体和荚膜，这是新生隐球菌实验室诊断的主要依据。新生隐球菌的致病物质主要是荚膜多糖，它具有抗吞噬、诱发免疫耐受等作用。其传播方式主要是通过呼吸道传播，但偶尔也可以通过接触、伤口、胃肠道侵入。人体感染新生隐球菌后，可以引起肺部的炎症，尤其是在免疫系统有缺陷的患者身上，可能引起一种名为隐球菌病的疾病，病菌会从肺部传播到全身其他部位，尤其最容易侵犯中枢神经系统，引起慢性脑膜炎，如不及早诊断和治疗，可导致患者死亡。预防新生隐球菌感染的主要方法是控制传染源，处理好鸽粪，发现病例及早诊治。

（二）霉菌

霉菌是丝状真菌的俗称，它们能形成分枝状或絮状的菌丝体。例如，青霉菌见图 6－12。

1. 霉菌菌落

在温暖潮湿的地方，很多物品上会长出一些肉眼可见的绒毛状、絮状蜘蛛网状的菌落，通常呈白色、褐色、灰色或其他鲜艳的颜色，那就是霉菌菌落（见图 6－13）。

图 6－12　青霉菌

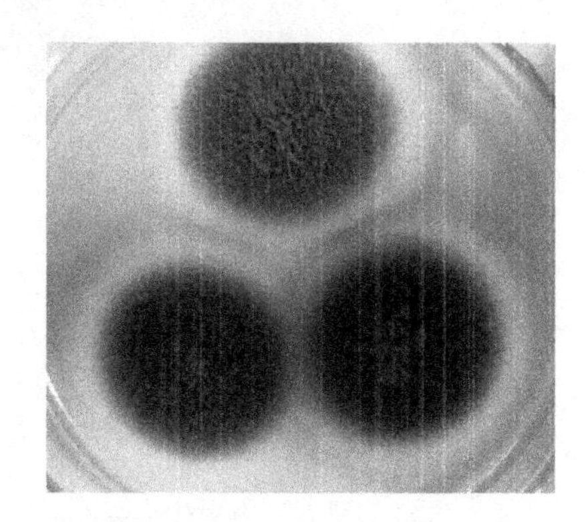

图 6－13　霉菌菌落

2. 霉菌的研究意义

霉菌与人们的日常生活有着密切的关系。许多霉菌已被广泛应用于人类的生产实践中，是被最早利用和认识的一类微生物，在工农业生产、医疗、环境保护以及生命科学的基础理论研究方面都有很多应用。利用霉菌可以生产酶制剂，如蛋白酶、淀粉酶、纤维素酶等，还可以生产有机酸、抗生素、维生素等。

但霉菌繁殖迅速，也能造成食品、日常用品的霉腐变质，会引起植物病变，形成灾害，也会引起人和动物的浅表性和深部的感染性疾病。

3. 霉菌的菌丝

霉菌由无数菌丝组成，霉菌的菌丝是由成熟的孢子在适宜的环境下长出芽管，芽管进一步延长形成的丝状体结构。在显微镜下观察，霉菌的菌丝呈透明的管状，它的直径一般为 2～10μm，比细菌和放线菌的细胞约粗几倍到几十倍，因此用高倍镜就可以清晰地观察到。低等的霉菌的菌丝无隔膜，称为无隔菌丝；高等的霉菌的菌丝有隔膜，称为有隔菌丝。

菌丝可生长并产生分枝，许多分枝的菌丝相互交织在一起，形成绒毛状、絮状或网状结构，就构成了菌丝体。在固体培养基上生长时，部分菌丝深入到培养基内部，其主要功能是吸收营养物质，这种菌丝称为基内菌丝或营养菌丝；基内菌丝向空中伸展生长，称为气生菌丝；气生菌丝可进一步发育成为孢子丝，能产生大量的孢子。如图 6－14 所示的根霉菌，气生菌丝白色、蓬松、如棉絮状，营养菌丝产生弧形匍匐菌丝，由匍匐菌丝产生假根。

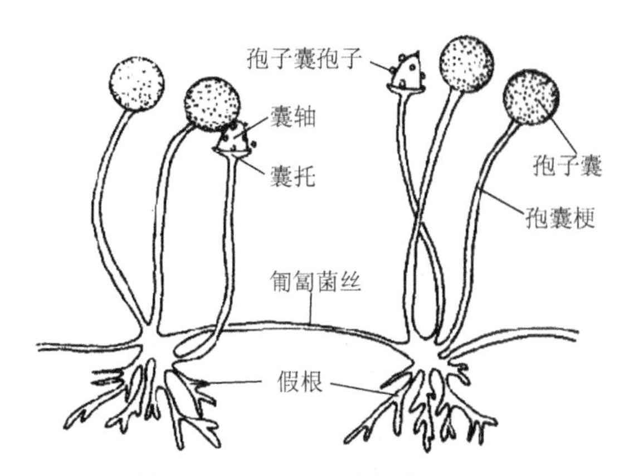

图 6－14 霉菌的菌丝

霉菌有着极强的繁殖能力。在自然界中，霉菌主要依靠产生的各种无性或有性孢子来进行繁殖。霉菌的无性孢子直接由孢子丝的分化而形成，常见的有节孢子、厚垣孢子、孢囊孢子和分生孢子。霉菌的孢子具有小、轻、干、多的特点，形态色泽各异，休眠期抗逆性强，这些特点有助于霉菌在自然界中能随处散播和繁殖。对人类来说，霉菌孢子的这些特点有利于进行接种、扩大培养、菌种选育、保藏和鉴定等工作，但对人类的不利之处则是易于造成污染、霉变和易于传播动植物的霉菌病害。

四、非细胞型微生物——病毒

病毒(virus)是一类没有细胞结构、个体微小、仅有一种核酸、严格活细胞内寄生、以复制方式进行繁殖、对抗生素不敏感、对干扰素敏感、必须借助电子显微镜才能观察到的非细胞型微生物。病毒由核酸(DNA 或 RNA)与蛋白质构成。

(一) 病毒的基本特征

1. 形体极其微小，以纳米为测量单位，必须借助电子显微镜才能观察到。一般都能通过细菌过滤器。

2. 没有细胞构造，其主要成分为核酸和蛋白质，故又称为“分子生物”。

3. 每一种病毒只含一种核酸——DNA 或 RNA。

4. 无完整的酶系，不能进行独立的代谢活动，只能利用宿主活细胞内的代谢系统来合成自身的核酸和蛋白质。

5. 严格活细胞内寄生，以复制方式进行繁殖，以核酸和蛋白质等“元件”的装配来实现其大量繁殖。

6. 在离体条件下，能以无生命的生物大分子状态存在，并长期保持其侵染活力。

7. 对一般抗生素不敏感，但对干扰素敏感。

(二) 病毒的大小和形态

病毒是一类非细胞型微生物，完整成熟、具有感染力的病毒颗粒可以称为病毒体(virion)或病毒粒子。多数病毒的大小介于 30～300nm，各种病毒体大小差别较悬殊，较小的脊髓灰质炎病毒的直径只有 27nm，最大的痘病毒有 300nm 左右。

病毒粒子有典型的对称机制。病毒粒子的对称机制有两种，即螺旋对称和二十面体对称。烟草花叶病毒是螺旋对称的代表；腺病毒是二十面体对称的代表；一些结构较复杂的病毒,实际上是上述两种对称机制相结合(称为复合对称)的产物,大肠杆菌 T 偶数噬菌体就是复合对称的代表。

病毒有多种形态,包括球状病毒、杆状病毒、砖形病毒、冠状病毒、丝状病毒、子弹状病毒、蝌蚪状病毒等。

病毒的形态分类见图 6-15。

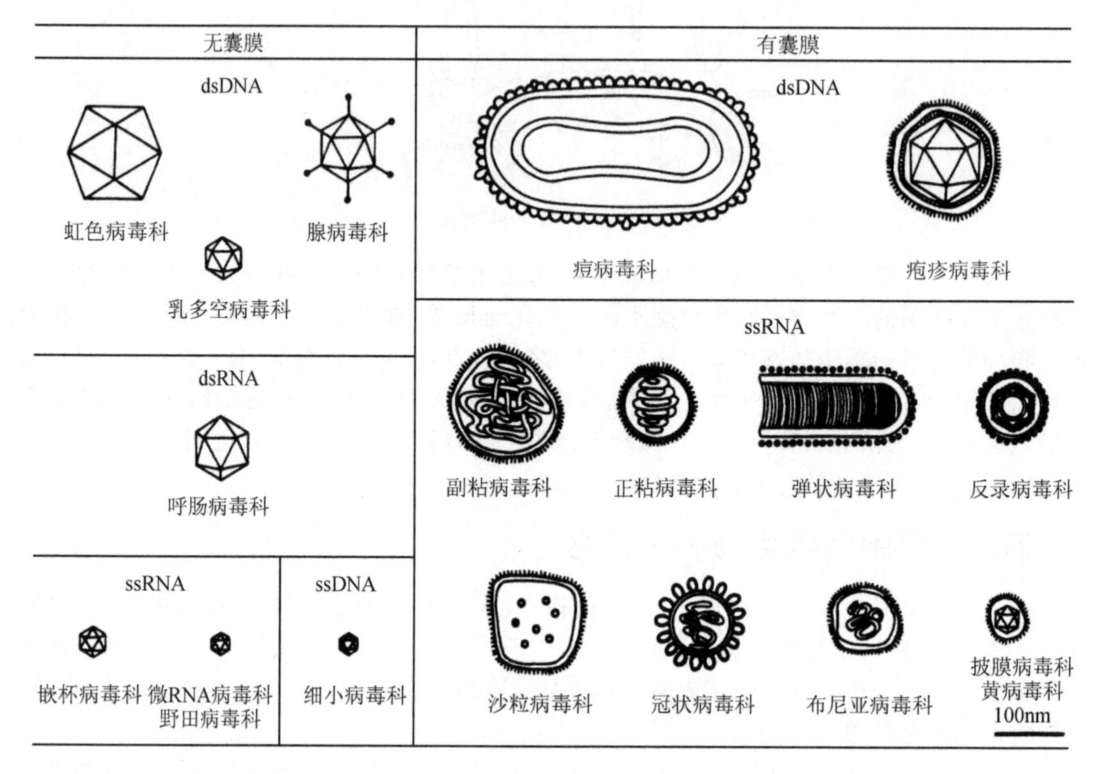

图 6-15 病毒的形态分类

(三) 病毒的分类

按核酸类型分类: DNA 病毒、RNA 病毒。

按病毒结构分类: 真病毒(euvirus,简称病毒)和亚病毒(subvirus,包括类病毒、拟病毒、朊病毒)。

按宿主类型分类: 植物病毒、动物病毒、噬菌体(细菌病毒)。

(四) 病毒的结构

总体上,病毒主要由内部的遗传物质核酸和外部的蛋白质外壳两大部分组成。病毒的结构如图 6-16 所示。

核酸: 位于病毒的中心,称为核心(core)或基因组(genome)。携带病毒的全部遗传信息,为病毒的复制、遗传和变异提供物质基础。

蛋白质: 包围在核心周围,形成衣壳(capsid),由病毒的基因组编码。衣壳是病毒粒子的主要结构和抗原成分。衣壳的功能有: ①具有抗原性;②保护核酸;③介导病毒吸附、穿入宿主细胞。

衣壳是由许多在电子显微镜才下可辨别的衣壳粒(capsomere)所构成。核心和衣壳构

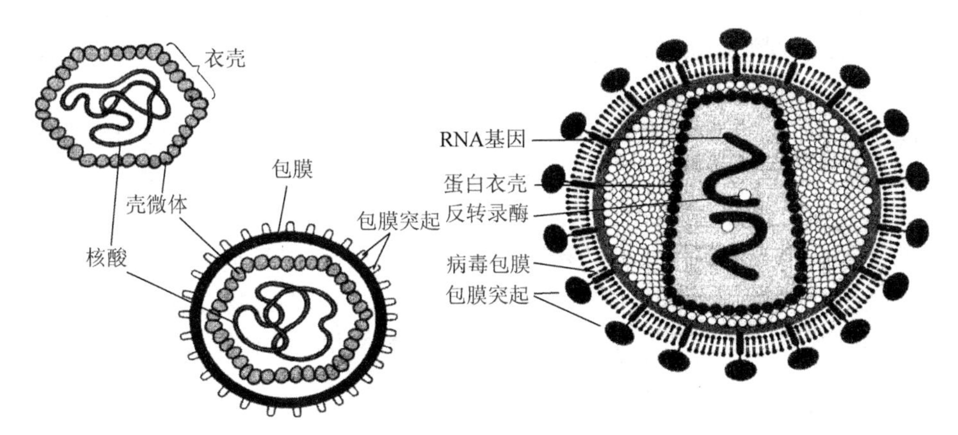

图 6－16　病毒的结构

成核衣壳(nucleocapsid)。无包膜病毒的核衣壳就是病毒体。

有些病毒核衣壳外面还有一层脂双层膜状结构，称为包膜(envelope)。包膜是病毒在成熟过程中以出芽方式向细胞外释放时，穿过宿主细胞膜所获得的。在包膜表面有病毒核酸编码的糖蛋白，镶嵌呈钉状突起，称为刺突(spike)。有包膜的病毒称为包膜病毒，无包膜的病毒称为裸病毒。包膜的有无及其性质与该病毒对宿主的专一性和侵入等功能有关，包膜病毒对有机溶剂敏感。动物病毒多数都具有包膜。包膜的功能是：①保护核衣壳；②促进病毒与宿主细胞的吸附；③具有抗原性。

(五) 病毒的增殖

病毒的复制周期可分为连续的五个阶段：吸附、穿入、脱壳、生物合成、成熟(装配)和释放。

五、朊病毒

美国学者普鲁西纳在 1982 年发现羊瘙痒症的致病因子是一种具有侵染性的蛋白质因子，普鲁西纳因此获得了 1997 年的诺贝尔生理学或医学奖，并将其命名为朊病毒。朊病毒又称为蛋白侵染因子、朊粒，是一类能侵染动物，并在宿主细胞内复制的小分子疏水性蛋白质。

朊是蛋白质的旧称，朊病毒严格来说不是病毒，它不含核酸而仅由蛋白质构成。

朊病毒个体微小，不含核酸，只有蛋白质，其主要成分是一种蛋白酶抗性蛋白，它不具备病毒的基本结构，电镜下观察不到病毒粒子的结构。但它与常规病毒一样，有可滤过性、传染性、致病性、对宿主的特异性。朊病毒对理化因素的抵抗力很强，患者对它不产生免疫效应。

朊病毒能引起哺乳动物和人的中枢神经系统退化性病变，能使人类神经萎缩，是一种以慢性、进行性、退化性病变为特征的致死性中枢神经系统疾病，最终使患者不治而亡。WHO 将朊病毒病和艾滋病并立为 21 世纪危害人体健康的顽疾。

朊病毒病的共同特征有：潜伏期长，可长达数月至数年，有的甚至长达数十年；临床症状表现为小脑共济失调，可引起致死性中枢神经系统的退化性疾病；病理学特点是引起大脑皮质的神经元退化，成为海绵状脑病；患者对朊病毒不产生免疫应答；患者会出现痴呆、共济失调、震颤等临床症状，无法缓解康复，直至死亡。

目前已知的人的传染性朊病毒病有库鲁病、克-雅氏综合征(CJD)、格斯特曼综合征(GSS)、致死性家族性失眠症(FFI)。动物的传染性海绵状脑病包括羊瘙痒症、牛海绵状脑病(又称疯牛病)等。

朊病毒的传播途径有：食用动物肉骨粉加工的饲料；医源性感染，如使用脑垂体生长激素、促性腺激素，角膜移植，输血等。至于人和动物间是否能相互传染，目前尚无定论，还有待于科学家的进一步研究证实。

由于目前对朊病毒病尚无有效的治疗方法，因此只能积极预防。预防的方法主要有：消灭已知的感染牲口；对患者进行适当的隔离；禁止食用污染的食物；防止发生医源性感染，如对神经外科的操作及器械进行严格规范的消毒，角膜移植等要排除供者患病的可能性，对有家庭性疾病的家属应注意防止传染。

第三节　微生物与传染病

对病原微生物所引起的感染性疾病如不进行控制，可以传播给周围无免疫力的人群，成为传染病。

一、人类重大传染病与致病菌

传染病在古代被人们称为瘟疫，因为一旦爆发，犹如洪水猛兽，会造成上千万人的死亡。鼠疫被称为“黑死病”，从公元10世纪到16世纪，鼠疫在欧洲发生过几十次。1347年的亚洲鼠疫大流行，中国和印度有上百万人死亡，后来又流行到意大利、法国和英国。1665年，一场鼠疫席卷伦敦，造成成千上万人死亡。直至近代，1910年前后，在我国东北地区也有过鼠疫肆虐，在哈尔滨仅两天就火化近3000具尸体。传染病给人类造成过巨大的灾难。

鼠疫是如何大规模传播的呢？它是由老鼠携带鼠疫耶氏菌并开始传播的，鼠疫耶氏菌寄生在老鼠体内，由老鼠把瘟疫从一个地方传播到另一个地方，再由老鼠身上的鼠蚤通过叮咬把病菌传播到健康人的体内。

致病菌是如何传播的呢？首先是人与人之间的传播。有些健康的人，因为对某种严重的致病菌有抵抗力而并不发病，但他们携带着致病的微生物，很容易传播给其他人而造成严重的后果。

20世纪初美国纽约有个女厨师叫玛丽，她身上带有引发伤寒的伤寒沙门氏菌。1906年她在一位将军家帮厨时，不到3个星期就使将军家11人中的6人得了伤寒。后来研究者花了多年时间才确证玛丽体内携带了伤寒杆菌，才将她隔离起来。而在此期间，有1500位伤寒患者是由她传染的。玛丽是一个“健康带菌者”，她自己没有发病的症状，因此很不情愿接受治疗。

某些情况下，病菌的携带者也可以是动物。上面提到的鼠疫就是一种由老鼠传播的疾病。此外，能引起人类波浪热，以及感染牛、羊、猪等家畜并引起母畜流产的布鲁氏菌，也是通过动物传播的。罕见的极度致命的土拉热病的病原菌巴斯德土拉菌是通过某些啮齿类动物(如加州地鼠)传播，并经扁虱叮咬而感染人类。口蹄疫是一种牛的病毒病，偶尔也可能传染给人类。家禽和鸟类会传播禽流感病毒。而嗜睡病是由寄生性原生动物锥虫引发的，该病是非洲的牛的一种疾病，但通过采采蝇的叮咬而感染人类。疟疾和登革热是通过蚊子在人群中传播的。

有许多皮肤病是有传染性的，健康人的易感部位通过接触患者的病变部位而传染。在香港常见的“香港脚气病”，即足癣，就是属于这类皮肤病。它是由统称为小孢子菌的多种真菌引起的，凡与患者共同使用盥洗用具、鞋袜等就可能被传染，治愈的患者也可能被重复感染，旧病复发。

在各种传染病中，给社会带来较大影响的可能要属性病，它感染生殖器官并通过性接触传播。由淋病奈瑟菌引起的淋病，就是一种性病；此外，由 D～K 型沙眼生物亚种衣原体引起的尿道炎、由梅毒螺旋体引起的梅毒、由单纯疱疹病毒Ⅱ型引起的病毒性生殖器疱疹，都属于传染性的性病。性病患者及早发现本可以治愈，但由于患性病的人多半讳疾忌医，使性病成为公共卫生领域的一大难题。

除了人们已经知道的致病性微生物，一些新的病原微生物在不断出现。1976 年在费城，美国一些复员军人在一起开会后，许多人死于神秘的肺炎，这是一种新发现的传染病——军团菌肺炎。引起这种病的病原菌后来被命名为嗜肺军团菌。这种新的病原菌到底是从何而来的呢？微生物学检测证实它来自水源。在费城出现的军团菌病是由于空调中的冷却水被污染，夹带有军团菌的细小水雾被不断地吹进会议室，从而使许多参加集会的成员发病。据报道，自 1979 年以后，在旅店的淋浴供水器、医院和办公室的中央空调系统、加湿系统和冷却系统中都发现过同样的感染源。

进入了 21 世纪，虽然我们已经能够制服引起一般传染病的多数微生物，但是，一些新出现的疾病依然严重威胁着人类的健康，还有一些一度已经被控制的传染病又开始死灰复燃。例如，世界各地一度似乎已经控制的结核病，近年来却死灰复燃，患病率节节上升。WHO 的资料显示，全世界每年死亡的人中，有 1/3 是由传染病造成的。因此，对微生物引起的传染病患者应当高度重视和防范。

能引起人和动物疾病的病原菌的生物学特性及其致病性归纳在表 6－3～表 6－8 中。

表 6－3 病原性球菌生物学特性及致病性汇总

细菌名称	形态与染色	培养特性	致病物质	所致疾病	免疫性
金黄色葡萄球菌	球形或椭圆形，葡萄串状排列，革兰氏阳性	普通琼脂平板培养，致病菌菌落周围有完全溶血圈	1. 酶：凝固酶、脂酶、耐热核酸酶等 2.（外）毒素：杀白细胞素、葡萄球菌溶血素、肠毒素、表皮剥脱毒素、毒性休克综合征毒素-1	1. 化脓性炎症 2. 食物中毒 3. 假膜性肠炎 4. 烫伤样皮肤综合征 5. 毒性休克综合征	人类有一定的天然免疫力
乙型溶血性链球菌	球形或椭圆形，链状排列，革兰氏阳性	营养要求高，血琼脂平板培养，菌落周围有完全溶血圈	1. 外毒素：致热外毒素、链球菌溶血素 2. 侵袭力：透明质酸酶、链激酶、链道酶、M 蛋白、F 蛋白	1. 猩红热 2. 化脓性感染 3. 中毒性疾病 4. 风湿热 5. 急性肾小球肾炎	产生抗 M 蛋白抗体；猩红热患者可建立牢固的同型抗毒素免疫

续 表

细菌名称	形态与染色	培养特性	致病物质	所致疾病	免疫性
肺炎链球菌	矛头状，成双排列，革兰氏阳性球菌，有荚膜	营养要求高，血平板培养	荚膜、肺炎链球菌溶血素O、脂磷壁酸、神经氨酸酶	大叶性肺炎	建立牢固的特异性免疫
脑膜炎奈瑟菌	肾形或豆形，双球菌，革兰氏阴性	营养要求高，巧克力血琼脂培养，菌落呈液滴状	荚膜、菌毛、内毒素	流行性脑膜炎	流脑荚膜多糖疫苗
淋病奈瑟菌	革兰氏阴性双球菌，似咖啡豆，有荚膜和菌毛	营养要求高，巧克力血琼脂培养，灰白色凸起菌落	菌毛、荚膜、脂寡糖和外膜蛋白、IgA1蛋白酶	1. 成人淋病 2. 新生儿淋菌性结膜炎	人类无自然免疫力，病后免疫力不强

表6-4　病原性肠道杆菌、弧菌生物学特性及致病性汇总

细菌名称	形态与染色	培养特性	致病物质	所致疾病	免疫性
大肠杆菌	革兰氏阴性杆菌，无芽孢；肠外感染菌株有微荚膜，多数有周鞭毛、普通菌毛和性菌毛	营养要求不高，普通琼脂平板上生长	1. 肠外感染：菌毛、脂多糖、荚膜 2. 肠内感染：菌毛和肠毒素	1. 肠外感染：化脓性感染 2. 肠内感染：胃肠炎	人工主动免疫
志贺菌属	革兰氏阴性短小杆菌，无芽孢，有菌毛，无鞭毛	普通琼脂平板上生长	1. 侵袭力：黏附 2. 内毒素 3. 外毒素	细菌性痢疾	免疫期短
沙门菌属	革兰氏阴性杆菌，有菌毛，多数有周身鞭毛，一般无荚膜，无芽孢	兼性厌氧，在普通琼脂培养基上生长	1. 侵袭力：Vi抗原的抗吞噬作用 2. 内毒素 3. 肠毒素	1. 肠热症 2. 胃肠炎 3. 败血症 4. 无症状带菌者	特异性细胞免疫
霍乱弧菌菌	G^-，呈弧状或逗点状，无芽孢，某些菌株有荚膜，菌体一端有单鞭毛，运动活泼	兼性厌氧，营养要求不高，耐碱不耐酸，在pH 8.8～9.0的碱性琼脂平板上生长良好	1. 霍乱肠毒素 2. 鞭毛和菌毛	霍乱	可获得对同型菌的牢固免疫力，无交叉免疫

表 6-5 病原性厌氧菌、分枝杆菌生物学特性及致病性汇总

细菌名称	形态与染色	培养特性	致病物质	所致疾病	免疫性
破伤风梭菌	菌体细长，周身鞭毛，无荚膜，芽孢呈圆形，位于菌体顶端，菌体宽大，似鼓槌状	专性厌氧	破伤风痉挛毒素	破伤风	“百白破”三联疫苗
产气荚膜梭菌	革兰氏阳性粗大杆菌，芽孢呈卵圆形，有明显的荚膜，无鞭毛，不能运动	在卵黄琼脂平板上菌落出现白色混浊圈，牛乳培养基上出现“汹涌发酵”	外毒素、侵袭性酶、荚膜	1. 气性坏疽 2. 食物中毒 3. 坏死性肠炎	
肉毒梭菌	革兰氏阳性；芽孢呈椭圆形，比菌体宽；有鞭毛，无荚膜	严格厌氧	肉毒杆菌毒素	1. 食物中毒 2. 婴儿肉毒病	
结核分枝杆菌	细长略带弯曲的杆菌；细胞壁脂质含量较高；抗酸性染色：分枝杆菌呈红色，其他细菌和背景为蓝色	营养要求高，专性需氧，繁殖一代要18小时；菌落呈花菜状，常采用罗氏培养基分离培养	脂质（磷脂、索状因子、硫酸脑苷脂、蜡质D）、结核菌素多糖	1. 肺部感染：引起结核结节 2. 肺外感染：肾结核等	感染免疫（有菌免疫）感染、免疫、超敏反应同时存在
麻风分枝杆菌	形态、染色与结核分枝杆菌相似；胞质呈泡沫状，称为麻风细胞。	在犰狳体内生长	菌在巨噬细胞、神经细胞等宿主细胞内存活和增殖	麻风病	主要是细胞免疫，无特异性预防方法

表 6-6 人畜共患菌生物学特性及致病性汇总

细菌名称	形态与染色	培养特性	致病物质	所致疾病	免疫性
布鲁菌属	革兰氏阴性小球杆菌或短杆菌，光滑型菌落，有微荚膜	需氧菌，营养要求高，生长缓慢	内毒素、荚膜、侵袭酶	1. 感染人类：波浪热 2. 感染家畜：母畜流产	细胞免疫（有菌免疫）
鼠疫耶氏菌	革兰氏阴性卵圆形短杆菌，两端浓染，有荚膜，无鞭毛，无芽孢	兼性厌氧，最适27～30℃；肉汤培养基中形成菌膜，摇动呈钟乳石状下沉	荚膜抗原、V-W抗原、外膜蛋白、鼠毒素、内毒素	1. 腺型鼠疫 2. 肺型鼠疫 3. 败血型鼠疫	能获得牢固免疫力
炭疽芽孢杆菌属	第一个被发现的病原菌；致病菌中最大的革兰氏阳性粗大杆菌，两端截平，竹节样排列，芽孢椭圆形，在菌体中央	需氧或兼性厌氧，最适温度30～35℃，普通琼脂平板上培养	荚膜、炭疽毒素	1. 皮肤炭疽 2. 肠炭疽 3. 肺炭疽	能获得持久性免疫力

表 6-7 其他重要病原性细菌生物学特性及致病性汇总

细菌名称	形态与染色	培养特性	致病物质	所致疾病	免疫性
空肠弯曲菌	菌体细长,弧形或S形,有鞭毛,运动活泼。革兰氏阴性	微需氧,适温 37~42℃	不耐热的肠毒素	1. 急性肠炎 2. 食物中毒 3. 败血症	该病自限,5~8天
幽门螺杆菌	菌体弯曲呈螺旋状、S状及海鸥状,单端鞭毛,运动活泼。革兰氏阴性	微需氧,pH 6.0~8.0,营养要求高,生长缓慢	细胞毒素、尿素酶、蛋白酶等	B型胃炎、胃和十二指肠溃疡	
白喉棒状杆菌	菌体细长微弯,顶端膨大呈棒状。排列呈V或L形,美蓝染色可见异染颗粒。革兰氏阳性	需氧或兼性厌氧,适温34~37℃,pH 7.0~7.6,吕氏血清培养基培养,在亚锑酸钾血平板上可形成黑色菌落	白喉外毒素	引起咽部炎症,形成假膜,脱落后可致呼吸道阻塞	"百白破"三联疫苗;白喉抗毒素用于治疗
流感嗜血杆菌	小杆菌,呈球杆状、长杆状和丝状;有菌毛,毒力株有荚膜。革兰氏阴性	需氧,pH 7.6~7.8,生长需要X、V因子,巧克力血琼脂平板培养,与金黄色葡萄球菌共同培养时有"卫星现象"	内毒素、荚膜和菌毛;强毒株具有IgA分解酶。	1. 外源性感染:急性化脓性感染 2. 内源性感染:常在流感、麻疹和结核等感染后发生	以体液免疫为主
百日咳鲍特菌	卵圆形的小杆菌,有荚膜,有菌毛。革兰氏阴性	需氧,pH 6.8~7.0,在鲍氏培养基上生长良好	百日咳毒素、腺苷酸环化酶毒素、血凝素、内毒素	百日咳	"百白破"三联疫苗
嗜肺军团菌	短小杆菌,有菌毛和鞭毛。革兰氏阴性,镀银染色呈棕红色	需氧,pH 6.4~7.2,需用含半胱氨酸和铁的培养基培养	菌毛、多种酶、毒素	军团病	细胞免疫在抗感染中起主要作用
铜绿假单胞菌	小杆菌,有鞭毛,运动活泼,有菌毛,革兰氏阴性	需氧,适温35℃,pH 7.2~7.6,可产生绿脓素和荧光素两种水溶性色素	内毒素、外毒素、蛋白分解酶、杀白细胞素	继发性感染:皮肤、皮下组织感染,败血症	

表 6-8 支原体等生物学特性及致病性汇总

细菌名称	形态与染色	培养特性	致病物质	所致疾病	免疫性
支原体	无细胞壁，呈多形性，革兰氏阴性，可过细菌滤器	营养要求高，培养基需加人或动物血清；菌落呈“油煎蛋状”	具有烧瓶状或长丝状顶端结构	原发性非典型肺炎、泌尿生殖系统感染	体液免疫、细胞免疫
立克次氏体	呈多形性，主要为球杆状，革兰氏阴性	专性细胞内寄生	内毒素、磷脂酶 A	1. 流行性斑疹伤寒 2. 地方性斑疹伤寒 3. 恙虫病 4. Q 热	可接种疫苗
衣原体	原体：小球形颗粒，具感染性；始体：大，圆形，无感染性	专性细胞内寄生	内毒素	沙眼、包涵体性结膜炎、泌尿生殖道感染、性病淋巴肉芽肿、呼吸道感染	细胞免疫、体液免疫，但保护性不强
钩端螺旋体	钩体一端或两端弯曲呈 C 形或 S 形，革兰氏阴性，镀银染色呈棕褐色	常用 Korthof 培养基，最适 pH 7.2～7.4，28℃，生长缓慢	毒素、细胞致病变物质、细胞毒性因子、内毒素样物质、黏附素	钩体病	体液免疫为主
梅毒螺旋体	菌体细长，两端尖直，有 8～15 个规则的螺旋，镀银染色呈棕褐色，运动活泼	体外不能培养，生长缓慢	荚膜样物质、透明质酸酶	先天梅毒、后天梅毒	感染免疫

二、微生物与肿瘤

(一) EB 病毒与鼻咽癌

1964 年，爱泼斯坦和巴尔首次成功地将 Burkitt 非洲儿童淋巴瘤细胞通过体外悬浮培养成功，并在细胞涂片中用电镜观察到疱疹病毒颗粒，EB 病毒(Epstein-Barr virus，EBV)因此得名。

EB 病毒内含有双链线性 DNA，衣壳为 20 面体对称，是包膜病毒。包膜上有病毒编码的糖蛋白，能识别淋巴细胞上的 EB 病毒受体，并具有与细胞融合的功能。EB 病毒仅能在 B 淋巴细胞中增殖，能长期潜伏在淋巴细胞内。

鼻咽癌多发生于我国广东、广西、湖南、香港和台湾地区。1966 年，奥尔德应用免疫扩散试验发现，EBV 与鼻咽癌在血清学上有一定关系。1973 年我国病毒学家曾毅在鼻咽癌患者上皮肿瘤细胞中找到EBV的基因组。临床检测结果显示，从鼻咽癌患者的活检组织中可以检出EBV的DNA和EBV核抗原；从患者的血清中可以检测到较高滴度的EBV特异性抗体，尤其是EBV早期抗原(EA)和病毒衣壳抗原的IgA抗体的阳性率很高，这些结果可用于鼻咽癌的早期诊断。一些研究结果表明，亚硝酸盐、丁酸等是EBV致鼻咽癌的辅助因素。为什么我国广东、广西等地区会成为鼻咽癌的高危地区呢？有研究发现这些地区的桐油树、乌桕树等含有激活EBV的物质，这些物质可通过植物进入土壤，被农作物吸收，被人食用后进入人体；还可能与这些地区的人喜欢食用咸鱼、咸菜等有关。

（二）HPV与宫颈癌

人乳头瘤病毒(HPV)是一种球形的DNA病毒，20面体对称，无包膜。HPV对皮肤和黏膜上皮细胞有高度亲嗜性，能引起人体皮肤黏膜的鳞状上皮增殖，表现为寻常疣、生殖器疣(尖锐湿疣)等症状。

人们早就发现人宫颈癌的发生与感染了某种通过性接触传播的因子有关。后来的研究证实了人宫颈癌的发生与感染HPV有着直接的关系，90%以上宫颈癌患者的癌细胞中可以找到HPV。用分子生物学技术可在宫颈癌组织中检测到HPV的DNA，用免疫学技术可在宫颈癌患者的血液中检测到HPV抗体。HPV-16主要在宫颈鳞状上皮细胞癌中发现，而HPV-18主要见于宫颈腺癌。HPV致宫颈癌的辅助因素有吸烟、HSV-2、紫外线等。

（三）HBV与肝癌

人乙型肝炎病毒(HBV)是一种球形DNA病毒，HBV的传播途径主要是注射、输血、性接触和垂直传播。HBV可引起人类急性肝炎、慢性肝炎、肝硬化和肝细胞癌。全世界约有20亿人被HBV感染，其中3亿5000万人为慢性肝炎患者，这些人患肝细胞癌的危险性比正常人约高100倍。

HBV基因组能整合到宿主细胞的染色体上，可引起宿主细胞发生突变。HBV的HBxAg抗原存在于感染的细胞中，它是由X基因所编码的抗原。HBxAg抗原在慢性乙肝晚期患者的血清中的阳性检出率较高，能反式激活细胞内的一些原癌基因、病毒基因，影响细胞周期和细胞生长因子基因及原癌基因的表达，促进细胞转化，与原发性肝细胞癌的发生有着一定的关系，可能在肝细胞癌变中起重要作用。

我国为HBV感染的高发地区，HBsAg携带者高达1200万之多，其中1/5是由围产期感染所致。成年人感染HBV后，大多数人会对病毒蛋白质产生细胞免疫和体液免疫而获得痊愈。而大多数在围产期感染HBV的婴儿，由于不能产生有效的免疫应答，易发展成为慢性携带者或患慢性持续性肝炎，也易发展为患肝细胞癌。持续性HBV感染是肝细胞癌发生的重要基础，而母婴垂直感染又是HBV持续感染的主要原因。研究表明，HBeAg阳性的母亲中约86%可传染给婴儿，因此对HBeAg阳性的产妇注射高效价的特异性免疫球蛋白，并在婴儿出生后3个月和6个月给婴儿注射乙肝疫苗，是十分必要的，其保护率可高达80%。

（四）幽门螺杆菌与胃癌

幽门螺杆菌是澳大利亚学者沃伦和马歇尔于1983年从一个慢性活动性胃炎患者的胃黏膜活检标本中首先分离到的。它是一种呈S形或弧形弯曲的革兰氏阴性杆菌，一端或两端有鞭毛。菌体的鞭毛有利于细菌穿过胃黏膜而定居于胃上皮细胞。此外，幽门螺杆菌细胞能产生大量尿素酶，能分解尿素，在菌体周围形成碱性环境，以抵抗胃中的酸性环境，免受胃酸杀灭。

人是幽门螺杆菌的唯一自然宿主，人群感染率很高，据统计，全世界人群感染率高达50%。幽门螺杆菌的主要传播途径是通过人群的消化道，即“口—口”及“粪—口”传播的。我国是幽门螺杆菌高感染国家，这可能与我国的饮食习惯，即共用食具而经“口—口”传播有关。此外，母亲将食物嚼碎再喂婴儿的习惯，也增加了“口—口”传播的机会。

幽门螺杆菌感染主要发生于胃、十二指肠。它会引起慢性胃炎、胃溃疡和胃癌。我国胃癌的发生率较高。流行病学资料表明，胃癌发生率在一些幽门螺杆菌感染的人群中较高，而直肠癌、食管癌、肺癌等其他肿瘤与幽门螺杆菌的感染无明显关系。WHO已把幽门螺杆菌列为胃癌的第一类致癌原。

幽门螺杆菌还与胃黏膜相关淋巴瘤的发生有关，因为感染了幽门螺杆菌的患者中这种淋巴瘤的发生率比未感染者要高3.6倍。所以，根治了幽门螺杆菌的感染，就能使这种淋巴瘤的发生率降低或能使该瘤的发展过程得到控制。

胃癌的发生是一个漫长的过程，是多因素共同作用的结果。胃癌亦会发生于一些无幽门螺杆菌感染的人群中。幽门螺杆菌感染的预防和治疗对降低胃癌的发生究竟有多大的影响，目前还在研究中。有研究报道，幽门螺杆菌感染率随着年龄增加而升高；幽门螺杆菌感染率及胃癌死亡率与地区分布性相关；幽门螺杆菌感染率在两性间并无差别；某些人群幽门螺杆菌感染率高，但胃癌发生率却较低。这些情况都表明，除幽门螺杆菌感染率外，其他因素在致胃癌的危险因素中亦很重要。

三、微生物感染的治疗和抗药性

化学疗剂是具有高度选择性的化学物质，它们对病原菌具有高度的毒力，而对宿主基本无毒害作用，它们能抑制宿主体内的病原微生物的生长繁殖，从而达到治疗感染性疾病的目的。化学治疗的一个重大进展就是抗生素的发现和应用。抗生素是一类很重要的化学疗剂，在人类控制和治疗感染性疾病，以及防治动植物病害中发挥了非常重要的作用。

抗生素是由某些微生物合成或半合成的一类次级代谢产物或其衍生物，在很低浓度时就能抑制或杀死其他微生物。

青霉素是最常用的抗生素，自从它被发现并应用于临床治疗以来，已经挽救了无以计数的生命。发现青霉素的故事也在医学史上载入史册，并代代相传。英国细菌学家弗莱明在第一次世界大战结束后便开始探索治疗感染性疾病的方法。1928年的夏天，弗莱明在观察生长在培养皿中的金黄色葡萄球菌时，发现有个培养皿中的细菌被霉菌污染了，当他准备丢弃这个被污染的培养皿时，发现培养皿中霉菌菌落的周围都没有细菌生长了。细心的弗莱明认真记录了这个现象，经过大量的实验，他确定正是霉菌分泌产生的某种物质抑制或杀死了细菌。于是弗莱明继续在实验室中培养青霉菌，用实验证实了青霉菌的培养液确实可以杀死细菌，他便把这种杀菌物质叫作青霉素。但是霉菌培养液中的青霉素含量很低，且培养液中还有许多杂质，这些杂质进入人体是有害的。要将青霉素提纯，并大量生产，以满足治疗感染性疾病的需求，这在当时对弗莱明来说太困难了。1929年，弗莱明发表了论文，希望有人继续进行科学研究，将青霉素提纯并大规模生产。

青霉素以及随后相继问世的链霉素、氯霉素、四环素等数十种抗生素的出现，使人类极大地增强了战胜传染性疾病的能力，在20世纪60年代有人说抗生素的应用使人类的平均寿命延长了十年。然而，抗生素的广泛应用，也导致抗生素抗性菌株及敏感患者的出现。过度和频繁地使用抗生素，在一些患者身上出现了许多严重的副作用。例如，链霉素会损伤听神经、四环素能破坏牙齿的釉质等。同时，医生们还发现，抗生素的滥用，会改变人体内的正常菌群的组成，因为抗生素在杀死致病菌的同时，许多对人体有益的细菌也被杀死了。一些微生物会乘虚而入，引发更难治疗的疾病。

随着抗生素的不断发现和在临床上的广泛应用，细菌的抗药性问题也日趋严重，已经对临床抗感染治疗造成了很大的威胁，引起全球医学界的关注。所谓抗药性，是指微生物或肿瘤细胞多次与药物接触后发生的敏感性降低的现象，是微生物对药物所具有的相对拮抗性。一般微生物的抗药性与菌种自身的特性有关，受遗传的控制，这种现象称为天然不敏感性，又称为固有抗药性；有些微生物个体对原来敏感的抗生素通过遗传性的改变而获得了抗药性，称为获得性抗药性；某些微生物带有多种抗药基因，可同时对两种以上不同的药物产生抗药性，称为多重抗药性；有些微生物细胞内的单一基因发生突变而导致对结构类似或作用机制类似的抗生素均有抗药现象，称为交叉抗药性。

合理使用抗生素是控制细菌产生抗药性的重要措施。首先，应当明确疾病的病原性诊断，严禁把抗生素当作预防药。其次，在用药时，首次给药应为患者能接受的最大剂量，并在治疗中维持高水平药量，患者应当按照医生规定的剂量将药服完，千万不能因为症状减轻了就停止服药，因为一旦药物在体内的剂量不够时，那些残余的病原菌或能耐受药物的病原菌就很容易重新大量繁殖。此外，由于细菌很难对所有药物都产生抗性，因此可采用“鸡尾酒”式的多种药物来进行治疗。

在进入21世纪的今天，当人们因生病需要服药时，对药物的要求是高效低毒安全。寻找具有新的化学结构的抗生素、改造现有的抗生素，以及半合成抗生素的使用也成为目前克服抗药性的主要途径。为了达到这个目的，药物学家们综合了抗生素和化学合成药物的优点，在了解化学治疗剂的药理和细菌抗药性的基础上，对抗生素进行人工改造，生产出抗生素新品种，并将它们应用于临床感染性疾病的治疗，已取得显著的效果，预期今后将有更大的发展前景。科学家发现有些细菌对青霉素产生抗药性，是因为它们能产生破坏青霉素的酶，所以经过人工改造的青霉素就不能被酶破坏了，这在很大程度上缓解了抗药性问题。所以，加强抗药机制的研究，研制对抗药菌有效的抗生素，将有助于有效控制微生物的感染。

（范立梅）

第七章　免疫与健康

人类生活的环境中充满着各种可怕的微生物，无论自身如何讲究卫生，很多微生物仍然会经由皮肤、口鼻等进入机体，倘若人类没有抵抗微生物的能力，很可能无法生存并繁衍至今。并且在很早以前，人们便注意到在烈性传染病，如天花、伤寒、白喉等流行期间，那些染病后痊愈的人往往不会再次感染同样的疾病，那是因为在他们体内已经产生了对该种传染病的抵抗力，因而他们也可以来护理患者。所以免疫系统在维持机体的健康方面立下了汗马功劳。

第一节　免疫概述

一、免疫的基本概念

免疫(immunity)一词来源于拉丁文 immunis，原意是指免除赋税，在医学上指免除疫病(传染病)及抵抗多种疾病的发生。随着免疫学研究的深入，人们对免疫的内容也有了新的认识，认为上述的早期概念并不能非常确切地反映出免疫的本质，因为人们发现一些与传染病无关的现象，如超敏反应、器官移植排斥、肿瘤的发生发展、不孕不育、衰老等，都与免疫相关。所以现代的“免疫”概念是指机体免疫系统识别“自己”和“异己”的活动，即对自身成分产生天然的免疫耐受，而对异己成分产生排斥作用的一种生理反应。“异己”成分可以是侵入体内的各种病原体、血型不符的输血而进入的血细胞、移植的器官、肿瘤细胞等，还包括某些结构改变的自身物质和在胚胎期未与免疫细胞接触的正常自身物质，如甲状腺球蛋白、眼晶状体蛋白和精子等。所有这些能刺激机体产生免疫反应的“异物”，统称为“抗原”。机体的免疫功能，在正常情况下可产生对机体有益的保护作用，如抵抗感染等；但在某些情况下免疫超常或低下也会对机体产生有害的结果，如发生超敏反应、自身免疫病和肿瘤等，所以过去认为免疫反应对机体都是有利的概念是不确切的。

二、免疫系统的组成

免疫系统是机体执行免疫功能的组织系统，是生物体在长期进化过程中逐渐形成的，由免疫器官、免疫细胞和免疫分子组成(见表 7－1)。

表 7－1　免疫系统的组成

免疫器官		免疫细胞	免疫分子	
中枢	外周		膜型分子	分泌型分子
胸腺	脾脏	干细胞系	TCR	免疫球蛋白
骨髓	淋巴结	淋巴细胞	BCR	补体分子
法氏囊（禽类）或类囊器官（人类）	黏膜相关淋巴组织	单核巨噬细胞	CD 分子	细胞因子
	皮肤相关淋巴组织	树突状细胞、内皮细胞等	黏附分子	
		粒细胞、肥大细胞、血小板、红细胞等	MHC	
			其他	

（一）免疫器官

包括中枢免疫器官和外周免疫器官，两者通过血液和淋巴液循环相互联系。哺乳动物的中枢免疫器官由骨髓和胸腺组成。骨髓是机体的造血器官，是各种血细胞的发源地，同时也是B淋巴细胞（简称B细胞）发育成熟的场所；胸腺是T淋巴细胞（简称T细胞）发育成熟的场所。外周免疫器官主要包括淋巴结、脾脏和黏膜相关的淋巴组织，它们是成熟的T、B淋巴细胞定居和接受抗原刺激后产生免疫应答的主要场所。人体主要免疫器官如图7－1所示。

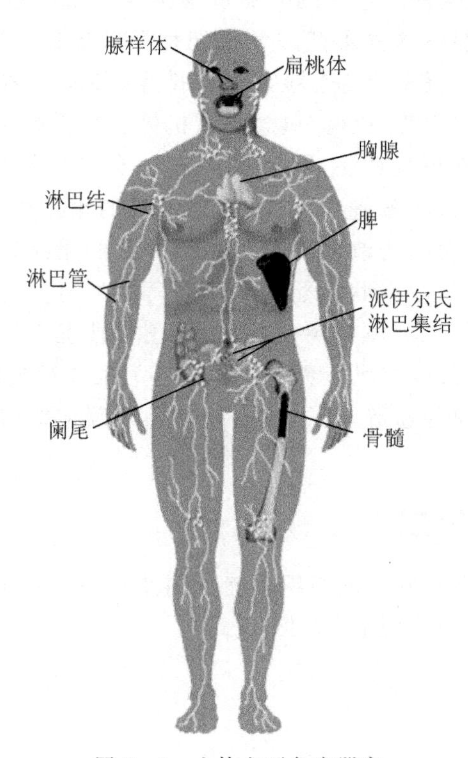

图 7－1　人体主要免疫器官

（二）免疫细胞

如图 7－2 所示，免疫细胞包括介导非特异性免疫应答的固有免疫细胞和介导特异性免疫应答的适应性免疫细胞。固有免疫细胞主要包括巨噬细胞、NK 细胞（自然杀伤细胞）、粒细胞、树突状细胞等。适应性免疫细胞主要包括 T、B 淋巴细胞，其识别结合抗原后，可相应地启动细胞免疫和体液免疫。

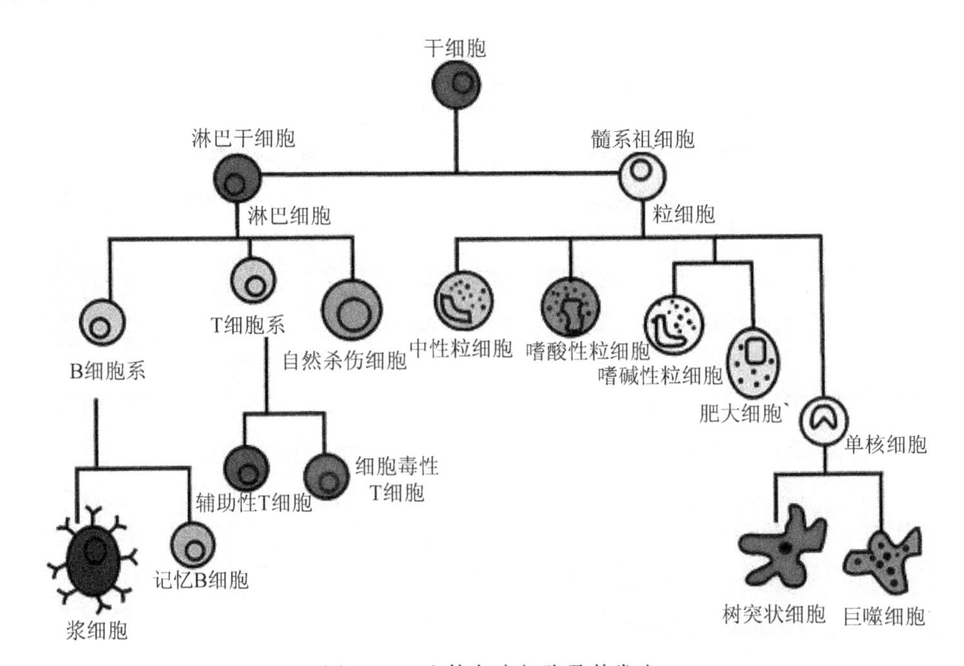

图 7－2 人体免疫细胞及其发生

（三）免疫分子

免疫分子主要包括抗体（antibody）、补体（complement）、细胞因子（cytokines）和表达于细胞膜表面参与免疫应答及发挥免疫效应的各种膜型分子，如主要组织相容性复合物（MHC）分子、CD 分子、抗原识别受体（TCR、BCR）等。

B 淋巴细胞在抗原刺激下变为浆细胞，产生免疫分子——抗体，抗体就是免疫球蛋白。免疫球蛋白有五类，分别为 IgG、IgM、IgA、IgE 和 IgD。由于抗原性质不同，可使免疫细胞产生不同类型的免疫球蛋白。例如梅毒螺旋体刺激产生的抗体主要是 IgM，破伤风杆菌类毒素刺激产生的抗体主要是 IgG，痢疾杆菌刺激产生的抗体主要是 IgA。每种免疫球蛋白对相应的抗原有特异性的结合能力，使抗原（病原体）凝集、沉淀，从而中和它们。这称为特异性免疫，也就是说，抗伤寒杆菌的抗体只能同伤寒杆菌结合，而不能同痢疾杆菌结合。

T 淋巴细胞受抗原刺激后可产生 $CD4^{+}$ Th1 和 $CD8^{+}$ CTL 细胞。活化的 $CD4^{+}$ Th1 细胞可释放 IL－2R、INF－γ 和 TNF－β 等细胞因子，发挥免疫调节作用，介导产生细胞免疫效应、炎症反应或迟发型超敏反应。$CD8^{+}$ CTL 细胞可通过释放穿孔素、颗粒酶、TNF－β 和表达 FasL 等细胞毒性介质，产生细胞毒效应，从而清除肿瘤和病毒感染的靶细胞。

三、免疫系统的正常功能及其异常的表现

正常生理状态下，免疫系统所执行的免疫功能可维持机体内环境的相对稳定，产生对机体有益的免疫保护作用。机体的免疫功能可概括为以下三种：

（一）免疫防御

免疫防御是机体抵御病原体及其毒性产物的侵犯，免患感染性疾病的能力。

（二）免疫自稳

机体组织细胞时刻不停地进行着新陈代谢，随时有大量新生细胞代替衰老和受损伤的细胞。免疫系统能及时地识别衰老和死亡的细胞，并把它们从体内清除出去，从而保持机体的稳定。

（三）免疫监视

免疫监视是机体免疫系统及时识别、杀伤并清除体内的突变细胞、肿瘤细胞及病毒感染的细胞的一种生理性保护作用。

当免疫功能异常时，可产生病理性免疫损伤作用。一般而言，免疫力低下者易患各种疾病，尤其是婴幼儿，因其免疫系统发育尚待完善，对各种病原微生物抵抗力低，所以易患各种呼吸道、消化道感染性疾病。老年人由于免疫系统逐渐衰退、免疫功能下降，也易患各种疾病，且患病后恢复较慢。正常成年人的免疫功能代表人体正常的免疫功能，具有适度免疫力且处在免疫稳定的动态平衡之中。对外来的细菌、病毒等病原微生物，量少时可以消灭，防止感染，量大时，感染后亦易于恢复；对体内的衰老死亡细胞及其他有害或无用之物，能予以清除，以免自身免疫病的发生；对体内的少量突变细胞能及时制止其大量增殖。但也有少数人却因免疫调节失衡而导致免疫反应过强，对身体造成极大的危害。因此，人体免疫力过高、过低都对人体不利，只有维持适度免疫力对人体才最为有利。

机体免疫系统三大功能的正常作用及其异常时的表现见表 7－2。

表 7－2　免疫系统三大功能的正常作用和异常时的表现

功　能	正常作用	异常时的表现	
		过低	过高
免疫防御	清除病原微生物及外来抗原	免疫缺陷	超敏反应
免疫自稳	清除损伤或衰老的细胞，免疫网络调节免疫应答		自身免疫性疾病
免疫监视	清除突变或畸变的恶性细胞	肿瘤发生，持续病毒感染	

四、免疫与衰老

在人的一生中，免疫力并非一成不变。从出生到青春期是免疫系统逐渐完善的过程，当步入老年后，免疫功能则逐渐减弱，这也是儿童和老人体质相对较弱或抵抗力较低的原因之一。除此之外，生活环境的变化、紧张、压力、过度劳累等，都容易使人处于亚健康状态，导致机体免疫力暂时降低，此时容易罹患疾病。因此，人们要根据自己身体的状况，采取适当的措施来提高免疫力。如规律的起居、健康的饮食、适量的运动和娱乐都是很好的办法，也可

以适量地使用一些保健食品等。一些抵抗力特别差的老人甚至可以在医生的指导下使用药物或生物制剂来提高免疫力。

衰老是生命的自然规律，其形成机制十分复杂。从免疫学的角度来看，人们早就发现免疫功能是随年龄的增长而降低的，老年时机体不能识别体内细胞或分子的细微变化，即使能识别，也不能调动免疫系统有效地加以清除，因此细胞恶变的发生率增高。

人体的胸腺属于中枢免疫器官，由骨髓产生的 T 细胞随血液进入胸腺，并经胸腺激素的作用，最终约有 5%的胸腺细胞发育为具有免疫功能的成熟的 T 淋巴细胞。淋巴细胞作为机体的“卫士”，在抗感染、抗肿瘤和免疫调节方面发挥关键作用。胸腺会随着年龄的增长而急剧萎缩。胸腺在婴儿出生后一年左右时体积最大；到青春期后会逐渐退化，其体积大约以每年 3%的速度变小并且持续到中年；进入老年后，胸腺组织进一步萎缩，大部分被脂肪组织所替代，其中的细胞数量大大减少，使与 T 细胞增殖、分化和成熟密切相关的血清胸腺素活性极度降低。有研究表明，人到 60 岁左右，在血中已检测不到胸腺素的活性。因此，当免疫功能生理性衰退发展到一定程度时，机体就会出现病理性衰老，即老年人易感染各种病原体，并罹患自身免疫病和肿瘤等。

五、免疫与遗传

亲子之间以及子代个体之间的性状存在相似性，表明性状可以从亲代传递给子代，这种现象称为遗传。子女和父母之间有许多相似的地方，如肤色、五官、体型甚至性格等，均可见到遗传的作用。

一切生物在进行生殖过程时，亲代的精子和卵子分别带有父亲和母亲的一套遗传物质，因此由精卵结合发育成的子代就具备了父母双方的一些特征。基因是控制生物性状的基本遗传单位，其存在于每个细胞中。人体约有 3 万多个基因，排列在 46 条染色体上，组成了每个人的遗传图谱，从而控制个体的遗传性状。有研究发现在第 6 对染色体上排列着一些与免疫系统的功能有关的基因，也有一些基因与抗病能力有关，因此许多免疫缺陷病或免疫低下者可由遗传决定。研究发现，导致免疫缺陷或低下的基因往往分布在 X 染色体上，女性细胞有两条 X 染色体，若不正常的突变基因在其中一条 X 染色体上，另一条 X 染色体上的正常基因可将其掩盖，从而使其不显现免疫缺陷。但是男性细胞只有一条 X 染色体，缺少一条带正常基因的染色体去掩盖突变基因，因此，男性更容易显示免疫缺陷或低下。

虽然免疫力的强弱与遗传有关，但是后天环境的影响也不容忽视。营养好、多锻炼、控制体重、生活环境佳以及医疗卫生状况好等，都会对个体的免疫功能产生较大的影响。

第二节　人体的三道免疫防线

人体有三道免疫防线，如表 7 - 3 所示。

表 7-3　人体的三道免疫防线

免疫防线	组　成	功　能	所属免疫类型
第一道	皮肤、黏膜和呼吸道黏膜上的纤毛等	阻挡和杀灭病原体，清扫异物	非特异性免疫
第二道	体液中的杀菌物质（如溶菌酶）和吞噬细胞	溶解、吞噬和消灭病原体	非特异性免疫
第三道	免疫器官和免疫细胞	产生抗体、清除病原体（抗原）	特异性免疫

一、第一道防线

每个健康人的全身都有皮肤包裹，皮肤是人体最大的器官，成人皮肤总面积约为 $1.5 \sim 2.0m^2$，占体重的 5%～15%。所有的内脏腔壁上都有黏膜覆盖，健康的皮肤和黏膜等身体结构形成完整的屏障。人体免疫系统的第一道防线主要指皮肤、黏膜等组织及其分泌物，它们不仅能够阻挡病原体侵入人体，分泌物还有杀菌的作用（见图 7-3）。

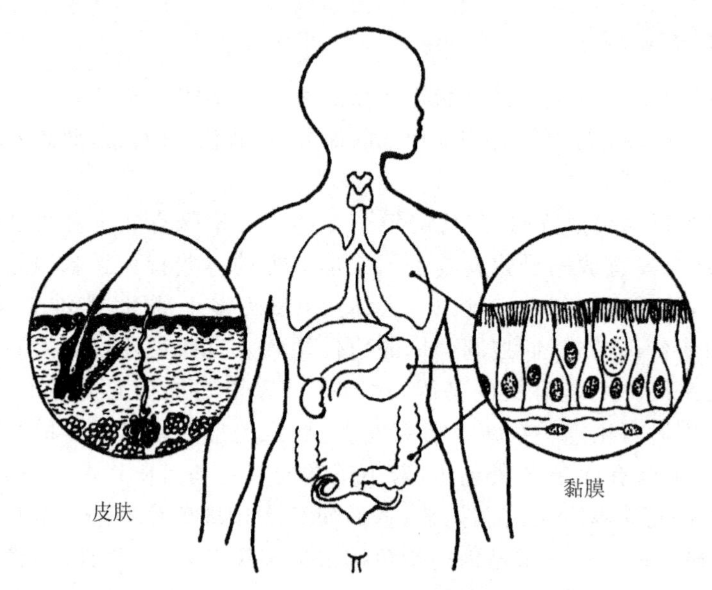

图 7-3　人体的第一道免疫防线

人体的皮肤和黏膜屏障包括物理屏障、化学屏障和微生物屏障，可以有效阻挡病原体侵入人体。

（一）物理屏障

皮肤是人体的完整外表，表面有一层较厚的致密的角质层，能够阻挡病原体的入侵，皮肤上皮细胞的脱落和更新也可清除黏附于表面的病原微生物。完整、健康的皮肤是最重要的屏障之一。

人的体腔与外环境接触，因此也进化出了完整的黏膜屏障。例如，上呼吸道黏膜细胞表面密布着很多纤毛，不停地将异物定向朝咽喉部摆动，再由此咳出。冬春之际，气候寒冷干燥，支气管黏膜受到损伤时，容易患感冒。长期吸烟会损伤呼吸道黏膜细胞，纤毛的清除功能降低，所以易患慢性支气管炎及其他呼吸道感染疾病。

（二）化学屏障

皮肤组织里有许多汗腺和皮脂腺，汗腺排泄出的乳酸不利于病原体的生长，皮脂腺分泌的脂肪酸有一定的杀菌作用，因此皮肤的杀菌作用是很强的。有人曾经做过一个实验，把一种有毒的链球菌涂在健康人的手上，经过3min后检查发现，有3000万个细菌，1小时后只有170万个，2小时后仅余下3000个了。

此外，胃黏膜能分泌胃液和溶菌酶等，胃液中有胃酸，有很强的杀菌作用；唾液、乳汁和鼻涕等分泌物内也含有杀菌物质。眼、口腔、尿道等经常有泪液、唾液和尿液的冲洗，也可清除外来有害微生物。

（三）微生物屏障

皮肤及体腔黏膜表面存在着大量正常菌群，这些菌群一般情况下对身体无害，甚至有益。它们不仅阻止外来病原微生物的入侵，而且能刺激人体产生对病原体有抵抗作用的抗体。

所有这些，形成了身体的表面屏障系统，是人体的第一道防线。它是机体防御体系中非常重要的组成部分，一旦失去或大部分失去这一屏障，生命会遭受极大威胁。如大面积烧伤患者会发生失液、严重感染等。而内分泌失调、应用免疫抑制剂、X光照射、手术或外伤等也会损伤人体皮肤或黏膜这一屏障，使机体抗感染免疫能力下降，从而易患感染性疾病。

需要提醒，面部“危险三角区”，即两侧口角至鼻根连线所形成的三角形区域血管和神经末梢丰富，通向颅内。如果此处的皮肤黏膜有破损，即使破损处非常微小，也可能让细菌及其毒素有机会进入大脑，从而发生脑膜炎或脑脓肿，甚至昏迷，危及生命。

总之，平时需要保护皮肤黏膜的完整性，保持皮肤黏膜的清洁，使其能发挥正常的免疫屏障功能。

二、第二道防线

第二道防线是指体液中的杀菌物质（如溶菌酶）和吞噬细胞。溶菌酶是一种能水解致病菌中黏多糖的碱性酶，其主要通过破坏细胞壁中的N-乙酰胞壁酸和N-乙酰葡糖胺之间的β-1，4-糖苷键，使细胞壁不溶性黏多糖分解成可溶性糖肽，导致细胞壁破裂、内容物逸出而使细菌溶解，从而起到杀菌的作用。人类的吞噬细胞有大、小两种：小吞噬细胞是外周血中的中性粒细胞；大吞噬细胞是血中的单核细胞和多种器官、组织中的巨噬细胞。吞噬细胞广泛分布于血液及肝脏、肺泡、脾脏、骨髓和神经系统里。它犹如“巡逻兵”，时刻监视着入侵的细菌。一旦发现有病原体侵入机体，吞噬细胞就会迅速冲向病原体，先将其吞入细胞内，再释放出溶酶体把病原体溶解、消化，最后达到消灭病原体，保障身体健康的目的（见图7-4）。

假如手指被利器刺破，如果没有处理干净，细菌便会从破损处进入皮肤里，此时吞噬细胞就会从四面八方向伤口处聚集，清除侵入的细菌，有时候伤口会形成疖肿、化脓，最后会痊愈。疖肿的脓液中就包含了吞噬细胞、被消灭的细菌和细菌被分解后的产物。因此，吞噬细胞的作用是把侵入人体的病菌消灭在局部，不使它们向全身扩散。如果在疖肿还没有充分化脓的时候就用手去挤，这些病菌还没有被完全吞噬和分解，就可能进入血液循环，病变就

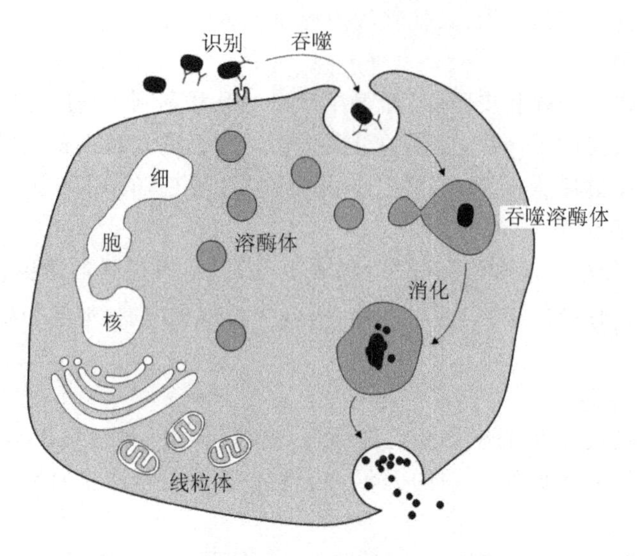

图 7-4　小吞噬细胞吞噬外来病原体的过程

会从局部扩展到全身。

我们体内某些重要部位，由于结构上的特点，使病原体不能透过而发挥局部的屏障作用，也属于非特异性的免疫作用，如血脑屏障、血胎屏障、血眼屏障、血胸腺屏障等，为这些重要的器官提供特别的保护。

血脑屏障是指脑毛细血管壁与神经胶质细胞形成的血浆与脑细胞之间的屏障和由脉络丛形成的血浆和脑脊液之间的屏障，能够阻止某些物质（多半是有害的）由血液进入脑和脊髓，从而保护中枢神经系统。有些病菌不易引起脑部疾病就是这个道理，只有在血脑屏障被破坏后，或者有些病菌可突破血脑屏障进入脑部才引起脑炎。婴儿或幼年期因血脑屏障尚未充分发育，病原体可随血入脑，所以易患脑脊髓炎及脑炎。

血胎屏障是由母体子宫内膜的基蜕膜和胎儿绒毛膜共同组成，此屏障不影响母子间的物质交换，但在一般情况下可防止母体内的病原菌进入胎儿体内，使胎儿免受感染。血胎屏障与妊娠期有关，在妊娠头 3 个月内，该屏障尚未发育完善，此时若母体受风疹、肝炎等病毒感染，则病原体可通过胎盘进入胎儿体内，常可造成胎儿畸形（如发生脊椎裂、唇腭裂等）、流产甚至死亡。如果怀孕四个月以上再受风疹等病毒感染，有血胎屏障的保护，病毒就不能通过胎盘，胎儿也就不会发生畸形。不少药物也能通过胎盘，造成畸胎、死胎或流产，所以怀孕期间尤其是怀孕早期要注意保健，预防病毒感染并防止滥用药物。

在正常机体的体液和组织中还含有许多种能够抵御病原体的物质，如存在于体液中的补体、防御素、细胞因子和干扰素等。它们发挥杀死细菌，溶解细菌，中和病毒和阻止病毒在细胞内复制的作用。吞噬细胞和这些体液杀菌物质构成了抵抗病原体的第二道防线。

第一道防线和第二道防线，是人类在进化过程中逐渐建立起来的天然防御体系，与生俱来，并且可遗传给后代，其作用广泛，不针对某一种特定的病原体，对多种病原体都有防御作用，因此叫作非特异性免疫（又称先天性免疫）系统。人在抗击病原体的过程中，首先是这种非特异性免疫发挥作用。

三、第三道防线

假如病原体数量多、毒性大，突破了第一道和第二道防线，进入人体并生长繁殖，就会引起感染。无论是出现症状（患病）还是不表现（隐性感染），机体都动员了免疫系统，试图清除体内的病原体。这种专门针对某一种病原体（抗原）的识别和杀灭作用称为特异性免疫，是人体免疫功能的第三道防线。

特异性免疫系统主要由免疫器官（如扁桃体、淋巴结、胸腺、骨髓和脾等）和免疫细胞（如T、B淋巴细胞）借助血液循环和淋巴循环而组成。其中，B淋巴细胞负责体液免疫，T淋巴细胞负责细胞免疫。第三道防线是人体在出生以后逐渐建立起来的，又称后天性免疫，在抵御外来病原体和抑制肿瘤方面具有十分重要的作用。

特异性免疫系统具有很强的专一性，其生成的特定抗体只能对同一种抗原发挥免疫功能，而对变异或其他抗原毫无作用。例如得过甲型肝炎的人就会对甲肝病毒产生持久的免疫力，因为甲型肝炎病毒通过刺激机体产生免疫应答，增加了巨噬细胞的吞噬功能，同时在体内产生了专门针对抗甲肝病毒的抗体。人体的免疫系统还能把甲肝病毒的特征长期记忆下来，如果再有甲肝病毒进入，就会很快被识别、被消灭。有的病原微生物（如流感病毒）刺激人体产生的获得性免疫力不强，而且病毒自身很容易突变，因此可能反复患流感。

体内抗原特异性T、B淋巴细胞接受相应抗原刺激后，自身活化、增殖、分化成效应细胞，产生一系列生物学效应的全过程，称为特异性免疫应答，又称适应性免疫应答。根据参与免疫应答细胞的种类和效应机制的不同，又分为B淋巴细胞介导的体液免疫应答和T淋巴细胞介导的细胞免疫应答两种类型。体液免疫和细胞免疫的主要过程可以用图7－5形象地表示。

由图7－5可见，B淋巴细胞受病原体刺激后，产生一系列变化，最终转化成为能产生抗体的浆细胞，这种免疫反应称为体液免疫。浆细胞所产生的抗体通过抗原-抗体结合的方式来消灭病原体，例如可中和病原体产生的毒素，凝集病原体使之成为较大颗粒以便吞噬细胞吞噬等。浆细胞产生的抗体主要存在于血液和体液中，也存在于唾液、泪液及哺乳妇女的乳汁等分泌物中。由于一般成人在生活过程中总会受到少量病原微生物的刺激，虽然感染了不一定表现出来，但血液和分泌物中已产生了抗体。在产妇刚产下新生儿的头几天里，产生的乳汁为初乳，其中含有的抗体最为丰富，新生儿或婴幼儿在获取母乳中营养成分的同时，也获得了抗体，也就因此获得了对某些病原微生物的免疫力，可预防感染。这也就是为什么母乳喂养大大优于人工喂养的原理之一。

经抗原呈递细胞处理后的病原体刺激T淋巴细胞产生一系列变化，最终转化成能释放出淋巴因子的致敏淋巴细胞。淋巴因子种类很多，作用也并不相同，它们积极地参与到免疫反应中，这种免疫反应称为细胞免疫。

由此可见，体液免疫和细胞免疫之间不是孤立的，它们相辅相成，互相协作，共同发挥免疫作用。

上述第一道防线和第二道防线属于非特异性免疫，又称天然免疫或固有免疫，是人一生下来就具有的，而特异性免疫需要经历一个过程才能获得。如炎症反应是人一生下来就有的能力。非特异性免疫对各种入侵的病原微生物能做出快速反应，并同时在特异性免疫的启动和效应过程中起到重要作用。人体的三道防线缺一不可，必须同时、完整、完好地发挥免疫作用，我们的身体健康才能得到更充分的保证。

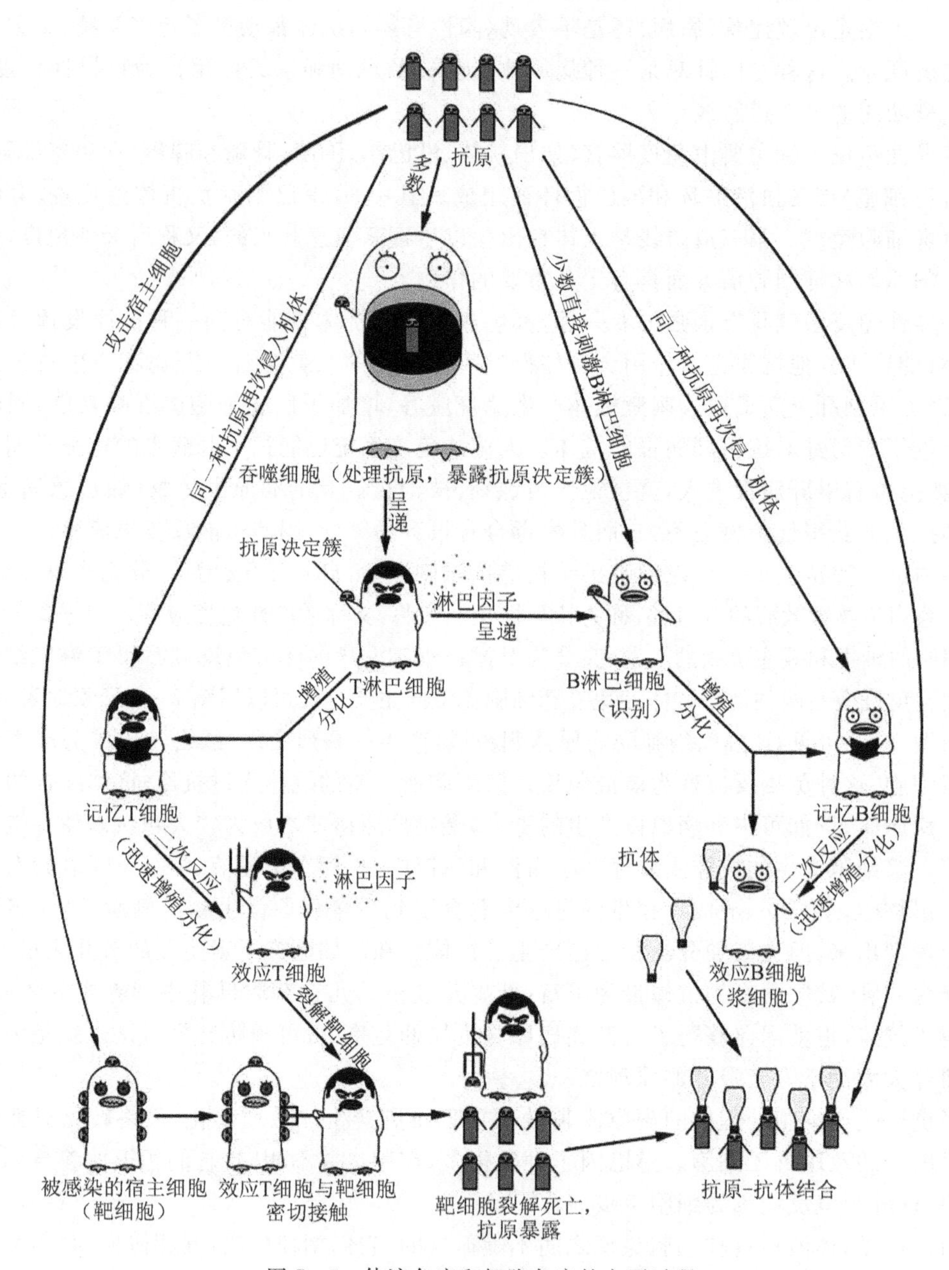

图 7-5 体液免疫和细胞免疫的主要过程

第三节　免疫相关疾病

一、超敏反应

超敏反应是指机体接受某些抗原刺激后，当再次接触相同抗原时发生的一种以机体生理功能紊乱或组织细胞损伤为主的异常适应性免疫应答。超敏反应根据发生机制和临床特点的不同，可分为以下四类：Ⅰ型超敏反应，即速发型超敏反应，又称过敏反应；Ⅱ型超敏反应，即细胞毒型或细胞溶解型超敏反应；Ⅲ型超敏反应，即免疫复合物型或血管炎型超敏反应；Ⅳ型超敏反应，即迟发型超敏反应。

（一）Ⅰ型超敏反应

Ⅰ型超敏反应主要由特异性免疫球蛋白E(IgE)介导产生，可发生于局部，亦可发生于全身。肥大细胞和嗜碱性粒细胞是参与超敏反应的主要效应细胞，其释放的生物活性介质(如组胺、白三烯等)是引起机体生理功能紊乱，产生各种临床疾病的物质基础。

Ⅰ型超敏反应的主要特征是：①致敏机体再次接触变应原后反应发生快，消退亦快，往往是一过性的反应；②患者通常出现生理功能紊乱，而不会发生严重的组织细胞损伤；③具有明显的个体差异和遗传背景。

1. 过敏体质及其原因

临床上，将接受某些抗原刺激后易产生特异性IgE抗体，从而引发过敏反应的患者，称为过敏体质个体。具有过敏体质的人可发生各种不同的过敏反应及过敏性疾病，如有的患湿疹、荨麻疹，有的患过敏性鼻炎、哮喘，有的食物过敏，有的则对某些药物特别敏感，可发生药物性皮炎，甚至剥脱性皮炎。

造成过敏体质的原因复杂多样。从免疫学角度分析，"过敏体质"的人常有以下共同的特征：

(1) IgE是介导过敏反应的抗体，正常人血清中IgE含量是极微的，而某些过敏体质者其血清中IgE含量比正常人高十倍。

(2) 正常人辅助性T细胞1(Th1)和辅助性T细胞2(Th2)两类细胞具有一定的比例，两者协调，使人体免疫保持平衡。某些"过敏体质"者往往Th2细胞占优势，而Th2细胞能分泌白细胞介素-4(IL-4)，它能诱导IgE的合成，使血清IgE水平升高。

(3) 正常人体胃肠道具有多种消化酶，使进入胃肠道食物中的蛋白质能被完全分解后吸收入血，而某些"过敏体质"者由于缺乏消化酶，使蛋白质未被充分分解即吸收入血，使异种蛋白进入体内引起胃肠道过敏反应。此类患者常同时缺乏分布于肠黏膜表面的保护性抗体——分泌性免疫球蛋白A(sIgA)，缺乏此类抗体的人群可使肠道细菌在黏膜表面造成炎症，这样便加速了肠黏膜对异种蛋白的吸收，从而诱发胃肠道过敏反应。

(4) 正常人体含一定量的组胺酶，对过敏反应中某些细胞释放的组胺(可使平滑肌收缩、毛细血管扩张、通透性增加等)具有破坏作用。因此正常人即使对某些物质有过敏反应，症状也不明显，但某些"过敏体质"者却因缺乏组胺酶，不能破坏引发过敏反应的组胺，而表现为明显的过敏症状。

2. 临床常见的Ⅰ型超敏反应性疾病

(1) 呼吸道过敏反应

过敏性鼻炎和过敏性哮喘是临床常见的呼吸道过敏反应,给工作和生活带来诸多的麻烦。呼吸道过敏反应常因吸入花粉、尘螨、真菌和动物的毛屑等变应原或呼吸道病原微生物感染引起。如春季,因为吸入花粉,会引起过敏体质个体的多种反应,如打喷嚏、流鼻涕,皮肤起红疹、风团,眼睛发痒等。

(2) 消化道过敏反应

少数人进食鱼、虾、蟹、蛋、奶等富含蛋白质的食物后可发生过敏性胃肠炎,出现恶心、呕吐、腹痛和腹泻等症状,严重者也可发生过敏性休克。

正常人肠道消化液中含有多种蛋白酶,可将食入的异源蛋白消化成肽,再经肽酶消化成氨基酸,最后吸收入血。而有些人肠道消化液中缺乏某些蛋白酶或某些肽酶,不能将异源蛋白充分消化;另一个原因是这些人肠道黏膜表面往往缺乏 sIgA。正常人肠道黏膜表面由于有 sIgA 的保护,能使肠道内的细菌不易在肠道黏膜上繁殖;而缺乏 sIgA 的人,肠道黏膜得不到保护,使得细菌可在肠道黏膜上生长、繁殖,使肠道黏膜出现炎症,血管通透性增加,而未经充分消化的异种蛋白、肽类物质便可被吸收入血,人体便可产生针对这些抗原的抗体,此种抗体吸附在某些细胞表面而使细胞致敏,当再次进食相同的海鲜食品时,这些被致敏的细胞便可被激活而释放出如组胺、白三烯等生物活性物质,使肠道平滑肌收缩痉挛,肠道毛细血管扩张、通透性增加,肠道腺体分泌增加,出现腹痛、腹泻等症状。过敏性腹泻患者应避免食用致敏的蛋白质食物,可预防本病的发生。

(3) 全身性过敏反应

全身性过敏反应包括药物过敏性休克和血清过敏性休克。药物过敏性休克以青霉素引发最为常见,头孢菌素、链霉素、普鲁卡因等也可引起。因此,临床上在注射这些药物前必须做皮肤试验(简称皮试)。血清过敏性休克见于临床应用动物免疫血清(如破伤风抗毒素、白喉抗毒素)进行治疗或紧急预防时,有的患者可因曾经注射过相同的血清制剂已被致敏而发生过敏性休克。全身性过敏反应重者可在短时间内死亡,因此需要格外谨慎。

(二) Ⅱ型超敏反应

Ⅱ型超敏反应是由 IgG 或 IgM 类抗体与靶细胞表面相应抗原结合后,在补体、吞噬细胞和 NK 细胞参与作用下引起的以细胞溶解或组织损伤为主的病理性免疫反应。常见的疾病有 ABO 血型不符的输血反应、新生儿溶血症、毒性弥漫性甲状腺肿(Graves 病)、重症肌无力等。

(三) Ⅲ型超敏反应

Ⅲ型超敏反应是由中分子可溶性免疫复合物沉积于局部或全身毛细血管基底膜及组织间隙后,通过激活补体,并在血小板、嗜碱性粒细胞、中性粒细胞参与作用下引起的以充血水肿、局部坏死和中性粒细胞浸润为主要特征的炎症反应和组织损伤。常见的疾病有血清病、链球菌感染后肾小球肾炎、类风湿关节炎等。

(四) Ⅳ型超敏反应

Ⅳ型超敏反应是由效应 T 细胞与相应抗原作用后引起的以单个核细胞浸润和组织细胞损伤为主要特征的炎症反应。此型超敏反应发生较慢,当机体再次接受相同抗原刺激后,通常需经 24～72 小时方可出现炎症反应。因此,Ⅳ型超敏反应又称迟发型超敏反应。

接触性皮炎是常见的Ⅳ型超敏反应，引起接触性皮炎的抗原有油漆、染料、沥青、农药、化妆品、塑料添加剂、药物(如磺胺、青霉素、伤湿止痛膏等)和其他某些化学物质(如二硝基氯苯、二硝基氟苯等)。这些化学物质的共同特点是相对分子质量很小，其本身并不能作为抗原引起人体的免疫反应，但接触人体皮肤后，可与表皮细胞内的角蛋白结合形成抗原，从而引起人体产生针对此类化学物质的免疫反应。体内的T淋巴细胞便可被该抗原致敏，当再次接触相同化学物质时，一般于24小时后局部可以出现以T淋巴细胞介导的、巨噬细胞参与的变态反应，表现为皮肤红肿、丘疹、水疱，严重的可发生剥脱性皮炎。

二、自身免疫性疾病

自身免疫性疾病是指免疫系统对自身细胞或自身成分发生免疫反应，造成损害而引发的疾病。正常情况下，免疫系统只对外来异物(如细菌、病毒、寄生虫以及移植物等)产生免疫反应，以消灭或排斥这些异物。但在某些因素影响下，组织成分或免疫系统本身出现异常，使免疫系统误将自身成分当成外来物而进行攻击。这时免疫系统会产生针对机体自身某些成分的抗体及活性淋巴细胞，损害破坏自身组织脏器，导致自身免疫性疾病。就像一支军队误将它本该保护的人当成了敌人，自相残杀。如果不加以及时有效地控制，后果可能十分严重，甚至危及生命。

常见的自身免疫性疾病有系统性红斑狼疮、类风湿关节炎、硬皮病、甲状腺功能亢进、青少年糖尿病、原发性血小板紫癜、自身免疫性溶血性贫血、溃疡性结肠炎，以及某些皮肤病、慢性肝病等。

这类疾病的治疗有一个共同点，都需要用免疫抑制剂来抑制针对自身机体的免疫反应。最常用的是肾上腺皮质激素类制剂，如泼尼松、氢化可的松、地塞米松等。如果疗效不佳，还可以用环磷酰胺、甲氨蝶呤等细胞毒性药物。所有免疫抑制剂均有不良反应，会不同程度地影响机体的抗感染、抗肿瘤免疫功能。因此，人们一直在研究其他更有效的治疗方法，已发现某些生物制剂和天然药物抑制自身免疫反应，但较少影响或不影响机体抗感染、抗肿瘤的免疫功能。

三、免疫缺陷病

免疫缺陷病是免疫系统先天发育不全或后天损害所致免疫功能低下或不全所引起的、以反复感染为主要临床特征的疾病。免疫缺陷病按其发病原因不同，可分为原发性(先天性)免疫缺陷病和继发性(获得性)免疫缺陷病两大类。前者与遗传有关，多发生在婴幼儿，如原发性T/B细胞缺陷病、联合免疫缺陷病等；后者则可发生在任何年龄，多因严重感染(尤其是直接侵犯免疫系统的感染)、恶性肿瘤、应用免疫抑制剂、放射治疗和化疗等原因引起，如获得性免疫缺陷综合征(AIDS)。免疫缺陷病的共同特点是：患者对各种病原体感染的易感性增加，临床表现为反复感染且难以控制；患者尤其是T细胞免疫缺陷的患者，其恶性肿瘤(白血病和淋巴系统肿瘤)的发病率比同龄正常人群高100～300倍；患者常伴发自身免疫性疾病和超敏反应性疾病，如系统性红斑狼疮和类风湿关节炎等；多数免疫缺陷病患者呈现遗传倾向性，约1/3为常染色体遗传，1/5为性染色体遗传。免疫缺陷病的临床治疗可采用抗生素、骨髓移植和干细胞移植、输入免疫球蛋白或免疫细胞、基因治疗等。

四、移植排斥反应

移植是应用异体或自体正常的细胞(如血细胞、骨髓干细胞)、组织(如皮肤组织)或器官(如肾、肝等)置换患者病变的或失去功能的相应细胞、组织或器官,以维持和重建机体生理功能的一种治疗方法。人体的免疫系统对各种致病因子有着非常完善的防御机制,能够对细菌、病毒、异物、异体组织、人造材料等外来成分进行攻击、破坏和清除,是一种自身保护机制。进行同种异体组织或器官移植后,外来的组织或器官等移植物作为一种外来成分,被接受移植者(受者)免疫系统识别,受者免疫系统发起针对移植物的攻击、破坏和清除,这种免疫学反应就是移植排斥反应(transplant rejection)。移植排斥反应是影响移植物存活的主要因素之一。

移植排斥反应有非常复杂的免疫学机制,涉及细胞和抗体介导的多种免疫损伤,主要原因是受者和供者的人类白细胞抗原(human leucocyte antigen,HLA)不同,供者与受者HLA的差异程度决定了排异反应的轻重。除同卵双生外,2个具有完全相同HLA系统的组织配型几乎不存在,因此在供者、受者进行配型时,选择的HLA配型尽可能地接近供者,这一点是减少异体组织、器官移植后移植排斥反应的关键。

自1954年人类首例同种异体肾移植获得成功以来,随着人类主要组织相容性抗原(如HLA)的发现、移植排斥反应机制的阐明、组织分型和器官保存方法的改进、新型有效免疫抑制剂的问世,以及外科技术水平的提高,人类器官移植已取得了令人瞩目的进步。当前,器官移植在世界各国广泛开展,移植物和患者术后生存率稳步提高,肾、心、骨髓和角膜移植物的5年生存率高达70%~90%,肝移植的5年生存率已超过60%。然而,移植术后引发的移植排斥反应,仍是目前临床上尚未有效解决的主要问题之一。

第四节　如何提高自身免疫力

一、亚健康状态

根据WHO的提法,人体健康状态可分为三种:健康、疾病和亚健康。处于亚健康状态的人,可有各种不适的自我感觉,但各种检查和化验结果常为阴性,因而极易被忽视。但是如果得不到及时纠正,继续发展下去,会出现免疫力进一步下降、微循环发生障碍、内分泌出现失调等情况,最后导致各种疾病的发生。

如何判断自己是否处于亚健康状态?如何纠正和逆转呢?常见的自我感觉有突发性精力不足、易疲劳困乏、精神不振、注意力难以集中、精神恍惚、胸闷、心悸、失眠、各处疼痛等;由于内分泌失调而出现烦躁、盗汗、潮热、惊恐不安、头晕目眩、月经不调、性功能减退等。此外,从疾病恢复期到完全健康状态,也会存在程度不同的不适感,也可列为亚健康状态。如休养不当,会出现向疾病逆转的不良后果,导致疾病复发或慢性迁延。

一旦发现自己处于亚健康状态,就应及时纠正,使之向健康状态发展,设法提高自身的免疫功能,改善微循环状况,调节内分泌和自主神经功能。此时应加强营养,注意休息,适当增强锻炼,请医生指导保健活动,必要时接受医疗检诊和随访检测,及时向健康状态过渡。

二、饮食与免疫

营养是各种饮食所含的、促进生长发育、保持体力、维护机体健康的有效成分。人体必需的七大营养素是蛋白质、脂肪、碳水化合物、矿物质、微生物、膳食纤维和水。免疫功能的构建需要多种营养物质协同作用,其中较重要的营养物质有蛋白质、维生素 A、维生素 C、维生素 E、多不饱和脂肪酸、锌、铁及一些生物活性物质。要提高自身免疫力,饮食是最基础的一个方面。科学饮食,合理膳食,对改善免疫力有不可低估的作用。

(一) 营养物质与免疫

1. 蛋白质

蛋白质是一大类由氨基酸组成的高分子有机化合物,含有碳、氢、氧、氮等主要元素和少量的硫、磷、铁等元素。蛋白质与免疫器官的发育、免疫细胞的形成、免疫球蛋白的合成等有密切关系。蛋白质营养不良的人可出现免疫器官(脾、胸腺)发育不良、淋巴细胞数目减少、免疫球蛋白水平下降等。

2. 维生素

维生素是维持机体健康所必需的一类小分子有机化合物,在体内既不构成人体组织,也不是能量来源,却对体内物质代谢起重要调节作用。维生素与免疫有重要联系。例如,缺乏维生素 A 时,皮肤、黏膜的局部免疫力降低可诱发感染,淋巴器官萎缩,自然杀伤细胞活性降低,对病毒、寄生虫等抗原产生的特异性抗体(如 IgA)减少等;缺乏维生素 E、维生素 C 时,免疫细胞、免疫球蛋白的数量可出现减少。

3. 矿物质

矿物质也称无机盐,是构成人体的重要化学元素,约有 60 种。矿物质在体内虽然含量很低,但对人体的免疫功能却有着重要影响。例如,铁或锌摄入不足,可使胸腺萎缩、T 淋巴细胞数减少、吞噬细胞的杀菌活性降低、免疫球蛋白明显减少。

4. 不饱和脂肪酸

脂肪酸可分为饱和脂肪酸和不饱和脂肪酸,有的不饱和脂肪酸在体内不能合成,必须从食物中摄取,又称必需脂肪酸。多不饱和脂肪酸与免疫功能有一定的关系,如可改变淋巴细胞膜的流动性、影响前列腺素和磷脂酰肌醇的合成、维持免疫力,如摄入不足,会影响机体免疫力。

5. 其他活性物质

食品中许多生物活性物质具有潜在调节免疫力的能力。香菇、枸杞、金针菇、灵芝、云芝、蘑菇、猴头菇、茯苓、银耳、黑木耳、人参、猕猴桃、螺旋藻等食品中的多糖均能增强免疫功能,茶多酚、大豆皂苷、辣椒素、番茄红素、乳酸菌及发酵产物等也有一定的调节机体免疫功能的作用。

(二) 促进免疫功能的食物

具有促进免疫功能的食物包括胡萝卜、白萝卜、大蒜、茄子、辣椒、玉米、黑芝麻、花生、核桃、黄豆、生姜、葡萄酒、木耳、银耳、蘑菇、海带、大枣、猕猴桃、苹果、山楂、鱼类、肉类等。

(三) 不利于免疫功能的食物

有些食物或食物的加工方式,不利于机体的免疫功能,如油炸食品、烧烤食品、含盐过多的食品、酒等。当然,过敏体质的人要注意避开可能引起过敏的食物。

三、睡眠与免疫

睡眠是人生存的一种必需状态，睡眠时间约占人生的 1/3。研究表明，人如果不吃饭可以活 20 天，不喝水可以活 7 天，但是如果不睡觉则只能活 5 天。由此可见，对人来说，睡眠比吃饭、喝水更为重要。一般认为，睡眠不但可以使大脑及机体处于恢复状态，消除疲劳而获得精力和体力，并且，优质睡眠可以借助人体内的免疫机制阻止疾病的侵袭和进攻，从而提高人的抗病能力。

美国宾夕法尼亚大学佩雷尔曼医学院的研究人员发现，果蝇可通过睡眠增强免疫系统响应，从感染中恢复过来。研究证明，睡眠可直接影响免疫反应，并对免疫机制发挥作用。通过果蝇的实验证明，感染后睡眠有助于提高存活率，而增加睡眠有助于提高果蝇的免疫反应，可抗感染，并提高感染后的生存率。由于在哺乳动物中同样存在信号路径，因此可以推理在人类中可能有相似的规律。

四、运动与免疫

运动是最经济、有效的健康生活方式，既健身又健心。通过适量运动可增大肺活量，改善血液循环，增强心血管功能，防止动脉硬化，促进新陈代谢，加快营养物质的吸收，减少体内多余的脂肪。目前认为，适量运动可以调动人体免疫系统的应激能力，延缓免疫器官的衰老，增强免疫功能。研究发现，运动可使中性粒细胞数量迅速增加，使干扰素的分泌量比平时增加一倍，可增强自然杀伤细胞、巨噬细胞和 T 淋巴细胞的活力，从而发挥更强的非特异性免疫功能。尤其是对于脑力工作者和老年人，坚持适量的运动，可使呼吸道感染的发病率降低。

五、情绪与免疫

情绪与免疫系统的有密切关系，大量资料表明，孤独、焦虑、恐惧等不良情绪均可造成机体免疫功能低下。特别是，癌症的发生与精神因素有密切关系。在正常情况下，当癌细胞刚出现时，免疫活性细胞（如自然杀伤细胞和巨噬细胞等）就会把癌细胞作为异物而尽快消灭，起到“免疫监视”的作用。但如果心情压抑或情绪紧张、身心长期受到摧残，由于免疫功能低下，癌细胞就可能逃避上述“免疫监视”作用，迅速增殖，而一旦发展到一定程度，免疫系统就对其无能为力了。

另一方面，用心理治疗法及精神药物，能逆转对免疫系统的不良影响，对癌症和自身免疫性疾病也有一定的辅助治疗作用。例如，催眠、暗示等方法能增强白细胞杀灭细菌的能力，并能改善淋巴细胞的反应性。

心理因素对免疫系统影响的详细机制仍在深入的研究之中。一般认为它是通过神经-内分泌-免疫网络而产生复杂作用的。为维护、改善免疫系统的功能，有必要对个性、心理状态作适当的评估和调整。

六、免疫预防

人类用免疫的方法预防传染病有着悠久的历史，疫苗的发明就是人类在长期同传染病斗争的过程中，通过人工手段使人体获得对某种疾病免疫能力的方法。疫苗是提高人体免疫力来达到预防疾病的一种生物制品，它基本上是由微生物及其成分制成。一般把细菌性制剂、病毒性制剂以及类毒素等人工主动免疫制剂统称为疫苗。现在应用的疫苗有三种类型，各有其优缺点。

第一种：减毒活疫苗，是用减毒或无毒力的活病原微生物制成，接种后能轻微感染人体而产生免疫力，从而达到预防效果。如脊髓灰质炎糖丸就是一种减毒活疫苗，口服后可预防小儿脊髓灰质炎。活疫苗接种引起隐性感染或轻症感染，病原体仍有一定的活性，因此少数人接种后会发生副作用，免疫缺陷者和孕妇一般不宜接种活疫苗。

第二种：灭活疫苗，病毒已经被杀死灭活，安全性好，死疫苗主要诱导抗体的产生，为维持血清抗体水平，常需多次接种。如钩端螺旋体疫苗即属此类。

第三种：新型疫苗，包括基因工程疫苗、基因疫苗等。基因工程疫苗是以现代基因工程的手段表达出病毒的一段无毒性序列制成的，如乙肝疫苗。这类疫苗安全性很好，预防效果与灭活疫苗相似，但要多次强化才有效。基因疫苗指的是DNA疫苗，即将编码外源性抗原的基因插入含真核表达系统的质粒中，再将质粒直接导入人体或动物体内，让其在宿主细胞中表达抗原蛋白，诱导机体产生免疫应答反应。抗原基因可在一定时限内持续表达，不断刺激机体免疫系统，使之达到预防疾病的目的。

（张薇）

第八章　健康自我管理

WHO曾列出了全世界普遍存在的十大健康危险因素：体重不足和肥胖、高脂血症、不安全性行为、高血压、吸烟、酗酒、不洁饮水、缺少公共卫生条件、铁缺乏、污染。如果认真去找，每个人身上都能找到一种或一种以上的健康风险因素。健康管理就是要找到自己身上的健康危险因素，通过科学方法干预去掉，让自己保持健康，或者小病康复，大病不恶化。

第一节　健康与健康自我管理

古往今来，健康都是永久的话题。健康的身体被视为人生的第一需要，人人都想拥有健康，但怎样才算健康，怎样才能保持或重获健康呢？很多人对此不太清楚，包括大学莘莘学子。人们曾经认为身体没有生病就是健康，医生可以帮助人们管理健康，这种认识是非常局限的。随着时代的发展和科学的进步，现代人对健康和健康管理有了更科学、更全面的认识。

一、现代健康观

WHO早在1948年成立之初的《宪章》中就指出：健康不仅是没有病和不虚弱，而且是身体、心理、社会功能三方面的完满状态。在1978年国际初级卫生保健大会上所发表的《阿拉木图宣言》中重申：健康不仅是没有疾病或不虚弱，且是身体的、精神的健康和社会适应良好的总称。该宣言指出：健康是基本人权，达到尽可能佳的健康水平，是世界范围内一项重要的社会性目标。

（一）健康的概念

1989年，WHO又一次深化了健康的概念，认为健康包括躯体健康（physical health）、心理健康（psychological health）、社会适应良好（good social adaptation）和道德健康（ethical health）。这种新的健康观念使医学模式从单一的生物医学模式演变为生物-心理-社会医学模式。现代健康概念中的心理健康和社会性健康是对生物医学模式下的健康的有力补充和发展，它既考虑到人的自然属性，又考虑到人的社会属性，从而摆脱了人们对健康的片面认识。

1．躯体健康（生理健康）

躯体健康是指身体结构和功能正常，具有生活的自理能力。具体有两方面含义：一是主要脏器无疾病，身体形态发育良好，体型匀称，人体各系统具有良好的生理功能，有较强的身体活动能力和劳动工作能力，这是躯体健康的最基本的要求；二是对疾病的抵抗能力，即维持健康的能力。

2．心理健康

心理健康是指个体能够正确认识自己，及时调整自己的心态，使心理处于良好状态以适应外界的变化。心理健康有广义和狭义之分：狭义的心理健康主要是指无心理障碍等心理问题的状态;广义的心理健康还包括心理调节能力、发展心理效能能力佳。

3. 社会适应良好

社会适应良好是指对于社会环境和一些有益或有害的刺激能积极调整、适应。不让自己长期处于封闭、压抑的状态。简单地说就是保持一种好的适应心态,保持良好的沟通。对于大学生来讲,应能与社会保持良好的接触,对于社会现状有清晰、正确的认识。既有远大的理想和抱负,又不会沉湎于不切实际的幻想与奢望,注重现实与理想的统一。

4. 道德健康

“道”是指人在自然界及社会生活中待人处世应当遵循的一定规律、规则、规范等,也是指社会政治生活和做人的最高准则。“德”是指个人的品德和思想情操。可以说,道德是人类所应当遵守的所有自然、社会、家庭、人生的规律的统称。违反了这些规律,人们的身心健康就会受到伤害。道德健康是指能够按照社会规范的细则和要求来支配自己的行为,能为人们的幸福作贡献,表现为思想高尚,有理想、有道德、守纪律。

(二) 健康的标准

为了进一步使人们理解健康的概念,WHO又规定了衡量一个人是否健康的十条标准:

1. 精力充沛,能从容不迫地应付日常生活和工作;
2. 处事乐观,态度积极,乐于承担任务而不挑剔;
3. 善于休息,睡眠良好;
4. 应变能力强,能适应各种环境的各种变化;
5. 对一般感冒和传染病有一定的抵抗力;
6. 体重适当,身材匀称,头、臂、臀比例协调;
7. 眼睛明亮,反应敏锐,眼睑不发炎;
8. 牙齿清洁、无缺损、无疼痛,牙龈颜色正常、无出血;
9. 头发有光泽,无头屑;
10. 肌肉、皮肤富有弹性,走路轻松。

这十条标准,详尽地解释和阐述了健康的定义,体现了健康所包含的内容。第一,阐明健康的目的,在于运用充沛的精力承担起社会任务,并且对繁重的工作不感到过分的紧张和疲劳;第二,强调心理健康,处事表现出乐观主义精神、对社会的责任感及积极的态度;第三,应该具有很强的应变能力,对外界环境(包括自然环境与社会环境)各种变化的适应能力,以保持各种变化不断趋于平衡完美的状态;第四,明确表达了个体实现健康几个主要方面的标准,诸如体重(适当的体重可表现出良好的合理的营养状态)、身材、眼睛、牙齿、肌肉等的状态。

(三) 健康的影响因素

健康的影响因素是相当复杂的。有个人本身的因素,也有社会、环境及卫生服务等。WHO向全世界公布的健康公式:

健康(100%)=遗传(15%)+环境(17%)+医疗(8%)+生活方式(60%)

从上面的公式中可以看出,对于遗传因素我们无法选择也无法改变;对于环境因素(如空气、水、食物的污染)我们也只能选择而无法改变;临床治疗对于现代很多疾病,尤其是高血压、糖尿病只能控制,不能根治;而不良的生活方式是影响健康的最大因素,是导致疾病和早死的主要原因,是我们自己的“选择”,是可以控制和改变的。哈佛公共卫生学院疾病预防控制中心研究表明,通过健康管理,有效改善生活方式,80%的心脏病和糖尿病、70%的中风及 50%的癌症是可以避免的。

二、健康自我管理概念的内涵

健康自我管理是指在医学帮助下，通过综合运用管理学和行为学的理论为促进和维护自己的健康而采取的决策和行动。通过计划、组织和控制的过程，针对我们自身影响健康的问题，采取有效的措施，养成良好的健康生活方式，从而达到幸福健康一生的目的。其内涵包括以下三方面内容：

（一）健康自我管理认知

健康自我管理认知是指个体通过自我意识及他人的言行反馈来审查自己，并对个人行为的价值性和指向性进行管理的自我认知过程，是自我意识能动性的表现。

（二）健康自我管理体验

健康自我管理体验就是个体由被动管理者到自主管理者转变之后，在心理和行为上所产生的各种积极主动的情绪、情感体验和意志体验。它既是心理和行为进行的动力和持续力量，也是个体和谐生活状态的一种体现。因此，个体通过健康自我管理体验不但可以使健康心理和健康行为持续向上地进行；而且通过健康自我管理体验能够实现个体自身的整体和谐，以及自身与组织、社会的关系和谐。

（三）健康自我管理行为

健康自我管理行为就是健康自我管理活动的外在表现，直接显示了健康自我管理活动的结果。它是一个良性动态的循环过程，指处在一定社会关系中的个体为实现自身价值和社会价值，积极主动地规划自身活动的行为方式，根据行为表现的反馈来进行评估，并依据该评估结果进行控制和调节自身行为活动，从而进行进一步的规划、表现、反馈、控制和调节活动。

在现实生活中，如果我们把健康比喻成一棵大树，树冠上结了各种“疾病”的果实，那么临床治疗，仅起到治“标”的作用，暂时缓解了症状。改变不良生活方式，实施健康自我管理，则是维护健康的根本（见图 8-1）。

临床治疗（治“标”）

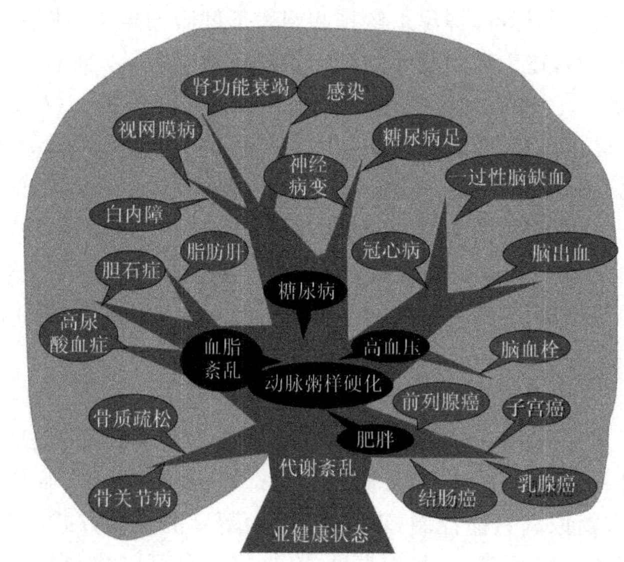

健康管理（治“本”）

不良生活方式：多食、少动、吸烟、酗酒、精神因素等

图 8-1　生活方式与健康

第二节　健康自我管理的方法与步骤

健康自我管理是一项简单易行、效果明确的干预措施，无需太多的人力、物力、财力、时间、技术，能够在大部分人身上产生一定的作用。

一、健康自我管理三步曲

自我管理健康是在医学的帮助下，通过自身的努力，争取使自己的健康达到最优化状态。但这是一个循序渐进的过程。可以将健康自我管理分为三个阶段，称其为“健康自我管理三步曲”。

（一）了解健康知识，树立健康信念

人的行为(behavior)是心理活动的结果，心理活动可以被认为是内隐的行为，而行为是心理活动的外在表现。正常人的一切行为都受到心理意识的控制，不受心理意识控制的行为只有婴幼儿的本能行为(如吮吸)、精神病行为(如自伤和伤人)和神经症行为(如强迫性洗手)。决定人们采取某种行为的最直接心理活动就是人的知觉(perception)、态度(attitude)和信念(belief)。

美国社会心理学家霍克巴姆等学者在研究了人的健康行为与其健康信念之间的关系后提出健康信念模型(health belief model, HBM)。这是第一个解释和预测健康行为的理论。HBM是一个通过干预人们的知觉、态度和信念等心理活动，从而改变人们的行为的健康教育模型，是人们开展健康行为干预项目和活动的重要工作模式。它被用于探索各种长期和短期健康行为问题，包括性危险行为与HIV/AIDS的传播。其理论要点为：

1. 知觉疾病易感性

它是个体对行为会危害自己健康或患病可能性的敏感程度。例如：“父亲和哥哥患了高血压，我以后会不会也高血压？”

2. 知觉疾病威胁

它是个体对危险后果的预期。例如：“医生说我的肺不太好，告诫我戒烟。我的一个吸烟的朋友患肺癌死去了，我会不会……”

3. 知觉益处

采取行动能带来好处。例如：“锻炼能帮助控制体重，降低血糖。”“停止吸烟，我的健康会得到更多的益处。”

4. 知觉阻碍

采取行动所付的代价和遇到的困难。通过识别阻碍因素、做出保证、给予激励和支持，能帮助个体减少阻碍。例如：“盐放少了，吃啥都没味，不好坚持。”“烟、酒能帮助交往，戒烟、限酒以后社交会受影响！”

5. 行动线索

实现行为改变的行动策略。易感性和后果严重的认识能促使个体产生威胁感，但还需要知道如何行动。

6. 自我效能

高自我效能者采纳建议、实施有益于健康的行为转变的可能性高。通过提供训练和指

导会提高个体的自我效能。HBM的优点是能激励个体采取行动，提出明确的接受成本和行动路径，增强采取行为的能力感。

（二）了解和评估自己的健康危险因素

所谓健康危险因素，是指对健康产生不利影响甚至危及健康的各种因素。比如膳食中盐摄入的多与少等。而健康危险因素又通常包括不可变化和可变化两个部分。不可变化的意思是无法改变的，如年龄、性别、家族病史等。但大部分健康危险因素是可以改变的，比如生活方式问题、某些行为习惯问题，如体重、血压、血脂、运动量、情绪变化等。这些是能够通过自己的努力，能够改善或者化解的。任何人均不可避免地暴露在有损于健康的各种危险因素之下，只是健康危险因素的程度、防护意识和措施上的差异造成危害程度不同而已。那么应该如何来了解和评估自己的健康危险因素程度呢？我们可以采取一个比较简易的办法，对照WHO倡导的健康四大基石"合理膳食、适量运动、戒烟限酒、心理平衡"，并结合当前自己的实际情况进行有针对性的评估（见表8-1）。

表8-1 健康危险因素评估

	危险因素识别	科学标准	自己的状况
合理膳食	食盐摄入	＜6g	
均衡营养	食油摄入	＜25g	
	糖的摄入	较少	
	植物纤维	较多	
	三餐比例	3∶4∶3	
心理状态	与自然交流	经常	
	与社会交流	经常	
	与知识交流	经常	
锻炼	相当走步	≥6000	
	每周次数	≥3次	
烟酒	吸烟	不吸	
	饮酒	＜25g	
睡眠	睡眠	7～8h	
依从水平	按时服药	坚持	
	定期咨询	经常	
	关注"迹象"	高度重视	

说明：根据WHO颁布的相关标准，本表"心理状态"和"依从水平"两个栏目是定性的，其各项指标表示的含义为：①"与自然交流"，外出旅游，走向大自然，陶冶情操，有利开阔心胸。②"与社会交流"，走向社会，服务社会，积极参与各种社会活动，增加与人交往的机会。③"与知识交流"，多学习，不仅能丰富自己，更使自己不断有所追求。④"按时服药"，根据医嘱，坚持按时间、按剂量、按品种服药。⑤"定期咨询"，当需要时，积极主动寻求医学帮助，取得社区医生的帮助。⑥"关注迹象"，学会并关注"重要疾病的蛛丝马迹"（如恶性肿瘤、心肌梗死、脑卒中、糖尿病、血液黏稠和抑郁症）的相关知识。

对照各栏目内容，把自己的实际情况填入相关空格，完成填写后，此表所显示出来的就是自己的实际情况与主要危险因素标准之间的差距，那么，就能找到自己主要健康问题的所在，而这些问题也就能作为推进自身健康和推进自我管理的重要内容。

（三）制订切实可行的健康自我管理计划并付诸实施

个体所面临的健康问题是有差别的，建议根据各人的主要危险因素类别等具体情况采取相应策略，并在纳入计划时给予具体的量化（见表 8－2）。比如，烹饪用油量每天控制在人均 25g，而不能仅笼统地概括为“减少烹饪用油量”。在健康自我管理的领域中，更应该倡导并侧重的是“慢性疾病 5 种高危人群”的健康自我管理。所谓的慢性疾病高危人群是指符合卫生部下发的《全国慢性病预防控制工作规范（试行）》文件中描述的下列特征之一者：①血压水平为（130～139/85～89）mmHg；②现在吸烟者；③空腹血糖水平：6.1mmol/L≤FBG＜7.0mmol/L；④血清总胆固醇水平：5.2mmol/L≤TC＜6.2mmol/L；⑤男性腰围≥90cm，女性腰围≥85cm。

表 8－2　健康危险因素控制策略建议

	危险因素类别	可采取的健康策略
合理膳食 均衡营养	食盐摄入	减少烹饪用盐量，每人每天少于 6g，减少含盐多食物（如咸菜）的摄入，菜肴烹饪结束后再加盐
	食油摄入	减少烹饪用盐量，每人每天少于 25g，油、菜同时入锅，菜肴烹饪快结束后再加油，少吃油炸食物
	糖的摄入	减少精制糖的摄入，少吃或不吃甜食
	植物纤维	增加水果与蔬菜的摄入，每周吃粗粮 3 次
	三餐比例	早、中、晚三餐的能量比为 3：4：3
心理状态	与自然交流	每年外地旅游 1～2 次，每月乘车郊游 2～3 次，每月骑车近郊游 2～3次等
	与社会交流	每季度参加社会公益活动 1 次及以上
	与知识交流	每天读份报纸，每季度听一次健康讲座，每年阅读一本书籍
锻炼	相当走步	参加家务活动者，每天步行 4000 步以上；不做家务活动者，每天步行 6000 步以上
	每周次数	≥3 次
烟酒	吸烟	不吸烟，家中无人吸烟，不去有人吸烟的公共场所，主动劝导别人不吸烟
	饮酒	不饮酒，或每天饮一小杯葡萄酒
睡眠	睡眠	中午午休少于 1 小时，晚上睡 7～8 小时，建议 23:00 前入睡
依从水平	按时服药	遵循医嘱
	定期咨询	社区医生咨询每季度 1 次，健康体检每 1～2 年 1 次
	关注“迹象”	重点关注：颈围、腰围、体重指数、腰臀比、血压、血糖、血脂和血黏度，女性还应关注乳腺及宫颈问题

二、健康自我管理的七个步骤

自我管理是一个科学管理的过程，一个成功的健康自我管理者应该掌握用目标来指引有计划的行动。傅华等在《健康自我管理手册》一书中将自我管理的基本过程概括为以下七个步骤：①决定想要做的事情及拟达到的目标；②分解目标，寻找可行的方法和途径；③制订一些短期行动计划，并与自己签订合约或协议；④执行行动计划；⑤检验执行结果；⑥在必要时做出适当的调整；⑦有了进步要及时给自己一些奖励。

（一）决定目标

个体的健康管理目标必须既实际又具体。决定目标的关键是针对个体实际情况，找出最迫切需要解决的问题，如减轻体重、增强体质、控制血糖、改善心脏功能、积极地参与社会交往、克服社交"恐惧"等。根据个体的需求决定健康目标，目标决定了就可以进行下一步规划。

有些人往往有许多问题需要解决，如既有高血压、糖尿病、心脏病，又有肥胖等问题，不知先解决哪一个为好。我们可以把这些问题都一一罗列出来（见表 8－3）。在您认为最重要、想第一个完成的目标上加一个星号（*）。

表 8－3　我的健康目标（我想解决的健康问题）

序号	健康目标
1	
2	
3	
……	

（二）分解目标

当目标较大，不能够一下子完成时，应该将目标分解为更小的、更具体的、更易操作的几个任务和步骤，并找出相应的方法来执行。如某人的目标是 2 个月内减重 4kg（见表 8－4）。

表 8－4　健康分解目标

项目	达到目标
第一周	减重 1kg
第二周	减重 1kg
第三周	减重 0.5kg
……	……

（三）制订计划

行动计划可帮助行动者知道应该做的事情。学习如何制订一个合理的行动计划。这是一个重要的技能，它能决定自我管理计划的成功与否。

第一步，确定这周将做些什么。如，想减肥者可以决定前三天不吃甜食，后四天每天饭后有氧运动 40min。要注意的是减肥不是一个特定行为，而是目标，但是散步、少吃甜食、有氧运动等则是特定的行为。

第二步，制订一个特定的执行计划。制订行动计划应该包括以下步骤：

1. 确定具体做什么。例如，饭后跑步持续时间、如何调整饮食等。

2. 做多少。例如，每天慢跑 40min、素食 3 天、晚餐 8 分饱等。

3. 什么时候做那些事情。例如，中饭后、下班回家时。建议把一项新活动与日常的旧习惯联系在一起，这是确保它完成的一种好办法。另外，可以将新的活动安排与平日每天要做的、最喜好的老活动相连接，如读报、看电视节目之前去做。

4. 一周将做几次这样的活动。可能大家都希望一周内每天都做。但生活中会有一些意想不到的事情会影响计划的执行，每天都做常常是不可能实现的，所以在制订计划时，最好制订一周做 3～4 次。少订 1～2 次，给自己放松和偷懒的机会，而不会因为少做 1 次而感到沮丧，如果能超额完成任务，我们的感觉会更好。人们要的是成功带来的快乐和成就感。

请注意：服药是一个例外！服药必须严格按照医生的要求去做。

第三步，一旦制订了行动计划，还要问自己一个问题：自己有多大的自信心来完成这个计划？（以 0～10 分来评价，0 分代表完全没信心，10 分代表完全有信心。）

如果答案是 7～9 分，这可能是一个合理的行动计划；如果答案是 7 分以下，应该再看看行动计划，是否能真正执行，或者调整一下行动计划（如适当减少时间或者次数）；如果答案是 10 分，觉得非常轻而易举就能完成，那么也可以适当增加计划的难度（如适当增加时间或次数），让自己既能有信心完成，同时也有一点挑战。

一旦制订了一份满意的行动计划，就请写下来贴在自己每天都能看到的、醒目的地方。在计划执行过程中，在评语栏记下是如何做的及遇到的问题。

如，这一周我打算（做什么？）

________________（做多少？）

________________（何时做？）

________________（一周做几次？）

您完成该计划的自信心有多高？

（四）执行计划

如果制订的行动计划切实可行，完成它通常相当容易。可以请家人或朋友协助检查做得如何。执行行动计划时应该记录每天的活动（见表 8－5）。这将帮助个体判断自己制订的计划是否切实可行，也有助于制订下一步的行动计划。每天做记录和写评语，即使记下的是当时无法理解的事情，但在以后这些记录和评语对于建立一种解决问题的方式可能很有帮助。

例如，一位打算跑步减肥的朋友，本周内没有完成一次跑步活动，因为每天她都会碰到不同的问题：太累了，天气太热了，下班晚了……当她回过头来看看她自己的记录和评语，她才认识到真正的问题是她害怕跑步太枯燥，坚持不下来。于是她决定邀朋友一起跑步或下载好听的歌曲，边跑边听。

表 8-5 健康管理行动记录

日 期	验 收	评语(是什么事情影响了行动)
星期一		
星期二		
星期三		
星期四		
星期五		
星期六		
星期日		

（五）检验结果

每周末,看看是否完成了周行动计划,以及是否更接近目标了。例如,能跑得更远吗?体重减了吗?身体有不适吗?对事情的进展做出评价很重要。我们可能看不到每天的进步,但应该能看到每周的进步。每周末检查行动计划完成的情况。如果碰到了问题,就应先解决问题。

（六）调整计划(解决问题)

当我们努力去克服困难时,第一个计划往往不是最可行的计划。如果某项措施不可行,也请不要放弃。要试试其他的措施,如调整短期行动计划,使其更简单些,给自己更多的时间来完成那些艰难的任务,选出实现目标的新方法,或同专业人员联系,从专家那里获得建议和帮助。

（七）奖励自己

对于一个好的健康自我管理者来说,最快乐的事情是在完成任务后得到应有的奖励。但是不要等到达到目标时才给自己奖励,而是要经常奖励自己。例如,事先定好,完成锻炼后才能看电视,以看电视作为奖励。奖励不一定要奇特、昂贵或丰厚,像这样的小奖励会给行动者带来许多乐趣。

在这里要提示健康管理者,不是所有的目标都能实现。有时候我们不得不放弃一些选择。不要太注重自己不能做的事情,而是应该着手开始自己想完成,并且能完成的目标,行动依然很有意义。

【小知识】

如何使行动成为习惯并长期保持?

每次只培养一个习惯,并为此习惯的养成制订计划,生活中的一切为这个习惯让路。提前分析一下,哪些原有习惯和事件有可能打断你的计划,做好准备和备用方案。特别是征求你家人和朋友的意见,让他监督和配合你。坚持 2 个月,如果能在日常生活中找到一个跟你一起坚持的人,成功率会大大增加。失败之后不要完全放弃,多尝试几次,成功率会提高很多,连续尝试 5 次之后,成功率可以提高 60%以上。

第三节 生活方式自我管理

生活方式是指人们长期受一定社会文化、经济、风俗、家庭影响而形成的一系列的生活习惯、生活制度和生活意识。人们的行为表现直接显现在外,构成生活方式的显现部分,但支配人们行为的价值观却隐含在内,仍是不可忽略的重要成分。

一、生活方式与健康

遗传决定了个体健康和对疾病的易感性,环境决定了易感个体疾病的发生率;而生活方式和生活条件则极大地影响着健康状况。不良的生活方式可以使人类处于非健康状态,导致生活质量下降,寿命缩短。

由人们衣、食、住、行、娱等日常生活中的不良行为,以及社会、经济、精神、文化各方面不良因素导致的躯体或心理的慢性非传染性疾病,称为"生活方式病"。

生活方式病,已经取代传染疾病,成为人类健康的"头号杀手"。现代人类所患疾病中有45%与生活方式有关,而导致死亡的因素中有60%与生活方式有关。不健康的生活方式直接或间接与多种慢性非传染性疾病有关,如高血压、冠心病、肥胖、糖尿病、恶性肿瘤等。职业病也属于生活方式病的范围。长时间伏案工作,缺乏必要的身体活动,可导致颈椎病、肩周炎、痔疮等疾病。

对于生活方式病,真正的危害不是来自疾病本身,而是来自日常生活中对危害健康的因素认识不足,不懂得生活方式与疾病的关系,脑子里还没有"健康生活方式"的概念。这才是今后生活方式病对人类真正的威胁所在。

二、生活方式管理

从卫生服务的角度来说,生活方式管理是指一个人以自我为核心的卫生保健活动。生活方式管理,强调个人选择行为方式的重要性,生活方式管理通过健康促进技术,比如行为纠正和健康教育,来保护人们远离不良行为,减少健康危险因素对健康的损害,预防疾病,维持健康。与危害的严重性相对应,膳食、体力活动、吸烟、饮酒、精神压力等是进行生活方式管理的重点。

(一)生活方式管理的特点

1. 以个体为中心,强调个体的健康责任和作用

选择什么样的生活方式纯属个人的意愿,如不吸烟,少饮酒,不挑食、偏食,坚持运动,不熬夜等。只有个人做出选择何种生活方式的决策,生活方式的管理才能得以实施。

2. 以预防为主,有效整合三级预防

预防是生活方式管理的核心,其含义不仅仅是预防疾病的发生,还在于逆转或延缓疾病的发展历程。因此,控制健康危险因素,将疾病控制在尚未发生之时的一级预防;通过早发现、早诊断、早治疗而防止或减缓疾病发展的二级预防;防止伤残,促进功能恢复,提高生存质量,延长寿命,降低病死率的三级预防,在生活方式管理中都很重要,其中尤以一级预防最为重要。

3. 通常与其他健康管理策略联合进行

预防措施通常是便宜而有效的，可以节约更多的成本，收获更多的效益。生活方式管理与其他健康管理策略共同实施，可以起到事半功倍的作用。

（二）健康的生活方式

生活方式与人们的健康休戚相关，健康的生活方式不可能被药物和其他所替代。改变生活方式永远不会晚，即使到中年和晚年开始健康的生活方式，都能从中受益。健康生活方式包括的内容很多，主要介绍以下七个方面：

1. 合理安排膳食

包括健康的饮食和良好的饮食习惯两大方面。健康的饮食是指膳食中应该富有人体必需的营养，同时还要避免或减少摄入不利于健康的成分。良好的饮食习惯包括按时进餐，坚持吃早餐，睡前不饱食，咀嚼充分，吃饭不分心，保持良好的进食心情和气氛等。成年人每天的食谱应该包括以下 4 类食物：

第一类为五谷类。根据活动量和消化能力的不同，每人每天大约需要 250～600g 粮食，重体力劳动需要的量可能更大。粮食的品种应该多样，提倡多吃粗粮、杂粮。

第二类为蔬菜水果类。蔬菜、水果中含有丰富的维生素、矿物质和纤维素，对健康非常重要。一个成人每天至少应该吃 500g 左右的新鲜蔬菜及水果。

第三类为蛋白质类。豆腐、豆类、肉类及蛋类含有丰富的蛋白质，成人每天以进食200～300g 为宜。奶类（牛奶、羊奶、马奶、奶酪等）也是很好的营养饮品，每天以饮 250～500ml 为宜。

第四类为油、盐、糖等。烹调应该以植物油为主，尽量少吃或不吃动物油，每人每天摄入的油不超过 25g，盐不超过 6g，尽量少吃糖。

2. 坚持适当运动

运动过少和过量都不利于健康。个人可根据自己的年龄、身体状况和环境选择适当的运动种类。关键是量力而行，循序渐进，持之以恒。最简单的运动是快步走，每天快步走路 3km，或做其他运动 30min 以上（如爬楼梯）。每周运动 3～5 次。运动的强度以运动时的心率达到 170 减去年龄这个数为宜。如一个 40 岁的人运动时能够使心率达到 130 次就比较合适。最好能够保持心率加快、身体发热这种状态 15min 以上。

3. 保持平和心态

在学习、工作和生活中要注意让自己的思想跟上客观环境的变化，不断变换角色，调整心态。在与他人和社会的关系上要能够正确看待自己，正确看待他人，正确看待社会，保持良好的人际关系，适应社会。

4. 改变不良行为

吸烟不仅浪费金钱，影响环境，危害安全，而且与高血压、慢性支气管炎、冠心病、癌症等多种疾病有直接关系，严重危害健康；长期大量饮酒会损害人体的肝脏、肾脏、神经和心血管系统；毒品（海洛因、大麻、冰毒、摇头丸等）麻醉人的神经，危害极大，所有人都应该远离毒品；保持忠贞的爱情，遵守性道德。卖淫、嫖娼是传播性病、肝炎的高危险行为；无规律的生活习惯会扰乱人体的生命节律，降低人体的免疫力，使疾病发生率增高，对健康极为不利；心情平静，避免焦虑或激动；工作有张有弛，不过度紧张和长期劳累；娱乐有度，不放纵。

5. 睡眠规律、充足

睡眠作为生命所必需的过程，是机体复原、整合和巩固记忆的重要环节，是健康不可缺少的组成部分。睡眠时人脑只是换了一个工作方式，使能量得到储存，有利于精神和体力的恢复。规律而充足的睡眠是最好的休息，既是维护健康和体力的基础，也是取得高效生产能力的保证。睡眠的时间因人而异，每天新生儿 20 小时、婴儿 14～15 小时，学龄前儿童 12 小时，小学 10 小时，中学 9 小时，大学生与成人 8 小时，老年人 6～7 小时。睡眠时间有个体差异，每天长睡眠者≥9 小时，短睡眠者≤7 小时，一般需要 7～9 小时。充足的睡眠是健康的前提和保障。午睡具有非常好的“养心”作用。午睡最好在 11：00—13：00，以半个小时到 40min 为宜。晚上，则以 22：00—23：00 上床为佳，因为人的深睡时间在 24：00—凌晨 3：00，人在睡后一个半小时就能进入深睡状态。长时间熬夜，每天不睡足 8 小时，也容易出现生理时钟混乱，造成内分泌失调。

6. 学习健康知识

建立健康的生活方式需要懂得健康知识，知识是不断调整自己行为的指南针。在新知识层出不穷的时代，健康知识也在不断更新，只有不断学习新的健康知识，识别各种错误信息，才能使自己的生活方式更健康。

7. 自觉保护环境

人类生存的环境对人的健康十分重要。每个人都要遵守保护环境的法律法规，遵守社会公德，在日常生活中注意自觉养成保护环境的良好习惯，如节约资源（水、电、煤气和天然气、纸张、汽油、木料等），不污染环境（不随地吐痰、不乱扔垃圾、分类回收垃圾、减少汽车尾气排放、慎用洗涤剂等），为保护环境贡献力量（植树造林、保护绿地、保护野生动物等）。

【小知识】

“微运动”也能助健康

学习、工作的巨大压力，使有些人常常感觉没有专门的运动时间。其实，在繁忙工作的同时，忙里偷闲做一些小小的“微运动”，只要持之以恒，也可以达到增进健康的作用。

眨眨眼来养眼：每隔半个小时左右，让眼睛离开电脑或书籍，有意识“闭目养神”，然后再眨眨眼睛，可以促进泪膜重新分布在角膜表面，以保护角膜，预防“干眼症”。或者，做做简易的眼保健操，也对缓解视疲劳有立竿见影的作用。

舌根运动促吸收：经常运动舌头，可加强内脏各部位的功能，有助于食物的消化吸收，强身健体，延缓衰老。例如，伸舌头：静坐，眼睛半闭，稍微张开嘴，尽量伸出舌头然后缩回，反复做 10～20 次；蛇吐芯：把舌体伸出后向左右来回摆动 10～20 次；搅舌根：顺时针、逆时针分别搅动舌根 10～20 次。

脚趾运动能健胃：人体的五脏六腑在脚上都有相对应的穴位。人的第二和第三个脚趾与肠胃有关，因此，经常活动可以达到健胃的目的。例如，脚趾抓地：采取站或坐的姿势，将双脚放平，紧贴地面，与肩同宽，凝神息虑，连续做脚趾抓地的动作 60～90 次；扳脚趾：趁休息时可反复将脚趾往上扳或往下扳，同时配合按摩二、三脚趾趾缝间的内庭穴。

第四节　亚健康自我管理

近年来，随着经济的不断发展，社会竞争的日益激烈，亚健康人群在世界各国普遍存在。WHO的一项全球性调查显示，75%的人处于亚健康状态。2002年的"21世纪中国亚健康市场需求成果研讨会"相关资料提示，我国目前70%的人处于亚健康状态。国内外研究资料均表明，亚健康发生率呈上升趋势。

一、亚健康的概念

亚健康是介于健康与疾病之间的一种状态，是指机体在内、外环境不良刺激下引起的心理、生理异常变化，但尚未达到明显病理性反应的程度。从生理学角度来讲，就是人体各器官功能稳定性失调，但尚未引起器质性损伤。在此状态下如能及时调控，可恢复健康状态，否则会发生疾病。随着年龄的增长，机体组织结构的退化及生理功能减退亦可引起亚健康，因此目前认为人体衰老的表现也属于亚健康。

二、亚健康的诱发因素

亚健康发生的原因是多方面的，大多数学者认为造成亚健康的主要因素有：

1. 过度疲劳造成的精力、体力透支

因生活、工作节律加快，竞争日趋激烈，人们用脑过度，心身长时期处于超负荷紧张状态，由紧张而造成机体身心疲劳。

2. 人体自然衰老

人体成熟以后，从30岁左右就开始衰老，到了一定程度，人的机体器官开始老化，出现体力不支、精力不足、社会适应能力降低等现象。

3. 不良生活方式和习惯

不良生活方式导致机体免疫力降低，处于疾病易感状态。

4. 情感生活质量下降，人际关系日益紧张

躯体和心理应激均能使人的交感神经长期处于亢奋状态，导致自主神经系统、内分泌系统、免疫系统功能失调，从而引起了亚健康。

5. 人体生物周期中的低潮时期

即使是一个健康的人，在某一特定的时期也可能处于亚健康状态。人的体力、精力、情绪都有一定的生物节律，有高潮也有低潮，脑力和体力都有很大的反差。在低潮时期，就会表现出亚健康状态。

三、亚健康的评估

亚健康状态有症无病，没有特异性病理变化，因此亚健康状态的评估诊断也难以形成统一标准。目前的评估方法主要有：

（一）借助工具评估

1. 量表或问卷评估法

如采用通用的症状自评量表、康奈尔医学指数或健康评估量表等，也可以根据具体情况

自编量表或问卷。

2. 实验室或临床检查法

借助常规监测仪器或专用亚健康检测仪器检测躯体生化指标的变化。

3. 模型和统计学方法

运用计算机技术建模，对采集的各种数据进行分析。

4. 其他方法

如运用现代分子生物学技术，或者中医的望、闻、问、切等。

（二）亚健康的自我评估

1. 早上起床时，有持续的头发掉落；(5 分)

2. 感到情绪有些抑郁，会对着窗外的天空发呆；(5 分)

3. 昨天想好的某件事，今天怎么也记不起来了，而且近些天来经常出现这种情况；(10分)

4. 上班的途中害怕走进办公室，觉得工作令人厌倦；(5 分)

5. 不想面对同事和上司，有一种自闭症式的症状；(5 分)

6. 工作效率明显下降，上司已明显表达了对你的不满；(5 分)

7. 每天工作一小时后就感到身体倦怠，胸闷气短；(10 分)

8. 工作情绪始终无法高涨，最令自己不解的是，无名的火气很大，但又没有精力发作；(5 分)

9. 一日三餐进餐甚少，排除天气因素，即使口味非常适合自己的菜，近来也经常如嚼干蜡；(5 分)

10. 盼望早早地逃离办公室，为的是能够回家，躺在床上休息片刻；(5 分)

11. 对城市的污染、噪声非常敏感，比常人更渴望清幽；(5 分)

12. 不再像以前那样热衷于朋友的聚会，有种强打精神、勉强应酬的感觉；(5 分)

13. 晚上经常睡不着觉，即使睡着了，老是在做梦的状态中，睡眠质量很糟糕；(10 分)

14. 体重有明显的下降趋势；(10 分)

15. 感觉免疫力在下降，容易感染流行性感冒等。(10 分)

结果解释：如果你的回答“是”，就按上述方法加分，加分的累计总分超过 30 分，就表明健康已敲响警钟；如果累积总分超过 50 分，就需要坐下来，好好地反思你的生活状态，加强锻炼和营养搭配等；如果累积总分超过 80 分，赶紧去医院查找原因，或是好好地休息，调整一下身体状态。

四、亚健康的管理

亚健康的研究已经成为一个由医学、心理学、社会学、哲学等多学科交叉的最前沿的有关人类健康的边缘科学，从健康到亚健康再到疾病是连续的、渐进的过程。亚健康的管理包括两层含义：第一层，从健康到亚健康的预防；第二层，从亚健康到疾病的预防。

（一）亚健康的干预手段

1. 日常生活干预

多用于亚健康的第一层预防。包括：①科学饮食，均衡营养；②合理休息，劳逸结合；③适当运动，坚持锻炼；④自我调节，保持平衡心态；⑤坚持定期体检。现代医学认为良好的心理状态有益于机体处于最佳健康状态，提高机体免疫力。

2. 药物干预

多用于亚健康的第二层防治。在日常生活调养基础上，还需根据个体情况采取一定的药物干预措施。例如，对于肾上腺皮质功能减退者，给予氢化可的松，治疗有效；采用甘麦大枣汤加减对具有精神不佳、四肢困倦、乏力、虚汗、腰酸等亚健康症状的人群有效。

3. 中医干预

中医干预多采用推拿、刮痧、隔药灸、耳穴贴压等中医技术。实践证明，中医技术根据个体症状的不同，调节亚健康状态，可以取得一定效果。

(二) 亚健康的自我保健

1. 适度运动

“生命在于运动”，坚持适宜的活动内容和活动方式，或者选择参加各项健身活动能延缓人体各器官的衰退老化。

2. 保证全面均衡的营养

人体对各种物质的需求量都有一个度，过量摄入将会适得其反，高糖、高盐、高脂肪食物的长期过量进食，尤其是饱和脂肪酸过量会导致亚健康状态。因此均衡适量的营养是维护健康的基本手段之一。

3. 保持心理健康

长期的精神刺激、压力、压抑、愤怒等负性情绪，也是导致亚健康的一个因素。保持良好的心态、奋发进取的精神，是防治亚健康的精神基础。

4. 提高自我保健意识

日常生活中戒除不良习惯和嗜好(如吸烟、酗酒、偏食)，做到饮食有节，起居有常，不过度劳累，提高自我保健意识，自觉构筑控制亚健康发生的第一道防线。克服不良生活方式是防治亚健康状态的身体基础。

5. 适时干预

采取药物预防、保健品调理、体育锻炼相结合的干预措施。对失眠多梦、口腔溃疡、消化不良和躯体疼痛等症状，可适当来用药物治疗、物理治疗或心理治疗等，使机体回归健康。

(三) 亚健康的调理方法

1. 饮食调理

根据亚健康所表现的不同症状，合理搭配饮食。

(1) 心病不安，惊悸少眠：多吃含钙、磷的食物。含钙多的饮食有大豆、牛奶(包括酸奶)、鲜橙、牡蛎；含磷多的有菠菜、栗子、葡萄、土豆、禽蛋类。

(2) 神经敏感：吃适量蒸鱼，加点绿叶蔬菜。吃前先躺下休息一会，松弛紧张的情绪；也可以喝少量红葡萄酒，帮助肠胃蠕动。

(3) 头胀头疼：嚼些花生、杏仁、腰果、核桃仁等干果，它们富含蛋白质、维生素 B、钙、铁以及植物性脂肪。

(4) 眼睛疲劳：可多食用鳗鱼，因为鳗鱼含有丰富的维生素 A。另外，吃韭菜炒猪肝也有效。

(5) 倦怠无力：吃坚果，如花生、瓜子、核桃、松子、榛子、香榧等，对健脑、增强记忆力有很好的效果。

(6) 心理压力大：多摄取含维生素C的食物，如青花(美国花柳菜)、菠菜、嫩油菜、芝麻、水果(柑、橘、橙、草莓、芒果)等。

(7) 脾气不好：牛奶、酸奶、奶酪等乳制品以及小鱼干等都含有极其丰富的钙质，有助于消除火气；吃芫荽，能消除内火。

(8) 记忆不好：补充维生素C及维生素A，增加饮食中的蔬菜、水果的数量，少吃肉类等酸性食物。绿茶中也含有维生素A，每天适量饮用对改善记忆力也很有好处。

2. 中医调理

中医学认为，人体的阴阳平衡才是健康的标志，然而这种平衡是动态的平衡，且受外界环境的影响，显然要达到绝对的平衡是不可能的，也就是说"亚健康状态"是客观存在的，于是，祖国医学有了调和阴阳、补偏救弊、促进阴阳平衡的治疗原则。常用方法归纳如下：

(1) 吐纳

吐纳是一种呼吸训练方式。通过改变呼吸来锻炼人的呼吸系统功能，调动相关支持系统的状态，如循环系统、运动系统等都会得到相应锻炼。比如"吸一呼三"、"吸三呼一"等等，把一口气变成多口气，来训练人体耐缺氧能力、增大肺活量等。

(2) 导引

最著名的导引是五禽戏，即模仿虎、鹿、熊、猿、鹤5种动物的动作而创编的一套防病、治病、延年益寿的医疗气功。在汉代以前已经有许多类似的健身法，被称为导引。当代中医也非常重视这类技术。

(3) 食饵

使用少量特殊食物或食物组合，调整人体状态，这种方式称为食饵。孙思邈在《千金翼方》中大量记载了食饵技术。人体两个重要功能训练需要相伴一生：肢体功能训练、代谢功能训练，后者首选食物训练。

(4) 按矫

按矫又有"推拿"、"按跷"、"跷引"、"案杌"诸称号。推拿在我国已有悠久的历史了。现存的古典医书《黄帝内经》里，许多地方都谈到推拿的治疗功效。

(5) 针灸

针灸是针法和灸法的合称。针法是把毫针按一定穴位刺入受术者体内，用捻、提等手法来治疗疾病。灸法是把燃烧着的艾绒按一定穴位熏灼皮肤，利用热的刺激来治疗疾病。针、灸之外，拔火罐、刮痧也都属于这类技术。

(6) 全神

全神是指饱满的精神状态。对这类精神状态的描述有三个不同程度："独立守神"、"积精全神"和"精神不散"。前两个程度是精神不断饱满、精力越来越充沛的情况，因此很难做到；第三种情况是要人的精神不涣散，一般人是可以做到的，问题仅在于一般人是否也能够自觉遵守自然的法则。

第五节 慢性病自我管理

慢性病自我管理方法(chronic disease self-management approach,CDSM),是近年来在国际上兴起的针对慢性病患者的治疗及管理方法。它是指在医疗专业人员的协助下,患者承担一定的预防性和治疗性保健、治疗任务,在自我管理技能指导下进行自我保健。

一、慢性病自我管理的必要性

全国疾病监测数据显示,中国慢性病死亡人数占总死亡人数的比例已经由1991年的73.8%上升到2000年的80.9%,死亡人数将近600万,慢性病已成为城乡居民死亡的主要原因。传统的医疗保健以医生为主导,为慢性病患者提供检查、治疗等系列服务。依据慢性病的患病特点,其保健服务不是以治愈为目的的,而是以稳定病情,帮助患者改善健康功能(身体和心理)、提高生活质量、降低医疗保健费用为目的的。要达此目的,不能只靠医生,因为患慢性病之后患者会长期遭受痛苦和担忧,必须承担许多新的疾病管理的任务。慢性病患者必须积极参与自己的保健服务,提高自身的能力,使自己能“照顾自己”,学会自我管理。

二、慢性病自我管理的实质

慢性病自我管理的实质为患者健康教育项目,它通过系列健康教育课程教给患者自我管理所需知识技能以及和医生交流的技巧,帮助慢性病患者在得到医生更有效的支持的情况下,主要依靠自己来解决慢性病给日常生活带来的各种躯体和情绪方面的问题。其特点有:

1. 注重以技能培训为主的健康教育,而非简单的知识培训。在管理中,患者是积极的参与者,承担一定的自我保健职责,包括自我监测病情(如血压、血糖),报告病情等;专业医师是患者的伙伴、顾问、老师,为患者提供建议。

2. 医生要关注患者担心的问题,以患者意识到的和关注的问题为前提。如对糖尿病患者,医师不仅要教其如何服降糖药、进行体育锻炼、控制体重,同时也要关注患者关心的问题,如我还能否像正常人一样与家人正常进餐,能否仍保持过去的社会交往等问题。

3. 慢性病的传统保健服务模式与自我管理模式在患者角色、医务人员角色及医患关系上都有所不同(见表8-6)。

表8-6 自我管理与传统保健服务模式比较

项 目	传统服务模式	自我管理
患者角色	被动接受,完全遵从医生安排	积极参与,以患者为中心,承担日常管理、监测与反馈等任务
医务人员角色	单方面选择和实施治疗方案	亦师亦友,与患者共同制定治疗方案,提供建议
医患关系	主动-被动型	共同参与型

三、慢性病自我管理任务

（一）医疗和行为管理

照顾自己的健康问题。如按时服药或就诊，改变不良饮食习惯和其他高危行为等。

（二）角色管理

建立和维持日常角色。如在社会、工作、家庭和朋友中的角色扮演，正常履行自己的责任和义务，做家务、工作、社会交往等。

（三）情绪管理

指处理和应对疾病所带来的各种情绪，妥善处理情绪的变化，如抑郁、焦虑以及恐惧等。

四、慢性病自我管理方法

慢性病自我管理，遵循“1—3—5”原则。1个目标：提升自我效能（自信心）。3个任务：自己照顾疾病、保持（恢复）正常生活、良好地管理情绪。5项技能：解决问题、进行决策、利用资源、建立医患伙伴关系、采取行动。

（一）提高自我效能的方法

可从四方面提高慢性病患者的自我效能（自信心），包括：成功地完成某个行为（过去的成功经验），间接经验（观察其他人执行某行为），口头劝说（你能完成这项活动），情感激发（激发出积极的情感）。

（二）解决问题的技能

在管理疾病的过程中，患者能够认识自身问题所在，能与他人一起找到解决问题的方法，采用适合自己的方法来积极尝试解决自身问题，并能够帮助他人，评估该方法是否有效。解决问题的步骤：发现问题，列出建议，选择其中一种，评估试用的结果，换用另一个建议，向别人寻求帮助，接受这个问题目前还无法解决的事实。

（三）制定决策的技能

学会与医护人员一起制订适合自己的、切实可行的目标、措施和行动计划。例如，什么时候锻炼足够或过量了；怎样才能知道某个症状有无严重的临床后果；发烧时是否还要继续服用降压药；糖尿病患者刚吃了一点甜食，接下来的食谱应该怎样调整等。

（四）获取和利用资源的技能

知道如何从医疗机构或社区卫生服务机构、图书馆、互联网、家人、朋友等渠道，获取和利用有利于自我管理的支持和帮助。例如，服务中心在哪里、距离有多远、如何联系；社区资源，包括图书馆、报纸、杂志、电视等；网络资源，包括专门网站、宣传知识；电话号码，包括120、医生、家人、社区、单位、医院的电话等。

（五）与卫生服务提供者建立伙伴关系

在长期的疾病过程中，医护人员是老师和合作伙伴的角色。患者必须准确地报告疾病的发病趋势和频率，和医疗专家一起探讨并妥善选择治疗方案。慢性疾病患者承担这些任务，需要建立良好的医患关系，学会与医生交流沟通、相互理解和尊重、加强联系，最终建立起伙伴关系，共同管理疾病。关系的建立要以良好的沟通为基础。建议与他人沟通时使用我语句代替你语句。例如，“你语句”：“快点！你总是迟到的。”转换成“我语句”：“该出发了，我担心其他朋友会等不了我们而先走了呢！你差不多准备好了吗?”通过例句我们会发现两种语句的区别。“我语句”让你在未表现出发怒、埋怨别人或为自己辩护的情况下，表达关怀和感受(如愤怒和沮丧)等;"你语句"有发怒、埋怨别人或为自己辩护的感觉,并且阻碍了进一步沟通。

(六) 目标设定与采取行动的技能

学习如何改变个人的行为,制订行动计划并付诸实施。方法为:

制订一个短期的行动计划并付诸实施,对行动保持信心和决心,对采取的行动进行评估,完善自己的行动计划使其更易于实施。如,这周我打算每周一、周二、周三午餐前在这个街区散步。那么,这个打算必须是现实的、可行的。这意味着计划执行者必须能够在这周完成这项行为。最后,这项行为应该是执行者完全有把握胜任的。可以通过自问来衡量信心的程度:"你对现在或以后能够在每周一、周二、周三午餐前在这个街区散步有多大的把握?"这种信心可以通过评分衡量。0 分表示完全没有信心,10 分表示完全有信心。如果评分≥7 分,那么这时可以应用解决问题的技能来使计划更现实,从而防止失败。

五、常见慢性病自我管理

高血压、高血脂、冠心病、糖尿病、肥胖等都属于常见的慢性疾病,本节以肥胖和高血压两种慢性病为例,进行慢性病自我管理方法的介绍。

(一) 肥胖者自我管理

WHO 于 20 世纪末就宣布:"肥胖已日益成为影响人类健康的一种全球性疾病。"进入 21 世纪,肥胖成为全球最大的慢性疾病,是仅次于吸烟之后的第二个可以预防的危险因素,与艾滋病、吸毒、酗酒并列为世界性四大医学社会问题。导致肥胖的原因有很多,在这里我们着重介绍由于摄入与消耗不平衡而引起的单纯性肥胖的自我管理。

1. 了解自己

(1) 减肥的意愿与决心

在正式开始减肥之前非常认真、诚恳、客观地在心里问自己:"我愿意并能够改变我现在的生活习惯吗?""我愿意并能够改善我的饮食习惯吗?""我作好减肥的心理准备了吗?"如果答案是肯定的,就为自己制订详尽可行的管理计划。

(2) 了解自己的肥胖程度

国内外有很多公式可以计算出我们属于哪种肥胖,但实际过程中还是有很多不符的例子。比如,健美运动员的体重很大,但是他们的体脂肪含量却很低,他们不是肥胖。有一些女性,体重不超,但是腰腹部脂肪堆积,她们需要控制体重吗?后者可以选择塑形训练。判断自己是否肥胖及程度可以采用以下方法:

①体重指数

体重指数(BMI)是 WHO 推荐的国际统一使用的肥胖判断指标。按照国内通用的标准,BMI 数值在 18.5~23.9kg/m^2 为体重适宜;BMI<18.5kg/m^2 为消瘦;BMI≥24.0kg/m^2 即为超重(超重是比较轻度的肥胖);BMI≥28.0kg/m^2 为肥胖。例如某人身高 1.7m,体重 72kg,则其 BMI=72kg/(1.7m×1.7m)=24.9kg/m^2,超过 24.0kg/m^2(但没达到 28.0kg/m^2),故属于超重。

②腰围(WC)

腰围是指经脐的腰部水平围长,是反映脂肪总量和脂肪分布的综合指标。WHO 推荐的测量方法是:被测者站立,双脚分开 25~30cm,体重均匀分配后测量。腹部脂肪过度积聚危害性最强,称作向心性肥胖。判断标准:男性>94cm,女性>80cm。

③腰臀比(WHR)

腰臀比是腰围和臀围的比值,是判定中心性肥胖的重要指标。腰围是取被测者髂前上棘和第十二肋下缘连线中点,水平位绕腹一周,皮尺应紧贴软组织,但不压迫,测量值精确到0.1cm。臀围为经臀部最隆起部位测得身体水平周径。评价标准:男性＞0.9、女性＞0.8,可诊断为中心性肥胖。

④标准体重

标准体重指数＝(实际测量体重－标准体重)/标准体重×100％

这个公式中的"标准体重"是用身高计算出来的,公式为:

女性的标准体重　身高(cm)－105＝标准体重(kg)

男性的标准体重　身高(cm)－110＝标准体重(kg)

体重是反映和衡量一个人健康状况的重要标志之一。过胖和过瘦都不利于健康,标准体重等级见表8-7。

表8-7　标准体重等级及肥胖程度对照

等　级	消　瘦	偏　瘦	正　常	超　重	轻度肥胖	中度肥胖	重度肥胖
肥胖度	＜－20％	＜－10％	±10％	10％～20％	20％～30％	30％～50％	＞50％

2. 掌握基本知识

(1) 肥胖的危害

肥胖患者更易发生高血压、高血脂和葡萄糖代谢异常;肥胖是影响冠心病发病率和死亡率的一个独立危险因素。防治超重和肥胖症的目的不仅在于控制体重本身,更重要的是肥胖与许多慢性病有关,控制肥胖症是减少慢性病发病率和病死率的一个关键因素。

(2) 减重的根本

肥胖可由多因素导致,如内分泌失调、遗传、饮食过量、缺乏运动、药物、心理等原因。这些因素都不是最根本的。肥胖的根本原因只有一条:摄入的能量多而消耗的能量少,即能量过剩。过剩的能量转化为脂肪。人体没有直接排泄脂肪的通道,粪便、尿液、汗水、唾液等均不含脂肪成分,减少脂肪的唯一(手术除外)措施是把脂肪代谢成能量加以消耗。因此,有效减轻体重的根本方法是使摄入的能量小于消耗的能量,动员体内的脂肪,使其代谢成能量。体重管理的重点是管理好能量的摄入及代谢,营养与运动是管理体重的关键。

3. 制订计划

(1) 饮食控制

①降低热量的摄取

营养学家认为,无论你控制什么——蛋白质、碳水化合物或脂肪,最终降低的是热量的摄取。如果一个人每天少摄取800kcal的热量,可在6个星期内减少5kg体重。但切忌体重降得过快,每人每天至少要摄取1200kcal的热量,如果供给身体的热量太少,就会失去肌肉。肌肉是人体消耗热量、促进新陈代谢的关键。

②减少食物的摄入量

要想减轻体重,无须放弃喜爱的食物,重要的是要加以控制。如果偏爱某种食物且食用量大,就要注意减少每次的摄取量。减肥者可在家放一个体重秤,贴一条提示标语,注意提醒自己摄取食物的重量。

③限制含脂肪食物的摄取

1g 脂肪含 9kcal 热量。与脂肪相比，相同质量的碳水化合物和蛋白质所含热量要低得多，约 4kcal/g。因此，要减肥不必少吃东西，可以以新鲜的蔬菜、水果、谷物代替每日所食用的含脂肪的食物(包括奶油等食物)。

④每天可以选择一餐流食

若每天有一餐只食用流食或饮料，则可在 8 个月内减轻 5kg 体重。流食要多样化，以免缺少营养。在医生指导下，甚至可以每日两餐流食。但要确保所选择的流食能提供身体所需的营养素和蛋白质，并要保证一日三餐。

⑤控制饥饿感

正确区分“口腔饥饿”(用进食来抚慰无聊、紧张、愤怒，远离沮丧或应激的心情)和“胃饥饿”(因身体需要而进食)。感到饥饿时就去散步，喝杯水或其他无糖饮料，吃一块杂粮饼或一些水果蔬菜，咀嚼无糖口香糖或含服无糖薄荷糖等。

(2) 合理运动

①减肥或控制体重的运动的类型

有氧运动(心血管锻炼)：可以增进心脏、肺和血液循环系统的健康。心血管运动的能量主要来自细胞内的有氧代谢，脂肪代谢也是通过这个系统来完成。

抗阻力训练：包括肌肉力量训练和肌肉耐力训练。提高肌肉质量，可以更好地在适合的运动强度中增加减脂的效果。抗阻力运动可以给身体带来很多实际的健康改善，包括降低患骨质疏松的概率，减少肌肉中必要物质的流失以及增加骨密度。

柔韧性锻炼：身体的柔韧性是健康锻炼计划的重要组成部分。想摆脱烦人的背部疼痛，让身体轻盈灵活，或是想减少生活中的种种压力，柔韧性锻炼是最好的选择。

提示：运动之前一定要做热身运动；运动之后一定要做放松伸展运动。

②有氧运动

运动方案的制定，应该体现随时随地、方便快捷、合适自己的特点。下面给出一个 5 周的有氧训练计划，供参考(见表 8-8)。

表 8-8　有氧训练计划

阶　段	热　身		运动目标		冷　身		每次运动累计时间	一周运动累计时间
	时　间	强　度	时　间	强　度	时　间	强　度		
第一周	慢走 5min	30%～50%	慢走 5min	50%～60%	慢走 5min	30%	15min	75min
第二周	慢走 5min	30%～50%	慢走 7min	50%～60%	慢走 5min	30%	17min	85min
第三周	慢走 5min	30%～50%	慢走 9min	50%～60%	慢走 5min	30%	19min	95min
第四周	慢走 5min	30%～50%	慢走 11min	50%～60%	慢走 5min	30%	21min	105min
第五周	慢走 5min	30%～50%	慢走 13min	50%～60%	慢走 5min	30%	23min	115min

注：每周 5 次，从热身开始到冷身结束尽量不要间断。

运动地点：自己所住小区内的小路上、街心花园、开阔的公共广场等。

③抗阻力训练

方案参见表8-9。运动地点：家中、公园、小区、广场等。

表8-9　抗阻力训练方案

	星期一		星期二		星期三		星期四		星期五	
	动作名称	次/组	动作名称	次/组	动作名称	次/组	动作名称	次/组	动作名称	次/组
第一周	卷腹	15/3			肩上推举	15/1 15/2*			颈后单臂屈伸	15/1 (12～15)/3*
	仰卧举腿	10/3			前平上举	15/1 15/2*			直立臂屈伸	15/1 (12～15)/3*
					侧平举	15/1 15/2*			颈后臂屈伸	15/1 (12～15)/3
第二周	卷腹	15/3			肩上推举	15/1 15/2*			颈后单臂屈伸	15/1 (12～15)/3*
	仰卧举腿	10/3			前平上举	15/1 15/2*			直立臂屈伸	15/1 (12～15)/3*
					侧平举	15/1 15/2*			颈后臂屈伸	15/1 (12～15)/3*
第三周	卷腹	20/3	肩上推举	15/1 15/3*			颈后单臂屈伸	15/1 (12～15)/3*	靠墙静态深蹲	10秒/1 15秒/1 20秒/2
	仰卧举腿	15/3	前平上举	15/1 15/3*			直立臂屈伸	15/1 (12～15)/3*	垫上后踢腿	20/4
	仰卧提臀	20/3	侧平举	15/1 15/3*			颈后臂屈伸	15/1 (12～15)/3*	卷腹	20/3
							卷腹	20/3	仰卧举腿	15/3
							仰卧举腿	15/3	仰卧提臀	20/3
							仰卧提臀	20/3		

续　表

	星期一		星期二		星期三		星期四		星期五	
	动作名称	次/组	动作名称	次/组	动作名称	次/组	动作名称	次/组	动作名称	次/组
第四周	肩上推举	15/1 15/3*	俯卧撑 A	10/3			颈后单臂屈伸	20/1 (15～20)/3*	靠墙静态深蹲	10 秒/1 15 秒/1 20 秒/2
	前平上举	15/1 15/3*	站姿推胸	(12～15)/3*			直立臂屈伸	15/1 (15～20)/3*	垫上后踢腿	20/4
	侧平举	15/1 15/3*	卷腹	25/3			颈后臂屈伸	15/1 (15～20)/3*	卷腹	25/3
			仰卧举腿	15/3			卷腹	25/3	仰卧举腿	15/3
			仰卧提臀	25/3			仰卧举腿	15/3	仰卧提臀	25/3
							仰卧提臀	25/3		
第五周	肩上推举	15/1 15/3*	俯卧撑 A	10/3			颈后单臂屈伸	20/1 (15～20)/3*	深蹲	15/1 15/2
	前平上举	15/1 15/3*	站姿推胸	(12～15)/3*			直立臂屈伸	15/1 (15～20)/3*	垫上后踢腿	20/4
	侧平举	15/1 15/3*	卷腹	20/3			颈后臂屈伸	15/1 (15～20)/3*	卷腹	25/3
			仰卧举腿	15/3			卷腹	25/3		
			仰卧提臀	20/3			仰卧举腿	15/3	仰卧举腿	15/3
							仰卧提臀	25/3	仰卧提臀	25/3

注：* 表示需要使用弹力带进行练习。所有抗阻力训练为循环练习。

所需物品：弹力带。选择一根相对较低强度的弹力带。

动作要点说明：

卷腹：仰卧在地板上，下背部紧贴地面。双手交叉放于胸前。双腿屈膝，双脚全脚掌踩实地面。下颏向胸前微收，收缩腹肌，呼气抬起上身，下背部不能离地（肩胛骨离地，腰不离地），保持 2 秒，然后慢慢回到开始姿势。

仰卧举腿：仰卧在地板上，双手放在身体两侧。做屈膝收腿的动作，保持大小腿夹角

90°，收腿时呼气，还原时吸气，整个动作过程保持在3～6秒内完成。

仰卧提臀：平躺在地板或床上，膝部屈曲成90°左右，双脚踏实地面，保持屈膝位，两手在身旁支撑，抬起臀部，使大腿和脊柱成一条直线，同时收紧臀部肌肉向上顶髋。

肩上推举：双脚开立、与肩同宽，膝关节微屈，挺胸、收腹、肩下沉，双臂从身体两侧打开，大臂平行于地面，小臂垂直于地面，掌心向前，微握拳(此为起始动作)。做向上推举的动作，两大臂尽量贴向耳朵，然后还原至起始位置。

前平上举：双脚开立、与肩同宽，膝关节微屈，挺胸、收腹、肩下沉，双臂直臂从身体正面举起至上45°，掌心相对，微握拳。发力时呼气，还原时吸气。

侧平举：双脚开立、与肩同宽，膝关节微屈，挺胸、收腹、肩下沉，双臂直臂从身体正侧面打开至水平位置，腕关节不要超过肘关节，微握拳。发力时呼气，还原时吸气。

注：使用弹力带训练法——肩上推举、前平上举、侧平举时均可采用坐姿，将弹力带中间位置坐在臀部下方，双手抓住弹力带两侧，上身动作与站姿一致。

颈后单臂屈伸：双脚开立、与肩同宽，膝关节微屈，挺胸、收腹、肩下沉，单臂举起与地面垂直，保持大臂不动，做单臂肘关节屈伸动作，反之亦然。

注：使用弹力带训练法——站立姿态同上。一手放在颈后，另一手放在下背部，双手同时握紧弹力带，放在颈后的手臂保持大臂不动，进行肘关节的屈伸动作，反之亦然。

直立臂屈伸：双脚开立、与肩同宽，膝关节微屈，挺胸、收腹、肩下沉，双臂前平举与地面平行，保持大臂不动，做肘关节的屈伸动作。发力时呼气，还原时吸气。

注：使用弹力带训练法——身体姿态同上，动作同上。将弹力带中段位置放在背部1/3位置，双手握住弹力带两侧(弹力带应在腋下及手臂内侧的位置上)。

颈后臂屈伸：双脚开立、与肩同宽，膝关节微屈，挺胸、收腹、肩下沉，双臂上举与地面垂直，保持大臂不动，双臂同时做肘关节向后屈伸动作。发力时呼气，还原时吸气。

注：使用弹力带训练法——这个动作可以采用站姿，也可以使用坐姿。站姿是将弹力带踩在脚后跟下，坐姿同上面其他动作。

靠墙静态深蹲：背向墙壁，站在离墙壁一步远的位置，然后上背部向后顶住墙壁，屈膝折髋将整个背部靠在墙壁上，保持身体与大腿夹角90°，大腿与小腿夹角90°，以这个姿态保持静止状态。注意膝盖和脚尖的方向是相同的，不要内扣也不要外展，膝关节不要超过脚尖。

垫上后踢腿：双手及双膝撑在垫子上，抬头，挺胸、收腹、直背，将一条腿向后伸出，同时做向后上方踢的动作。注意：后踢的尺度应把握在不扭转身体的前提下尽量高的位置。

俯卧撑A：双手撑在垫子上，略比肩宽，以膝关节为下半身支点，小腿可收起。做屈肘向下的动作，肘关节应在大、小臂夹角90°的位置。

弹力带站姿推胸：双脚开立、与肩同宽，挺胸、收腹、肩下沉，将弹力带绕在上背部，上臂打开，屈肘成90°，大、小臂均平行于地面，掌心向下握紧弹力带，双手向前及内伸肘推出，然后慢慢还原。发力时呼气，还原时吸气。

深蹲：双脚开立略比肩宽，挺胸、收腹、直背，双手背于身后或者向前伸出，同时折髋屈膝向下蹲。注意：膝盖和脚尖的方向是相同的，不要内扣，也不要外展，膝关节不要超过脚尖。

④抗阻力循环训练

所有动作依次进行循环训练。例如，肩上推举15次、前平举15次、侧平举15次，每个动作做完规定次数后间隔不超过5秒，即开始进行下一个动作，此为一大组，共做三大组，大组之间的间隔可以保持在15～60秒。

抗阻力训练动作原则：每个动作要求尽量用比较慢的速度完成，在做动作时一定要配合好呼吸。建议每个动作至少用6秒的时间完成，发力过程2秒，还原过程4秒。

【小知识】

如何保持体重不反弹？

1. 减肥速度越快，反弹越厉害。按照科学的观点，每周1kg是比较适宜的。当然您的体重如果超出正常体重很多的话，可以控制在1.5kg左右。

2. 体重减轻不等于减脂。体重确实与自身的肥胖有着一定的关系，但也不是能完全客观地反映出身体脂肪含量的，所以每天上称的次数不要比吃饭的次数还要多，每周1～2次称重比较合适。

3. 体重未减不等于脂肪未减 。很多人因为怕体重增长而不敢喝水。其实水对于一个减肥的人来说是最重要的催化剂。减肥过程中，如控制水的摄入，体重会掉得比较快，但其中脂肪含量仅占13%，水占84%；而不限制饮水时，看上去体重减得比较慢，但脂肪却占到25%，水为75%，实际减脂效果反而更好。每天应该喝7～8杯白开水(2000～2500ml)。

（二）高血压患者自我管理

高血压是终身疾病，但又是可以治疗的病。高血压的治疗越早越好，一旦得了高血压，或者仅有患高血压的危险，都应该对自己进行认真的健康管理。

1. 了解高血压

高血压在没有造成靶器官损害时，本身可以没有症状。很多人都不能确切地说出究竟是在什么时间患上了高血压。但高血压可以对全身重要器官的结构和功能造成不良影响，甚至引起严重后果，比如冠心病、心肌梗死、心力衰竭、脑出血、脑梗死、肾衰竭等。因此，控制血压在适宜水平，减少靶器官损害是高血压治疗的重要方面。

2. 自我管理措施

(1) 改善生活行为

适用于所有高血压患者。

①减轻体重(参见肥胖自我管理)

将自己的BMI控制在正常范围。高血压肥胖者必须注意减肥，体重降低对改善胰岛素抵抗、糖尿病、高脂血症和心血管损害等，均有非常重要的意义；养成经常测量体重的习惯(建议家中备体重秤)，这样能敏感地意识到自己体重的变化。如果超重，应制订减重计划，每月减1～2kg为宜。饮食过量和缺乏体育运动是造成肥胖的主要原因，因此，减轻体重的方法包括两方面：一是减少能量的摄入；二是积极参加体育锻炼及适当的体力劳动。对本人的饮食习惯进行详细地梳理，针对性地改变，减少能量的摄入(如改掉吃零食、吃夜宵、吃肥肉、吃甜点、吃饭过快、吃饭过饱等习惯)。

②减少钠盐摄入

膳食中约80%的钠来自烹调用盐和各种腌制品，所以应减少烹调用盐，每日食盐量以不超过6g为宜，如果基础食盐过多，一下子减不下来，至少不能超过10g。在日常生活中限盐的方法包括：少吃腌菜、咸菜、咸肉、咸鸡蛋、咸鸭蛋；炒菜时定好量，按量放盐，后放盐；吃菜时少喝汤；吃面条时不喝汤，因为汤中的盐含量更高；养成喝茶、喝粥的习惯，以水代汤。

③补充钙和钾盐

每日吃新鲜蔬菜400～500g，喝牛奶500ml，可以补充钾1000mg和钙400mg。

④减少脂肪摄入

膳食中脂肪量应控制在总热量25%以下。可以根据本人具体情况计算一下：

理想总能量摄入＝理想体重×生活强度

理想体重：计算方法请参见肥胖者自我管理。

生活强度：极轻度(25)，中轻度(30，一般的上班族属于此类)，中重度(35)。

三大营养素的供能比：脂肪低于25%，碳水化合物60%，蛋白质15%。比如，一位身高1.70m的男性，一般上班族，理想体重是170kg－110kg＝60kg，理想总能量摄入是60kg×30cal/kg＝1800cal，脂肪供能是1800cal×0.25＝450cal，每克脂肪供能是9cal，450cal÷9cal＝50，也就是说他每天的脂肪摄入量应该是50g以下。

⑤限制饮酒及戒酒

饮酒量和血压的关系比较复杂，适度的饮酒可降低高血压和心脑血管疾病的发生，但当每天饮酒量超过40ml(或30g)时，饮酒量和血压间呈正相关，大量饮酒者高血压的发病率约是非饮酒者的5倍，而且，大量饮酒还可减弱降压药的降压效果。此外，长期大量饮酒还是脑卒中的独立危险因素。因此，避免长期大量饮酒是预防高血压的有效措施，而且如果已经患有高血压，减少饮酒量，还可减缓高血压、心脏病和脑血管病变的发生和发展。一般建议将饮酒量控制在每天30ml以下，大约相当于大瓶啤酒1瓶或40度的白酒100g。

⑥进行适度的体力活动和体育运动

适当的、有规律的体育锻炼可增加热量的消耗，减少体内脂肪蓄积，使体重降低，缓解精神紧张，改善心血管系统的功能状态。此外，运动还可以增加高密度脂蛋白胆固醇(HDL－C)的浓度，改善胆固醇的代谢，预防动脉粥样硬化。运动有利于减轻体重和改善胰岛素抵抗，提高心血管适应调节能力，稳定血压水平。较好的运动方式是低或中等强度的等张运动，可根据年龄及身体状况选择慢跑、步行、骑自行车、游泳、球类运动、健美操、太极拳等以及适度的体力劳动，一般每周3～5次，每次30～60min。

⑦保持良好的心理状态

人的心理状态和情绪与血压水平密切相关，紧张的生活和工作节奏，长期焦虑、烦躁、恼怒等不良情绪，以及生活的无规律、无节制对血压的控制很不利。因此，保持豁达、平和、稳定的心理和情绪，及时排除负性情绪影响，对于控制高血压发展具有重要意义。高血压患者若情绪长期不稳定也会影响抗高血压药物的治疗效果，严重者可引发脑卒中或心肌梗死等并发症。高血压患者应多参加一些富有情趣的体育和文化娱乐活动，丰富自己的业余生活，修身养性，陶冶心情，保持良好的心理状态和情绪。

(2) 学会自我监测血压

①了解监测血压的必要性

血压是流动的血液对血管壁产生的侧压力，它与心脏和血管的收缩和舒张状态有关，而心脏和血管的收缩和舒张受到很多因素的影响，因此血压值不是恒定的。即使是正常人，血压在一天的不同时间也会有不同变化(在正常范围内变化)。高血压患者降压治疗的目标是让血压回到正常范围，在正常范围内波动。这就需要在不同的时间监测血压，特别是早晨醒来还没起床时的血压、餐前与餐后的血压、睡觉前的血压、活动后的血压(当然要安静休息10min后再测量)、安静休息时的血压等,只有监测才能知道血压是不是在正常范围内,才能更好地指导用药。只有自己监测血压才能达到监测的目的。高血压患者在降压治疗过程中自我监测血压十分重要。

【小知识】

白大衣高血压

白大衣高血压是指有些患者在医生诊室测量血压时血压升高,但在家中自测血压或24小时动态血压监测(由患者自身携带测压装置,无医务人员在场)时血压正常。这可能是由于患者见到穿白大衣的医生后精神紧张,血液中出现过多儿茶酚胺,使心跳加快,同时也使外周血管收缩,阻力增加,产生所谓的"白大衣效应",从而导致血压上升。

②确定降压的目标

一般建议普通高血压患者应把血压降到140/90mmHg以下;合并糖尿病的患者,应把血压降到130/80mmHg以下;年龄超过60岁的患者,血压需降到150/90mmHg以下;合并有双侧颈动脉狭窄者,血压降到160/90mmHg为宜。

③测量血压的时间

一般情况下每天测量4～6次即可。第一次在早晨醒后未起床时;第二次在午餐前(可以不测);第三次在午休后;第四次在晚餐前;第五次在晚餐后(可以不测);第六次在晚上睡觉前。如果自己有头晕症状及其他不适时可随时测量血压,了解当时的血压,判断自己的症状与血压的关系。当然,如果生活很规律、病情很稳定、药物没有调整,也可减少血压测量的次数,延长血压测量的间隔,但一定不要几个月都不测一次血压。

④学习测量血压的技能

以电子血压计测量血压为例。

第一步:将血压计的袖带与血压计相连。

第二步:脱去外衣,最好只留下一件内衣,顶多留下一件薄毛衣。坐在桌旁的椅子上,如果是早晨未起床时测量,应取仰卧位。

第三步:将袖带套入左胳膊,把袖带上三角形标志对准左胳膊关节中点上2cm处,拉紧袖带,将胳膊放松,置于桌上或床上(早晨未起床时),手心向上。

第四步:点一下"开始"键,袖带将自动充气/放气,然后血压计上会出现3个数字,从上向下依次为收缩压、舒张压、心率,观察后用笔记在纸上。

第五步:一般连续测量3次,每次测量间隔2～3min。取平均值,记录在自己的血压观察表上,在记录以上3个数字的时候,要写明测量时间和体位(坐位还是卧位,注明测量时间)。

(3) 做好服药管理

①了解何时开始服用降压药

医生会根据高血压患者的血压水平和有无并发症等情况评估出高血压级别和危险程度。一般情况下,收缩压在140～160mmHg,舒张压在90～100mmHg为一级;收缩压在160～180mmHg,舒张压在100～110mmHg为二级;收缩压在180mmHg以上,舒张压在110mmHg以上为三级;收缩压和舒张压如果不在一个级别,按高的定级。定级的目的是决定何时开始口服降压药治疗。一般情况下，对于一级高血压患者，可以先用改变生活方式的方法观察3个月，如果血压仍然高，再开始降压治疗；对于高血压级别是二级或三级，或者伴随其他危险因素的患者，要立即开始口服药降压治疗。高血压急症或高血压危象，则需立即用静脉降压药。

②掌握服药注意事项

A. 掌握降压药的副作用

好多降压药都有不同程度的副作用，这些副作用只是在少数比例的患者身上发生，不一定每个人都有。但是患者用了降压药，要注意这个药有哪些副作用，留心它们有没有在自己身上发生，因为有的降压药的副作用不会发生严重的后果。如硝苯地平引起的头胀头痛，停药后就消失了。倍他洛克导致的心动过缓，减量后就消失了。而有的降压药的副作用不能及时发现，会导致严重的后果，如卡托普利会导致白细胞减少。但是也不要因此对药物感到恐惧，只要在医生的指导下，长期服降压药，每年定期体检，复查肝功能、肾功能和血脂、血糖、血常规、尿常规等，根据身体变化情况及时调整药物，是不会产生什么严重后果的。

B. 遵照医嘱按时按量服药

药品的用量和服药时间，直接关系到血液中药物的浓度，也称为血药浓度。达到一定的血药浓度是药物发挥药效的必要条件。剂量太小，达不到治疗目的；剂量太大，会加重药品的不良反应，甚至引起中毒。不按时按量服用降压药物，会导致患者血压控制不稳，忽高忽低，易引起脑出血、冠心病等疾病，只有按时按量服药，才会对控制血压、稳定疾病有帮助。

C. 按时复诊，忌自行停药

高血压是由于患者机体对血压调节的系统出了问题，出现的血压持续升高症状。服用降压药，只是降低血压，并不能恢复患者的血压调节功能，所以一旦自行停药，血压还是会升高。服降压药是对靶器官的保护。高血压患者应按时到医院复诊，听从医生的建议，不要随意停药，否则容易出现严重后果。如出现血压偏低，也应在医生指导下调整药量，而不要自行停药。

3. 与卫生服务提供者建立伙伴关系

以上几点描述讲的是高血压患者的自我管理原则，每个人应该根据自己的具体情况制定具体的管理目标和管理方案，如果同时合并其他心脑血管危险因素，如高血脂、高血糖、高尿酸、高同型半胱氨酸等，应针对每个危险因素制定相应的管理方案，而且每1～2个月要总结一下方案的执行情况和目标的实现情况，遇到自己解决不了的问题，及时与医生联系，寻求帮助；遇到病情变化，也要及时去医院或社区看医生。

4. 重视同伴的力量

高血压患者的自我管理，是一项漫长的历程，既要纠正和改变不良的生活习惯，又要坚持血压监测、正确服药、定期复诊。除患者本人要有毅力，坚持改进外，同伴的交流、指引、鼓励、监督也是非常有效的。患者所在社区如已经建立“慢性病自我管理小组”[1]。建议患者

〔1〕“慢性病自我管理小组”是在地域相近、文化相通的社区(村)居民中形成的，为促进健康进行自我管理的群众组织。“小组”邀请专业人员定期开展健康咨询，组织健康讲座活动，小组成员之间进行相互帮助、交流以及疾病自我管理等，力争使成员能掌握科学的健康知识、疾病防治知识等，最终达到“健康同行”、“共同健康”的目的。

要积极参加小组各项活动。在小组学习中，可以不断了解和掌握关于疾病的病因、症状、预防、治疗的知识以及健康管理技能，提高与他人沟通的技能、解决因疾病或不健康因素带来的各种问题的能力、寻求家庭与社会支持的能力等。另外，在小组成员相互支持、互相帮助、互相鼓励的环境中，更容易提高患者的自信和自我管理有效性。如患者所处的社区，尚未开展慢性病管理活动，则需要患者充分利用病友、家人、社区医生等力量，为自己的血压管理起到督促和促进的作用，提高健康水平。

WHO 在《健康新地平线》中提出："青年以前是生命的准备期，中年是生命的保护期，晚年是生命的质量期。"可以从中感悟到：人的生命质量是一生的积累，从青年开始就应重视健康，懂得自我保健，为一生健康打下坚实的基础；中年时期工作生活要张弛有度，劳逸结合，轻松快乐；到了老年阶段，是享受生命质量的重要时期，平安百岁、快乐轻松、无病无痛、无疾而终。做好健康自我管理，是实现"健康生活"的必由之路。

（王撬撬）

第九章　常见疾病的防治

第一节　糖尿病

糖尿病是一组以慢性高血糖为特征的代谢性疾病，是由于胰岛素分泌缺陷和(或)其生物作用受损而引起的。高血糖可导致各种急慢性并发症。糖尿病典型的临床表现为“三多一少”症状，即多尿、多饮、多食和体重下降，也可有疲乏无力、皮肤瘙痒、视力模糊等表现。许多患者无任何症状，仅于健康检查或因各种疾病就诊化验时发现高血糖。

一、糖尿病的诊断和分型

我国目前采用国际通用的 WHO 糖尿病专家委员会于 1999 年提出的诊断标准(见表 9-1)。

表 9-1　糖尿病诊断标准

诊断标准	静脉血浆葡萄糖水平(mmol/L)
糖尿病症状(高血糖导致的多饮、多食、多尿、体重下降、皮肤瘙痒、视力模糊等急性代谢紊乱表现)加随机血糖	≥11.1
或空腹血糖	≥7.0
或葡萄糖负荷后 2 小时血糖	≥11.1
无糖尿病症状者，需改日重复检查	

(一) 1 型糖尿病

发病年龄轻，大多<30 岁，起病突然，“三多一少”症状明显，不少患者以酮症酸中毒为首发症状，血糖水平高，血清胰岛素和 C 肽水平低下，胰岛细胞抗体、胰岛素抗体、谷氨酸脱羧酶抗体等自身抗体检查可呈阳性。首选胰岛素治疗。

(二) 2 型糖尿病

常见于中老年人，肥胖者发病率高，常可伴有高血压、血脂异常、动脉硬化等疾病。起病隐袭，早期无任何症状，或仅有轻度乏力、口渴症状。血清胰岛素水平早期正常或增高，随着病程进展逐渐下降。

(三) 某些特殊类型糖尿病

如青年人中的成年发病型糖尿病(MODY)、线粒体基因突变糖尿病及糖皮质激素所致糖尿病等。

（四）妊娠糖尿病

通常是在妊娠中、末期出现，分娩后血糖一般可恢复正常，但未来发生2型糖尿病的风险显著增加。

二、控制糖尿病的方式

目前尚无根治糖尿病的方法，但通过多种治疗手段可以控制好糖尿病，主要包括5个方面：糖尿病患者的健康教育、病情监测、药物治疗、运动治疗和医学营养治疗。

（一）糖尿病患者的健康教育

将糖尿病相关的基本知识教授给患者，使其了解控制血糖对健康的益处，帮助患者树立战胜疾病的信心。患者根据自身病情特点及其治疗方案，学会自我管理的相关方法。

（二）病情监测

包括血糖监测、其他心血管危险因素和并发症的监测。患者掌握便携式血糖仪的使用方法，每天自我监测4次血糖（三餐后2小时及空腹），血糖不稳定时要监测8次（三餐前、三餐后、晚睡前和空腹，必要时加测凌晨3:00）。2型糖尿病患者自我监测血糖的频度可适当减少。每3个月检查1次糖化血红蛋白。每年至少1次全面了解血脂以及心、肾、神经、眼底等情况。

（三）药物治疗

若单纯的生活方式干预后血糖不能达标，应开始药物治疗。

1. 口服药物治疗

(1) 磺脲类药物

2型糖尿病患者经饮食调整、运动、降低体重等方法后，血糖水平仍不能控制者可用磺脲类药物。其降糖机制主要是刺激胰岛素分泌，所以对保存有相当数量（30%以上）有功能的胰岛β-细胞者疗效较好。但对肥胖者使用磺脲类药物时，要特别注意饮食控制，使体重逐渐下降，与双胍类或α-葡萄糖苷酶抑制剂降糖药联用较好。

(2) 双胍类降糖药

降血糖的主要机制是增加外周组织对葡萄糖的利用，增加葡萄糖的无氧酵解，减少胃肠道对葡萄糖的吸收，降低体重。主要不良反应：一是胃肠道反应，表现为恶心、呕吐、食欲下降、腹痛、腹泻，发生率可达20%。为避免这些不良反应，应在餐中或餐后服药。二是头痛、头晕、口中有金属异味。三是乳酸酸中毒，伴有缺氧性疾病、急性感染、胃肠道疾病时引起酸中毒的机会较多。

(3) α-葡萄糖苷酶抑制剂

1型和2型糖尿病均可使用，可以与磺脲类、双胍类或胰岛素联用。常于进食第一口饭时嚼服。主要不良反应：腹痛、肠胀气、腹泻、肛门排气增多。

(4) 胰岛素增敏剂

有增强胰岛素敏感性、改善糖代谢的作用。可单用，也可与磺脲类、双胍类或胰岛素联用。这类药物易致体重增加和周围性水肿，并有增加心力衰竭发生率、骨折发生风险。

(5) 格列奈类胰岛素促分泌剂

为快速促胰岛素分泌剂，每次主餐餐前服用。

(6) 二肽基肽酶-Ⅳ抑制剂

可有效抑制二肽基肽酶4的活性，阻止内源性胰高血糖素样肽1(glucagon-like peptide-1,

GLP－1)的裂解,从而通过促进β－细胞分泌胰岛素、抑制α－细胞分泌胰高血糖素,参与了机体血糖的稳态调节。

【小知识】

新型钠－葡萄糖协同转运蛋白2(SGLT2)抑制剂类药物

肾脏每天要过滤160～180g葡萄糖,几乎所有这些葡萄糖被重吸收后将重新回到血液循环中。SGLT2是参与这一过程的主要转运蛋白。SGLT2抑制剂能阻止30%～50%的葡萄糖滤过负荷,或每天滤过的葡萄糖(约180g)中的50～80g。近年在欧美上市的SGLT2抑制剂类药物有恩格列净、达格列净和卡格列净。

美国糖尿病学会(ADA)和欧洲糖尿病研究学会(EASD)在2015年发表的《2型糖尿病管理指南》中引入SGLT2抑制剂的概念。SGLT2的降糖作用不依赖胰岛素,因此这类药物可应用于2型糖尿病的任何阶段,甚至在胰岛素分泌功能已经严重衰退后。此外,SGLT2的益处还包括适度的减重及稳定的降血压作用。

2. 胰岛素

根据来源和化学结构的不同,胰岛素可分为动物胰岛素、人胰岛素和胰岛素类似物。按作用起效快慢和维持时间的不同,又可分为短效、中效、长效和预混制剂。

胰岛素使用的适应证:①1型糖尿病;②各种严重的糖尿病急慢性并发症;③手术、妊娠和分娩;④新发病且与1型糖尿病鉴别困难的消失型糖尿病患者;⑤新诊的2型糖尿病伴有明显高血糖,或在糖尿病病程中无明显诱因却出现体重显著下降者;⑥2型糖尿病胰岛β－细胞功能明显减退者;⑦某些特殊类型糖尿病。

3. GLP－1受体激动剂

通过激动GLP－1受体而发挥降糖作用。可单独或与其他降糖药物合用治疗2型糖尿病,尤其适用于肥胖、胰岛素抵抗明显者。

【小知识】

近年来研究已证实,减重手术(代谢手术)可明显改善肥胖2型糖尿病患者的血糖。有研究表明,合并有肥胖症的2型糖尿病患者在接受治疗肥胖症的胃旁路手术后,不需要药物降糖并能长期保持血糖正常的病例数明显高于非手术组,且糖尿病相关并发症的发生率和病死率大大降低。单独胰腺移植或胰、肾联合移植可解除对胰岛素的依赖,治疗对象主要为1型糖尿病患者。

(四) 运动治疗

增加体力活动可改善机体对胰岛素的敏感性,降低体重,减少身体脂肪量,增强体力,提高工作能力和生活质量。运动的强度和时间长短应根据患者的年龄、性别、体力、病情、有无并发症以及既往运动状况等而定,找到适合患者的运动量和患者感兴趣的项目,如散步,快步走、跳健美操、跳舞、打太极拳、跑步、游泳等,有规律地开展,循序渐进,长期坚持。运动前后要监测血糖。

(五) 医学营养治疗

医学营养治疗是各种类型糖尿病治疗的基础,总的原则是确定合理的总能量摄入,均衡合理地分配营养物质,恢复并维持理想体重。

1. 总热量

根据患者的年龄、性别、身高、体重、体力活动量、病情等综合因素来确定。首先根据标准体重及每人日常体力活动情况来估算出每千克标准体重的热量需要量。根据患者的其他情况作相应调整。如,儿童,青春期、哺乳期、营养不良、消瘦以及有慢性消耗性疾病的人群应酌情增加总热量。肥胖者要严格限制总热量和脂肪含量,给予低热量饮食,每天总热量不超过1500kcal,一般以每月降低0.5～1.0kg体重为宜,待接近标准体重时,再按前述方法计算每天总热量。另外,年龄大者较年龄小者需要热量少,成年女子比男子所需热量要少一些。

2. 碳水化合物

碳水化合物应占饮食总热量的50%～60%。不同种类碳水化合物引起血糖增高的速度和程度不同,可用食物生成指数来衡量。

3. 蛋白质

蛋白质的需要量在成人每千克理想体重约0.8～1.2g。儿童、孕妇、哺乳期妇女,营养不良者、消瘦者、有消耗性疾病者,宜增加至每千克体重1.5～2.0g。肾功能正常的糖尿病个体,蛋白质摄入量可占总热量的10%～15%。糖尿病肾病患者应减少蛋白质摄入量,每千克体重0.8g;若已有肾功能不全,应摄入高质量蛋白质,摄入量应进一步减至每千克体重0.6g。

4. 脂肪

脂肪提供的能量一般不超过总热量的30%。其中饱和脂肪酸不应超过总热量的7%。植物油中含不饱和脂肪酸多,糖尿病患者应采用植物油为主。

糖尿病的控制已从传统意义上的治疗转变为定期随访和评估的系统管理。理想模式是建立以患者为中心的团队管理,包括全科和专科医师、糖尿病教员、营养师、运动康复师、患者及其家属共同参与。

【小知识】

美国糖尿病学会(ADA)和欧洲糖尿病研究学会(EASD)2015年发布的《2型糖尿病指南》建议:

1. 根据2型糖尿病成年患者的需求和环境采用个性化的糖尿病管理方法,将患者的个人喜好、合并症、复方用药风险、长期干预的受益、预期寿命的减少等因素纳入决策过程。

2. 每1～2个月测量血压,必要时使用抗高血压药物加强治疗,直到血压持续低于140/80mmHg。如果患者存在肾、眼或脑血管并发症,血压控制在130/80mmHg以下。

3. 把饮食建议与个性化的糖尿病管理计划整合在一起,将其他方面的生活方式调整纳入其中,例如增加体力活动和减重。

4. 推荐二甲双胍标准缓释片作为2型糖尿病成年患者初始治疗药物。

5. 2型糖尿病成年患者,如果单一药物不能充分控制糖化血红蛋白(HbA1c)的水平,HbA1c水平≥58mmol/mol(7.5%):加强饮食管理、生活方式调整和坚持药物治疗,争取将HbA1c水平控制在53mmol/mol(7.0%)以下,必要时加强药物治疗。

6. 2型糖尿病成年患者,测量HbA1c水平:每3～6个月测量一次(根据个人需要),直到HbA1c平稳,当药物治疗持续有效,血糖水平平稳时,可以每6个月测量一次HbA1c水平。

第二节　高血压

血压是血液在血管内流动时作用于血管壁的压力，是推动血液在血管内流动的动力。心室收缩，血液从心室流入动脉，此时血液对动脉的压力最高，称为收缩压。心室舒张，动脉血管弹性回缩，血液仍慢慢继续向前流动，但血压下降，此时的压力称为舒张压。高血压是一个由许多病因引起的，以体循环动脉压升高为特点的，处于不断进展状态的心血管综合征。随着人们对心血管病多重危险因素作用以及心、脑、肾靶器官保护的认识不断深入，目前认为同一血压水平的患者发生心血管病的危险不同，因此有了血压分层的概念，即发生心血管病危险度不同的患者，适宜血压水平应有不同。

一、高血压的分类

（一）原发性高血压

以血压升高为主要临床表现而病因尚未明确的独立疾病，最终可出现心、脑、肾等重要脏器功能损害，甚至发生功能衰竭的心血管疾病，占高血压总数的95%以上，又称为高血压病。

（二）继发性高血压

是病因明确的高血压，当查出病因并有效去除或控制病因后，作为继发症状的高血压可被治愈或明显缓解；继发性高血压在高血压人群中占5%～10%；常见病因为肾实质性、肾血管性高血压，内分泌性和睡眠呼吸暂停综合征等，由于精神心理问题而引发的高血压也时常可以见到。继发性高血压患者发生心血管病、脑卒中、肾功能不全的危险性更高，而病因常被忽略以致延误诊断。常见继发性高血压病因如下：

1. 肾脏疾病

包括肾小球肾炎、慢性肾盂肾炎、先天性肾脏病变(多囊肾)、继发性肾脏病变(结缔组织病、糖尿病肾病、肾淀粉样变)。

2. 内分泌疾病

包括Cushion综合征、嗜铬细胞瘤、原发性醛固酮增多症、肾上腺性变态综合征、甲状腺功能亢进、甲状腺功能减退、甲状旁腺功能亢进、腺垂体功能亢进、绝经期综合征。

3. 心血管疾病

包括主动脉瓣关闭不全、完全性房室传导阻滞、主动脉缩窄、多发性大动脉炎。

4. 颅脑病变

包括脑肿瘤、脑外伤、脑干感染。

5. 其他

包括妊娠高血压综合征、红细胞增多症、药物(糖皮质激素、拟交感神经药、甘草)产生的副作用。

二、病因

（一）遗传因素

流行病学调查发现，高血压具有明显的家族聚集倾向。父母均患高血压，子女患高血压概率高达45%。

(二) 环境因素

包括饮食、精神刺激和吸烟。不同地区人群钠盐平均摄入量与血压水平和高血压患病率呈显著正相关,钾盐摄入量与血压呈负相关。膳食钠/钾比值与血压的相关性甚至更强。高钠低钾饮食是我国大多数高血压患者发病的主要危险因素之一。长期精神过度紧张也是高血压发病的危险因素。

(三) 年龄因素

高血压发病率随年龄增长而增高,40岁以上者发病率显著升高。

(四) 其他

肥胖、使用口服避孕药及有睡眠呼吸暂停综合征者,高血压发病率明显增高。

三、临床表现

(一) 一般症状

高血压大多数起病隐匿,进展缓慢。早期可能无任何症状或症状不明显,仅仅会在劳累、精神紧张、情绪波动后血压升高,并在休息后恢复正常。随着病程延长,血压明显地持续升高,逐渐会出现各种症状。常见的症状有头痛、头晕、注意力不集中、记忆力减退、肢体麻木、夜尿增多、心悸、胸闷、乏力等。1/3～1/2的高血压患者因上述症状就医而发现高血压;约半数患者因体检或因其他疾病就医时测量血压,才偶然发现血压增高;也有不少患者直到出现高血压的严重并发症和靶器官损害症状时才就医。

(二) 靶器官损害症状

1. 心脏

高血压是冠心病的主要危险因子。高血压合并冠心病可出现心绞痛、心肌梗死等症状。早期左室多无肥厚,且收缩功能正常,随病情进展可出现左室向心性肥厚,此时其收缩功能仍多属正常,随着高血压性心脏病变和病情加重,可出现心功能不全的症状,如心悸、劳力性呼吸困难等;随着病情进展,可发生端坐呼吸、咳粉红色泡沫样痰等急性左心室衰竭和肺水肿的征象;心力衰竭反复发作,进一步使左室发生离心性肥厚,心腔扩大;当左室收缩舒张功能均明显受损时,甚至可发生全心衰竭。

2. 肾脏

原发性高血压对肾的损害主要与肾小动脉硬化有关,与肾脏自身调节功能紊乱也有关。早期无泌尿系症状,随病情进展可出现夜尿增多、尿电解质排泄增加等肾脏浓缩功能减退症状,继之可出现尿液检查异常。严重肾损害时出现慢性肾衰竭症状。但高血压患者死于尿毒症者在我国仅占高血压死亡病例的1.5%～5%,且多见于急进型高血压。

3. 脑

高血压患者脑部最主要并发症是脑出血和脑梗死。高血压可导致脑内小动脉痉挛,产生头痛、眩晕、头胀、眼花等症状,当血压突然显著升高时可产生高血压脑病,出现剧烈头痛、呕吐、视力减退、抽搐、昏迷等脑水肿和颅内高压症状。

4. 眼底改变

以视网膜动脉收缩乃至视网膜、视乳头病变为主要表现。眼底检查可见视乳头周围出现视网膜灰色水肿、小动脉中心反射增强、动静脉交叉征、鲜红色火焰状出血、棉絮状白斑、黄白色发亮的硬性渗出及黄斑星状图谱等主要特征。

四、诊断

对高血压进行诊断需包括以下三方面：

1. 确定血压水平及其他心血管危险因素；
2. 判断高血压的原因，明确有无继发性病因；
3. 寻找靶器官损害相关临床依据。

高血压定义为：在未使用降压药物的情况下，非同日 3 次测量血压，收缩压≥140mmHg 和(或)舒张压≥90mmHg。患者既往有高血压史，目前正在使用降压药物，血压虽然低于 140/90mmHg，也诊断为高血压。根据血压升高水平，又进一步将高血压分为 1 级、2 级和 3 级(见表 9－2)。

表 9－2 血压水平分类和定义

(单位：mmHg)

分　类	收缩压		舒张压
正常血压	＜120	和	＜80
正常高值血压	120～139	和(或)	80～89
高血压	≥140	和(或)	≥90
1 级高血压(轻度)	140～159	和(或)	90～99
2 级高血压(中度)	160～179	和(或)	100～109
3 级高血压(重度)	≥180	和(或)	110
单纯收缩期高血压	≥140	和(或)	＜90

五、高血压的防治

(一) 治疗目的及原则

降压治疗的最终目的是减少高血压患者心、脑血管疾病的发生率和死亡率。规范治疗，尽可能实现降压达标；定期测量血压，改善治疗依从性，坚持长期平稳有效地控制血压。降压治疗应明确血压控制目标值。血压控制标准由于病因不同、发病机制不同而不同，临床用药应个体化，选择最合适的药物和剂量，以获得最佳疗效。抗高血压治疗包括非药物和药物两种方法，大多数患者需长期、甚至终身坚持治疗。高血压常与其他心、脑血管疾病的危险因素合并存在，例如高胆固醇血症、肥胖、糖尿病等。降压治疗后尽管血压控制在正常范围，但血压升高以外的多重心血管危险协同依然对预后产生重要影响，治疗措施应该是综合性的。

1. 改善生活行为

非药物治疗主要是指生活方式干预，适用于所有高血压患者。

(1) 控制体重

BMI 保持在 18.5～23.9kg/m^2。

(2) 减少钠盐摄入

每人每日食盐摄入量以不超过6g为宜。尽量减少烹调用盐,建议使用可定量的盐勺;减少味精、酱油等含钠盐的调味品用量;少食或不食含钠盐量较高的各类加工食品,如咸菜、火腿、香肠及各类炒货等;增加蔬菜和水果的摄入量;肾功能良好者,建议使用含钾的烹调用盐。

(3) 减少脂肪摄入

摄入总脂肪提供的热量小于总摄入热量的30%,其中饱和脂肪提供的热量需小于总脂肪提供的热量的10%。不吃动物的内脏及其制品,定期检查血脂。

(4) 增加运动

有规律的中等强度的有氧运动是控制体重的有效方法,建议每天应进行30min左右的体力活动;而每周则应有1次以上的有氧体育锻炼,如步行、慢跑、骑车、游泳、做健美操、跳舞和非比赛性划船等。

(5) 戒烟限酒

不吸烟。吸烟可导致血管内皮损害,显著增加高血压患者发生动脉粥样硬化性疾病的风险。被动吸烟也会显著增加心血管疾病危险。过量饮酒也是高血压发病的危险因素。虽然少量饮酒后短时间内血压会有所下降,但长期少量饮酒可使血压轻度升高;过量饮酒则使血压明显升高。每日酒精摄入量男性不应超过25g;女性不应超过15g。不提倡高血压患者饮酒。

(6) 减轻精神压力,保持心理平衡

长期、过量的心理反应,尤其是负性的心理反应会显著增加心血管风险。精神压力增加的主要原因包括过度的工作和生活压力以及病态心理,包括抑郁症、焦虑症、A型性格(一种以敌意、好胜和妒忌心理及时间紧迫感为特征的性格)、社会孤立和缺乏社会支持等。应采取各种措施,帮助患者预防和缓解精神压力以及纠正和治疗病态心理,必要时建议患者寻求专业心理辅导或治疗。

2. 药物治疗

(1) 常用降压药物种类

①利尿药;②β受体阻滞剂;③钙通道阻滞剂;④血管紧张素转换酶抑制剂(ACEI);⑤血管紧张素Ⅱ受体阻滞剂(ARB)。

(2) 药物使用原则

①小剂量。初始治疗时通常应采用较小的有效治疗剂量,根据需要,逐步增加剂量。

②尽量应用长效制剂。尽可能使用一天一次给药的长效药物,有助于有效控制夜间血压与晨峰血压,更有效地预防心脑血管并发症的发生。

③联合用药。增加降压效果又不明显增加副反应,在低剂量单药治疗效果不满意时,可以采用两种或多种降压药物联用。事实上,2级以上高血压为达到目标血压常需联合治疗。对血压≥160/100mmHg或中度及以上患者,起始即可采用小剂量两种药联合治疗,或用小剂量固定复方制剂。

④个体化。根据患者具体情况和耐受性及个人意愿或长期承受能力,选择适合患者的降压药物。

【小知识】

高血压药物治疗新进展

1. 新一代选择性醛固酮受体拮抗剂

几乎无螺内酯的性激素相关副作用，除血钾升高外无其他明显不良反应。单药或与其他药物联合治疗可降低收缩压和舒张压，有显著的量效反应，可显著逆转左室肥厚，有效降低心力衰竭患者的总死亡率和心血管死亡。依普利酮作为新一代选择性醛固酮受体拮抗剂已在美国获准用于治疗高血压和充血性心力衰竭。

2. 直接肾素抑制剂

从源头上直接阻断肾素血管紧张素系统(RAS)，可避免ARB和ACEI类的副作用，其在抗高血压方面的疗效并不逊于ARB类及ACEI类，在降低心功能不全、减轻蛋白尿、降低糖尿病患者的病死率及改善心室肥厚等方面发挥重要作用。但是在临床试验中，该类新药阿利吉仑因治疗组患者的不良事件增加而被提前终止研究。

3. 内皮素受体A拮抗剂

内皮素主要通过作用于G蛋白偶联的内皮素受体(ETR)，启动下游多种信号通路，在高血压发生、发展的病理生理中起重要作用。新药达卢生坦是一种选择性的内皮素受体A拮抗剂，作用时效长，可用于长期降压治疗，能进一步降低顽固性高血压患者的血压。

第三节　月经失调症

月经失调也称月经不调，常表现为月经周期或出血量的异常，可伴有月经前、经期时的腹痛和(或)全身症状。病因可能是器质性病变或是功能失常。

一、临床表现

月经周期或出血量的紊乱有以下几种情况：

(一) 不规则子宫出血

1. 月经过多或持续时间过长；

2. 月经过少，经量少及经期短；

3. 月经频发，即月经间隔少于25天；

4. 月经周期延长，即月经间隔长于35天；

5. 不规则出血，出血全无规律性。

以上几种情况可由局部原因、内分泌原因或全身性疾病引起，常见于子宫肌瘤、子宫内膜息肉、子宫内膜增殖症、子宫内膜异位症等病理性或功能性疾病。

(二) 功能失调性子宫出血

功能失调性子宫出血是月经失调中最常见的一种，常见于青春期及更年期，内外生殖器无明显器质性病变，而由内分泌调节系统失调所引起的子宫异常出血。主要特点是出血几乎没有规律，有时候几个月不来，一来月经就出血量很大，机体变得非常虚弱。引起功能失调性子宫出血的最主要原因是多囊卵巢综合征。这种病主要表现为女性体内雄激素水平增高,继而引起多毛、痤疮和肥胖等问题。

（三）绝经后阴道出血

绝经后阴道出血是指月经停止6个月后的出血,常由恶性肿瘤、炎症等引起。

（四）闭经

闭经是指从未来过月经或月经周期已建立后又停止3个周期以上,前者为原发性闭经,后者为继发性闭经。

（五）其他症状

1. 痛经

月经期间合并下腹部严重疼痛,影响工作和日常生活。

2. 经前期综合征

少数妇女在月经前出现的一系列异常征象,如精神紧张、情绪不稳定、注意力不集中、烦躁易怒、抑郁、失眠、头痛、乳房胀痛等。

二、病因

（一）内因

1. 神经内分泌功能失调

主要是下丘脑-垂体-卵巢轴的功能不稳定或是有缺陷,即月经病。

2. 器质病变或药物

包括生殖器官局部的炎症、肿瘤及发育异常、营养不良;颅内疾患;其他内分泌功能失调,如甲状腺、肾上腺皮质功能异常、糖尿病、席汉氏综合征等;肝脏疾患;血液疾患等。使用治疗精神病的药物、内分泌制剂或采取宫内节育器避孕者均可能发生月经不调。某些职业如长跑运动员容易出现闭经。

临床上诊断神经内分泌功能失调性的月经病,必须要排除上述的各种器质性原因。

3. 凝血功能障碍

经血来潮后无法自行止血,从而导致月经量增多,诱发月经不调。

4. 甲状腺功能异常

甲状腺功能异常会造成卵巢功能失调,出现月经紊乱等现象。

5. 肝功能异常

性激素主要通过肝脏代谢。肝功能异常会造成子宫内膜增生,引起非正常出血,诱发月经不调。

6. 怀孕

在怀孕早期,女性阴道会出现不正常出血现象,需注意是否为早产或流产。此外,某些妊娠期异常出血也往往被误认为是月经不调。

7. 恶性肿瘤

某些肿瘤会使性激素分泌增多,如子宫颈癌、卵巢癌、子宫内膜癌等等,受肿瘤影响而造成宫颈出血,影响月经量。

8. 子宫肿瘤

子宫息肉、子宫肌瘤、子宫肌腺瘤等这些疾病都会造成经血过量。一些黏膜下子宫肌瘤或子宫内膜息肉者往往也会有大量出血的情形。

9. 异物残存在阴道或子宫中

子宫内如果残存异物就会长期刺激子宫内膜，因此对月经紊乱又有宫内避孕器的人，可能要考虑将避孕器取出，看是否会恢复正常。

【小知识】

多囊卵巢综合征

多囊卵巢综合征是以稀发排卵或无排卵、雄激素水平增高或胰岛素抵抗、多囊卵巢为特征的内分泌紊乱的综合征。病征包括月经稀发或闭经、慢性无排卵、不孕、多毛及痤疮等。因持续无排卵，严重情况下会使子宫内膜过度增生，增加子宫内膜癌的风险。治疗方案非常复杂，针对不同症状和生育要求而不同。过胖的多囊卵巢综合征患者（BMI≥24.0kg/m^2）应以有效而健康的方式减重，体重以每月约降2kg为宜。为免控制饮食造成吸收不足，应视情况每天补充500～1500mg钙片和一颗含400μg叶酸的综合维生素，每日水分应达8杯水量；为避免血脂质异常，少吃含饱和脂肪酸与氢化脂肪酸的食品，如猪牛羊肉、肥肉、各种家禽及家畜皮、奶油、人工奶油、全脂奶、油炸食物、中西式糕饼；鱼肉、蛋白、豆类、坚果是比较好的蛋白质源。适量运动可以帮助将血糖、血脂、血压等控制在良好范围内。

（二）外因

1. 压力

正值生育年龄的女性，如果长期处于压力下，会抑制下丘脑-垂体的功能，使卵巢不再分泌雌激素及不排卵，月经就会开始紊乱。同样，长期的心情压抑、生闷气或情绪不佳，也会影响到月经。

2. 受寒

女性经期受寒，会使盆腔内的血管收缩，导致卵巢功能紊乱，可引起月经量过少，甚至闭经。

3. 电磁波

各种家用电器和电子设备在使用过程中均会产生不同的电磁波，这些电磁波长期作用于人体会对女性的内分泌和生殖功能产生影响，导致内分泌紊乱，月经失调。

4. 便秘

直肠内大便过度充盈后，子宫颈会被向前推移，子宫体则向后倾斜。长期反复发生，阔韧带内的静脉就会受压而不畅通，子宫壁会发生充血，并失去弹性。若子宫长久保持在后倾位置，就会发生腰痛、月经紊乱。

5. 吸烟

烟草中的尼古丁能降低性激素的分泌量，从而干扰与月经有关的生理过程，引起月经不调。每天吸烟1包以上的女性，月经不调发生的概率是不吸烟妇女的3倍。

6. 过度减肥

脂肪是女性性成熟的重要条件，是女性月经和生育的能量来源。如果身体脂肪总量少于体重的17%以上，就会影响性器官的发育和月经的来潮。女性长期进食脂肪过少会发生排卵功能障碍，造成雌激素分泌减少，从而导致月经的推迟甚至闭经。

三、防治策略

(一) 调整心态,缓解精神压力,保持情绪平和

平时多做运动,增强体力。

(二) 保持生活规律,不熬夜,不过度劳累

经期要防寒避湿,避免淋雨、涉水、游泳、喝冷饮等,尤其要防止下半身受凉,注意保暖。改变不良生活习惯,果断地戒烟。

(三) 多吃含有铁和滋补性的食物

如乌骨鸡、羊肉、鱼子、猪羊肾脏、黑豆、海参、胡桃仁等滋补性的食物。

(四) 减少电磁波接触,科学使用电器

日常操作电脑时,要做好防护。不要长时间使用手机,少用微波炉,冰箱不宜放在卧室里。

【小知识】

女性月经不调会导致发胖吗?

闭经时常伴有性激素分泌的紊乱,然而性激素本身并不直接作用于脂肪代谢。专家们发现内分泌失调是促使肥胖发生的主要原因之一。目前其机制尚不清楚。有人认为可能与垂体促性腺激素分泌过多有关。肥胖和内分泌互为因果。肥胖导致内分泌紊乱,内分泌紊乱又加重肥胖。

女性在闭经后由于雌激素减少,引起血脂紊乱。很多妇女在闭经后患心血管疾病的概率增加。这也能解释为什么更年期后女性体重会增加。闭经使身体中的神经与内分泌系统出现一些变化,直接影响女性的情绪和饮食。卵巢的衰竭还会减少脂肪的分解,从而加重肥胖。

第四节　慢性阻塞性肺疾病

慢性阻塞性肺疾病(chronic obstructive pulmonary disease,COPD)简称慢阻肺,是一种具有气流受限特征的疾病,气流受限不完全可逆,呈进行性发展。肺功能检查对确定气流受限有重要意义。一秒用力呼气容积(FEV_1),是指最大深吸气后,在第一秒呼出气量占用力肺活量的百分比。用力肺活量(forced vital capacity,FVC)过去称时间肺活量,是指尽力最大吸气后,尽力尽快呼气所能呼出的最大气量,略小于没有时间限制条件下测得的肺活量。FEV_1 占 FVC 的百分率简称一秒率,正常人一般为 83%,正常范围为 70%～85%。

在吸入支气管舒张剂后,FEV_1 以及 FEV_1/FVC 降低是临床确定患者存在气流受限,且不能完全逆转的主要依据。

慢阻肺与慢性支气管炎和肺气肿有密切关系。慢性支气管炎是指在除慢性咳嗽外的其他已知原因后,患者每年咳嗽、咳痰 3 个月以上并连续 2 年。肺气肿则指肺部终末细支气管远端气腔出现异常持久的扩张,并伴有肺泡壁和细支气管的破坏,而无明显的肺纤维化。当

慢性支气管炎、肺气肿患者肺功能检查出现持续气流受限时，则能诊断为慢阻肺；如患者只有慢性支气管炎和(或)肺气肿，而无持续气流受限，则不能诊断为慢阻肺。

慢阻肺是呼吸系统疾病中的常见病和多发病，患病率和病死率均居高不下。1992 年在我国北部和中部地区对 102230 名农村成年人进行了调查，慢阻肺的患病率为 3%。近年来对我国 7 个地区 20245 名成年人进行调查，慢阻肺的患病率占 40 岁以上人群的 8.2%。吸烟是目前公认的导致 COPD 的最主要的危险因素之一。

一、临床表现

(一) 症状

起病缓慢，病程较长。一般均有慢性咳嗽、咳痰等慢性支气管炎的症状。COPD 的标志性症状是进行性加重的气短或呼吸困难。急性加重期支气管分泌物增多，进一步加重通气功能障碍，使胸闷、气促加剧。严重时可出现呼吸衰竭的症状，如发绀、头痛、嗜睡、神志恍惚等。晚期患者常见体重下降、食欲减退、营养不良等。

(二) 体征

早期可无异常体征，随疾病进展出现阻塞性肺气肿的体征：视诊桶状胸，呼吸运动减低，触觉语颤减弱，叩诊过清音，肺下界下移，听诊呼吸音普遍减弱，呼吸延长。并发感染时肺部可有湿啰音。

(三) 严重程度分级和病程分期

1. COPD 临床严重程度

根据肺功能不同，分为轻、中、重、极重 4 级(见表 9-3)。

表 9-3 COPD 严重程度分级

分 级	分级标准
Ⅰ级：轻度	$FEV_1/FVC<70\%$，$FEV_1\geq 80\%$预计值
Ⅱ级：中度	$FEV_1/FVC<70\%$，$50\%\leq FEV_1<80\%$预计值
Ⅲ级：重度	$FEV_1/FVC<70\%$，$30\%\leq FEV_1<50\%$预计值
Ⅳ级：极重度	$FEV_1/FVC<70\%$，$FEV_1<30\%$预计值，或 $FEV_1<50\%$预计值伴慢性呼吸衰竭

2. COPD 病程

可分为急性加重期和稳定期。

急性加重期：指在疾病过程中，短期内咳嗽、咳痰、气短和(或)喘息加重、痰量增多，呈脓性或黏液脓性，可伴发热等症状。

稳定期：指患者咳嗽、咳痰、气短等症状稳定或症状轻微。

(四) 并发症

慢性呼吸衰竭、自发性气胸、慢性肺源性心脏病等。

二、辅助检查

(一) 肺功能检查

FEV_1/FVC是COPD的一项敏感指标，FEV_1%预计值是中、重度气流受限的良好指标，它变异性小，易于操作。

(二) 胸部X线检查

早期胸片可无异常变化，随病情进展可出现两肺纹理增粗、紊乱，合并肺气肿可见胸廓扩张，肋间隙增宽，两肺野透亮度增加。

(三) 血气分析

对确定发生低氧血症、高碳酸血症、酸碱平衡失调以及判断呼吸衰竭的类型有重要价值。

(四) 其他

合并细菌感染时，血白细胞升高，痰培养可检出病原菌。

三、治疗

(一) 稳定期治疗

1. 教育和劝导患者戒烟；因职业或环境粉尘、刺激性气体所致者，应脱离污染环境。

2. 支气管舒张药：是现有控制症状的主要措施，包括短期按需应用以暂时缓解症状，及长期规则应用以减轻症状。

(1) $β_2$肾上腺素受体激动剂：主要有沙丁胺醇气雾剂，每次100～200μg(1～2喷)，定量吸入，疗效持续4～5小时，每24小时不超过8～12喷。特布他林气雾剂亦有同样作用。尚有美沙特罗、福莫特罗等长效$β_2$肾上腺素受体激动剂，每天仅需吸入2次。

(2) 抗胆碱能药：是COPD常用的药物，主要品种为异丙托溴铵气雾剂，定量吸入。长效抗胆碱药有噻托溴铵，每次吸入18μg，每天1次。

(3) 茶碱类：茶碱缓释或控释片0.2g，每12小时1次；氨茶碱0.1g，每天3次。

3. 祛痰药：对痰不易咳出者可应用。常用药物有盐酸氨溴索30mg，每天3次；*N*-乙酰半胱氨酸0.2g，每天3次；羧甲司坦0.5g，每天3次。

4. 糖皮质激素：对重度和极重度(Ⅲ级和Ⅳ级)、反复加重的患者，有研究显示，长期吸入糖皮质激素与长效$β_2$肾上腺素受体激动剂联合制剂，可增加运动耐量，减少急性加重发作频率，提高生活质量，甚至令有些患者的肺功能得到改善。目前常用剂型有沙美特罗加氟替卡松、福莫特罗加布地奈德。

5. 长期家庭氧疗：对COPD慢性呼吸衰竭者可提高生活质量和生存率。对血流动力、运动能力、肺生理和精神状态均会产生有益的影响。一般用鼻导管吸氧，氧流量为1.0～2.0 L/min，吸氧时间为每天10～15小时。目的是使患者在静息状态下，达到PaO_2 60mmHg以上和(或)使SaO_2升至90%以上。

(二) 急性加重期治疗

急性加重是指咳嗽、咳痰、呼吸困难比平时加重，痰量增多或有黄痰；或者是需要改变用药方案。

1. 明确急性加重的原因及病情严重程度，最多见的原因是细菌或病毒感染。

2. 根据病情严重程度决定门诊或住院治疗。

3. 支气管舒张药：药物的用法同稳定期。严重喘息症状者可给予较大剂量雾化吸入治疗，如应用沙丁胺醇 500μg 或异丙托溴铵 500μg，或沙丁胺醇 1000μg 加异丙托溴铵 250～500μg，通过小型雾化器给患者吸入治疗以缓解症状。

4. 低流量吸氧：发生低氧血症者可通过鼻导管吸氧，或通过面罩吸氧。鼻导管给氧时，吸入的氧浓度与给氧流量有关，估算公式为：

吸入氧浓度（%）＝21＋4×氧流量（L/min）

一般吸入氧浓度为 28%～30%，应避免吸入氧浓度过高而引起二氧化碳潴留。

5. 抗生素：当患者呼吸困难加重，咳嗽伴痰量增加、有脓性痰时，应根据患者所在地常见病原菌类型及药物敏感情况积极选用抗生素治疗。给予 β 内酰胺类/β 内酰胺酶抑制剂、第二代头孢菌素、大环内酯类或喹诺酮类。对于住院患者，当根据疾病严重程度和预计的病原菌更积极地给予抗生素，一般多静脉滴注给药。如果找到确切的病原菌，根据药敏结果选用抗生素。

6. 糖皮质激素：对需住院治疗的急性加重期患者可考虑口服泼尼松龙 30～40mg/d，也可静脉给予甲泼尼龙 40～80mg，每天 1 次，连续 5～7 天。

7. 祛痰剂：溴己新 8～16mg，每天 3 次；盐酸氨溴索 30mg，每天 3 次，酌情选用。

四、预防

戒烟是预防 COPD 最重要的措施，在疾病的任何阶段戒烟都有助于防止 COPD 的发生和发展。控制职业和环境污染，减少有害气体或有害颗粒的吸入。积极防治婴幼儿和儿童期的呼吸系统感染。流感疫苗、肺炎链球菌疫苗、细菌溶解物、卡介菌多糖核酸等对防止 COPD 患者反复感染可能有益。加强体育锻炼，增强体质，提高机体免疫力，有助于改善机体的一般状况。此外，对于有 COPD 高危因素的人群，应定期进行肺功能监测，尽可能早期发现 COPD 并及时予以干预。慢阻肺的早期发现和早期干预十分重要。

【小知识】

吸烟的危害

1. 抽烟对喉部的危害：吸烟可导致喉癌。

2. 抽烟对心脏及血管的危害：吸烟会使血液中的血小板黏性增加，这使血液更容易凝固，从而容易在冠状动脉中形成血栓。同时，吸烟还会使血液中低密度胆固醇增加，这使脂肪物质容易在血管内沉积而造成冠状动脉粥样硬化。

3. 抽烟对肺部的危害：吸烟会导致肺癌，也是慢性阻塞气管疾病的主要发病因素。因为吸烟能导致支气管上皮细胞的纤毛变短和不规则，并使其运动发生障碍，降低局部性抵抗力，使气管容易受到感染。

4. 抽烟对胃部的危害：吸烟可使肠胃疾病恶化，使胃溃疡或十二指肠溃疡的愈合减慢。

5. 抽烟对骨骼的危害：吸烟可引起关节炎。

6. 抽烟对肝脏的危害：吸烟会影响肝脏的脂质代谢，使血脂升高，增加肝脏负担。

7. 抽烟对肠的危害：吸烟可导致结肠癌。

8. 抽烟对眼部的危害：吸烟会引起白内障，影响视力。

9. 抽烟对生殖系统的危害：吸烟能使血管收缩、痉挛，引起末梢循环障碍，是导致阳痿的主要原因之一。另外，吸烟可影响精子活力，使畸形精子增多。

第五节　消化性溃疡

消化性溃疡(peptic ulcer)指由于胃酸和胃蛋白酶的自我消化作用而导致胃肠道发生的黏膜缺损，缺损的深度超过黏膜肌层。溃疡好发于胃和十二指肠。胃溃疡(gastric ulcer，GU)和十二指肠溃疡(duodenal ulcer，DU)是最常见的消化性溃疡。消化性溃疡是一种全球常见病，估计约有10%的人在其一生中患过本病。本病可发生在任何年龄。DU多见于青壮年，而GU则多见于中老年；前者的发病高峰一般比后者早10年。临床上DU患者多于GU，两者之比约为3∶1。不论是GU还是DU均好发于男性。我国南方患病率高于北方，城市高于农村，秋冬和冬春之交是高发季节。

消化性溃疡的病因及发病机制目前尚未完全阐明。一般认为是胃、十二指肠侵袭因素和黏膜自身防御/修复因素之间失去平衡所致，胃酸及胃蛋白酶在溃疡形成中起关键作用。与发病有关的因素包括：①幽门螺杆菌(helicobacter pylori，Hp)感染；②胃酸和胃蛋白酶；③非甾体类抗炎药；④胃十二指肠运动异常；⑤遗传因素；⑥环境因素；⑦精神因素；⑧胃黏膜防御机制受损；⑨与消化性溃疡相关疾病，如胃泌素瘤等。

DU多发生在球部，前壁比较常见；GU则多发生在胃角、胃窦及胃小弯。溃疡多为单个，也可多个，多数DU直径>1cm，GU直径<2.5cm。典型的溃疡多呈圆形或椭圆形，周围黏膜常有炎症水肿，称为“环堤”。溃疡基底光滑、洁净，上面覆有灰白色或灰黄色苔膜。溃疡浅表者仅累及黏膜肌层，深者可贯穿肌层，引起穿孔。

一、临床表现

本病患者临床表现不一，多数表现为中上腹反复发作性节律性疼痛，少数患者无症状，或以出血、穿孔等并发症为首发症状。

(一) 症状

1. 疼痛部位：大多数患者以中上腹疼痛为主要症状。GU疼痛可位于中上腹部或剑突下及剑突下偏左，DU多位于中上腹部偏右。

2. 疼痛程度和性质：多呈隐痛、钝痛、刺痛、灼痛或饥饿样痛，一般较轻且能耐受，偶有疼痛较重者，持续剧痛提示溃疡穿透或穿孔。

3. 疼痛节律性：DU疼痛好发于两餐之间，持续不减直至下餐进食或服制酸药物后缓解，部分可发生夜间疼痛。GU疼痛常在餐后1小时内发生，经1～2小时后逐渐缓解，直至下餐进食后再次出现。

4. 疼痛的周期性：反复周期性发作是消化性溃疡特征之一，尤以DU更为突出。多发于秋冬及冬春之季。

5. 影响因素：疼痛可因精神刺激、过度疲劳等因素诱发或加重；可因休息、服制酸药等减轻或缓解。

6. 其他症状：尚可有反胃、嗳气、反酸等。

（二）体征

溃疡活动期可有上腹部的局限性压痛，缓解期无明显体征。

（三）特殊类型的消化性溃疡

1. 无症状性溃疡：①可见于任何年龄，老年人居多；②多有服用非甾体抗炎药（non-steroidal anti-inflammatory drug，NSAID）病史。

2. 球后溃疡：①夜间痛和背部放射多见；②较易并发出血；③对药物治疗反应较差。

3. 幽门管溃疡：①伴有高胃酸分泌；②上腹痛较剧烈且节律性不明显；③对药物治疗反应较差；④易发生呕吐、穿孔、出血、幽门梗阻。

4. 老年人消化性溃疡：临床表现多不典型，GU 多位于胃体上部甚至胃底部，溃疡常较大，易误诊为胃癌。

5. 巨大溃疡：①指直径＞2.5cm 的溃疡；②疼痛常不典型；③对药物治疗反应较差，愈合较慢；④易发生出血或穿孔；⑤对于胃的巨大溃疡，注意与胃癌鉴别。

6. 复合性溃疡：胃和十二指肠同时发生的溃疡。幽门梗阻及出血发生率较高。

7. 食管溃疡：常发生于食管下段。

8. 难治性溃疡：经正规抗溃疡治疗而溃疡仍未愈合者。可能的因素有：

(1) 病因尚未去除，如仍有 Hp 感染，继续服用 NASID 等致溃疡药物等；

(2) 穿透性溃疡；

(3) 特殊病因，如克罗恩病、促胃液素瘤；

(4) 某些疾病或药物影响抗溃疡药物吸收或效价降低；

(5) 误诊，如胃或十二指肠恶性肿瘤；

(6) 存在不良诱因，包括吸烟、酗酒及精神应激等，处理的关键在于找准原因。

9. Dieulafoy 溃疡：多见于胃底贲门部。

10. Meckel 憩室溃疡：儿童多见，易大出血或穿孔。

（四）并发症

包括上消化道出血、穿孔、幽门梗阻和癌变。

二、辅助检查

（一）X 线钡餐检查

龛影是直接征象，对溃疡有确诊价值；局部压痛、十二指肠球部激惹和球部畸形、胃大弯侧痉挛性切迹均为间接征象，仅提示可能有溃疡。

（二）内镜检查

确诊消化性溃疡首选的检查方法。

（三）Hp 检测

快速尿素酶实验是侵入性检查的首选方法。^{13}C 或 ^{14}C 尿素呼气试验可作为根除治疗后复查的首选方法。

（四）胃液分析

仅在疑有胃泌素瘤时做鉴别诊断用。

三、治疗

消化性溃疡治疗的目标是消除病因、缓解症状、愈合溃疡、预防复发及防止并发症。

（一）一般治疗

建立规律的生活饮食制度，避免发病与复发的诱因，如戒烟等。

（二）根除幽门螺杆菌治疗

1. 根除方案：目前推荐采用以质子泵抑制剂(PPI)或铋剂为基础联合应用两个抗生素的三联疗法或四联疗法(见表 9-4)。

表 9-4 根除 Hp 的治疗方案

一线治疗方案	
PPI/RBC(标准剂量)+C(0.5g)+ A(1.0g)	每天 2 次，7d/10d
PPI/RBC(标准剂量)+C(0.5g)/A(1.0g)+ M(0.4g)/F(0.1g)	每天 2 次，7d/10d
PPI(标准剂量)+ B(标准剂量)+C(0.5g)+ A(1.0g)	每天 2 次，7d/10d
PPI(标准剂量)+ B(标准剂量)+C(0.5g)+ M(0.4g)/F(0.1g)	每天 2 次，7d/10d
补救或再次治疗方案	
PPI(标准剂量)+B(标准剂量)+M(0.4g，每天 3 次)+T(0.75g，每天 2 次)/T(0.5g，每天 2 次)	每天 2 次，7d/10d
PPI(标准剂量)+B(标准剂量)+F(0.1g)+T(0.75g，每天 2 次)/T(0.5g，每天 2 次)	每天 2 次，7d/10d
PPI(标准剂量)+ B(标准剂量)+ F(0.1g)+ A(1.0g)	每天 2 次，7d/10d
PPI/RBC(标准剂量)+ L(0.5g，每天 1 次)+ A(1.0g)	每天 2 次，7d/10d

注：①标准剂量及代号说明：药名后面的剂量即为标准剂量。PPI：包括埃索美拉唑 20mg、雷贝拉唑 10mg、兰索拉唑 30mg 和奥美拉唑 20mg。RBC：雷尼替丁枸橼酸铋 350mg；B：铋剂，枸橼酸铋钾 220mg 或 240mg，果胶铋 240mg。F：呋喃唑酮；A：阿莫西林；C：克拉霉素；M：甲硝唑；T：四环素；L：左氧氟沙星。

②(PPI+铋剂+2 种抗生素)的四联疗法可作为首选。

③对于耐受严重的地区，可考虑延长至 14 天，但不要超过 14 天。

2. 根除幽门螺杆菌治疗结束后的抗溃疡治疗：对 Hp 感染后是否需要继续抗溃疡治疗目前认识尚未统一。对溃疡面积较大，有近期出血并发者，或症状未缓解，抗 Hp 感染后应继续抗酸治疗 2～4 周。

3. 根除幽门螺杆菌治疗后复查：复查应在根除幽门螺杆菌治疗结束至少 4 周后进行。多采用 ^{13}C 或 ^{14}C 尿素呼气试验进行复查。

【小知识】

幽门螺杆菌的发现

最早发现幽门螺杆菌的是马歇尔和沃伦，两位科学家因此获得 2005 年诺贝尔生理学或医学奖。

1979 年，病理学医生沃伦在慢性胃炎患者的胃窦黏膜组织切片上观察到一种弯曲状细菌，并且发现这种细菌邻近的胃黏膜总是有炎症存在，因而意识到这种细菌和慢性胃炎可能有密切关系。1981年，消化科临床医生马歇尔和沃伦合作，他们以100例接受胃镜检查及活检的胃病患者为对象进行研究，证明这种细菌的存在确实与胃炎相关。此外他们还发现，这种细菌还存在于所有十二指肠溃疡患者、大多数胃溃疡患者和约一半胃癌患者的胃黏膜中。

1982年，马歇尔终于从胃黏膜活检样本中成功培养和分离出了这种细菌。为了进一步证实这种细菌就是导致胃炎的罪魁祸首，马歇尔和另一位医生莫里斯不惜喝下含有这种细菌的培养液，结果大病一场。

基于这些结果，马歇尔和沃伦提出幽门螺杆菌涉及胃炎和消化性溃疡的病因学。1984年，他们的成果发表于世界权威医学期刊《柳叶刀》上。成果一经发表，立刻在国际消化病学界引起轰动，掀起了全世界的研究热潮。世界各大药厂陆续投巨资开发相关药物，专业刊物《螺杆菌》杂志应运而生，世界螺杆菌大会定期召开，有关螺杆菌的研究论文不计其数。通过人体试验、抗生素治疗和流行病学等研究，幽门螺杆菌在胃炎和胃溃疡等疾病中所起的作用逐渐清晰，科学家对该病菌致病机制的认识也不断深入。

（三）消化性溃疡的药物治疗

1. 抑制胃酸药物

①碱性抗酸药：目前多作为加强止痛的辅助治疗；②H_2受体阻滞剂：主要有雷尼替丁、法莫替丁、尼扎替丁等；③质子泵抑制剂：主要有奥美拉唑、兰索拉唑、泮托拉唑、埃索美拉唑等。

2. 护胃黏膜药物

①硫糖铝；②胶体铋；③米索前列醇（孕妇忌服）；④其他（如替普瑞酮、表皮生长因子等）。

3. 胃肠动力药物

西沙比利、多潘立酮等。

（四）NSAID相关性溃疡的治疗及预防

1. 对NSAID相关性溃疡，应尽可能停用或减少NSAID用量，如病情不允许，可换用对黏膜损伤少的环氧化酶抑制剂。

2. 对停用NSAID者，可给予常规剂量、常规疗程的H_2受体阻滞剂或质子泵抑制剂治疗；对不能停用NSAID者，应选用质子泵抑制剂治疗。

3. 如有Hp感染，应同时予以根除。

4. 既往有溃疡病史、高龄等患者需服用NSAID，应常规给予抗溃疡药物预防，常用的预防药有质子泵抑制剂或米索前列醇。

（五）溃疡复发的预防

下列情况则需用药物维持治疗：

1. 长期服用NSAID者；

2. Hp相关性溃疡而Hp感染未能根除者；

3. 有复发史而Hp感染阴性的溃疡者；

4. 有严重并发症的高龄患者或有严重伴随病者；

5. 根除Hp感染后溃疡仍复发者。

（六）手术治疗指征

1. 大量出血，经内科治疗无效；
2. 急性穿孔；
3. 器质性幽门梗阻；
4. 胃溃疡癌变或不能除外癌变者；
5. 顽固性或难治性溃疡；
6. 穿透性溃疡。

四、预后

有效的药物治疗可使溃疡愈合率达到95%；青壮年患者消化性溃疡死亡率接近于零；老年患者主要死于严重的并发症，尤其是大出血和急性穿孔，病死率小于1%。

第六节　缺铁性贫血

缺铁性贫血指缺铁引起的小细胞低色素性贫血及相关的缺铁异常，是血红素合成异常性贫血中的一种，是最常见的贫血。其发病率在经济不发达地区的婴幼儿、育龄妇女中明显增高。

一、贫血的分类

贫血(anemia)是指人体外周血红细胞容量减少，低于正常范围下限，不能运输足够的氧至组织而产生的综合征。贫血不是一种疾病，而是多种病因、不同发病机制引起的一种病理状态。贫血具体为单位容积血液中血红蛋白含量(hemoglobin，Hb)、红细胞(RBC)计数和红细胞比容(hematocrit，Hct)低于同地区、同年龄、同性别健康人的正常参考值下限。我国血液病学家认为在我国海平面地区，成年男子的血红蛋白低于120g/L，成年女子的血红蛋白低于110g/L，孕妇低于100g/L，可以认为有贫血。

基于不同的临床特点，贫血有不同的分类。临床常用的有病情严重程度分类、细胞形态学分类、发病机制分类等分类方法。

（一）按病情严重程度分类

按血红蛋白浓度不同，分轻度、中度、重度和极重度贫血(见表9-5)。

表9-5　贫血的严重程度划分标准

血红蛋白浓度	>90g/L	60～90g/L	30～60g/L	<30g/L
贫血的严重程度	轻度	中度	重度	极重度

（二）按细胞形态学分类

根据平均红细胞体积(mean corpuscular volume，MCV)、平均红细胞血红蛋白含量(mean corpuscular hemoglobin，MCH)和平均红细胞血红蛋白浓度(mean corpuscular hemoglobin concentration，MCHC)的情况，结合血涂片红细胞大小、形态、染色等特点不同，可将贫血分为大细胞性贫血、正常细胞性贫血、单纯小细胞性贫血和小细胞低色素性贫血(见表 9-6)。

表 9-6　贫血的细胞形态学分类

分　类	MCV/fl	MCH/$\times10^{-6}$g	MCHC/%	病　因
正常细胞性贫血	80～100	27～34	320～360	急性失血、急性溶血、造血功能低下
大细胞性贫血	>100	>34	320～360	叶酸、维生素 B_{12} 缺乏引起巨幼细胞性贫血
单纯小细胞性贫血	<80	<27	320～360	尿毒症、慢性炎症
小细胞低色素性贫血	<80	<27	<320	缺铁性贫血、海洋性贫血

(三) 按发病机制分类

1. 红细胞生成减少性贫血。
2. 红细胞破坏过多性贫血：红细胞内在缺陷、红细胞外在异常。
3. 失血性贫血：急性失血性贫血、慢性失血性贫血。

二、缺铁性贫血的病因

(一) 摄入不足

多见于婴幼儿、青少年、妊娠和哺乳期妇女。婴幼儿需铁量较大，若不补充蛋类、肉类等含铁量较高的辅食，易造成缺铁。青少年偏食易缺铁。女性月经过多、妊娠或哺乳，需铁量增加，若不补充高铁食物，易造成缺铁性贫血。长期食物缺铁也可在其他人群中引起缺铁性贫血。

(二) 吸收障碍

胃大部切除术后，胃酸分泌不足且食物快速进入空肠，绕过铁的主要吸收部位(十二指肠)，使铁的吸收减少。此外，多种原因造成的胃肠道功能紊乱，如长期不明原因腹泻、慢性肠炎、Crohn 病等均可因铁吸收障碍而造成缺铁性贫血。转运障碍(无转铁蛋白血症、肝病)也是引起缺铁性贫血的病因。

(三) 丢失过多

见于各种失血，如慢性胃肠道失血、食管裂孔疝、食管或胃底静脉曲张破裂、胃十二指肠溃疡、消化道息肉、肿瘤、寄生虫感染和痔疮等；咯血和肺泡出血，如肺含铁血黄素沉着症、肺出血肾炎综合征、肺结核、支气管扩张和肺癌等；月经过多，如宫内放置节育环、子宫肌瘤及月经失调等；血红蛋白尿，如阵发性睡眠性血红蛋白尿、冷抗体型自身免疫性溶血、人工心脏瓣膜、行军性血红蛋白尿等；其他，如反复血液透析、多次献血等。

三、缺铁性贫血的临床表现

(一) 贫血的表现

常见乏力、易倦、头昏、头痛、耳鸣、心悸、气促、食欲不振等，伴脸色苍白、心率增快。

(二) 组织缺铁表现

精神行为异常，如烦躁、易怒、注意力不集中、异食癖；体力、耐力下降；易感染；儿童生长发育迟缓、智力低下；口腔炎、舌炎、舌乳头萎缩、口角炎、缺铁性吞咽困难；毛发干枯、脱落；皮肤干燥、皱缩；指(趾)甲缺乏光泽、脆薄易裂，重者指(趾)甲变平，甚至凹下呈勺状(匙状甲)。

（三）缺铁原发病表现

如消化性溃疡、肿瘤或痔疮导致的黑便、血便或腹部不适，肠道寄生虫感染导致的腹痛或大便性状改变，妇女月经过多，肿瘤性疾病引起的消瘦，血管内溶血的血红蛋白尿等。

四、缺铁性贫血的辅助检查

（一）血常规

呈典型的小细胞低色素性贫血，网织红细胞大多正常或有轻度增多，白细胞计数正常或轻度减少，血小板计数高低不一。

（二）骨髓检查

呈增生活跃，中晚幼红细胞增多。粒细胞系统和巨核细胞系统常为正常。核分裂细胞多见。骨髓铁染色显示骨髓小粒可染铁消失，铁粒幼红细胞占幼红细胞的比例小于15%。

（三）生化检查

血清铁降低，总铁结合力增高，转铁蛋白饱和度降低，血清铁蛋白降低。

五、缺铁性贫血的治疗

应根据缺铁性贫血的严重程度和原因决定如何治疗，重要的是查明缺铁的原因。缺铁性贫血的治疗主要涉及以下几个方面：

（一）病因治疗

缺铁性贫血的病因诊断是治疗缺铁性贫血的前提，只有明确诊断后方有可能去除病因。如婴幼儿、青少年和妊娠妇女营养不足引起的缺铁性贫血，应改善饮食；胃、十二指肠溃疡伴慢性失血或胃癌术后残胃癌所致的缺铁性贫血，应多次检查大便潜血，做胃肠道X线或内镜检查，必要时手术根治；月经过多引起的缺铁性贫血应调理月经；寄生虫感染者应驱虫治疗。

（二）补铁治疗

首选口服铁剂，如琥珀酸亚铁0.1g，每天3次，餐后服用胃肠道反应小且易耐受。应注意：进食谷类、乳类和茶等会抑制铁剂的吸收，鱼、肉类、维生素C可加强铁剂的吸收。口服铁剂后，先是外周血网织红细胞增多，高峰在开始服药后5～10d，2周后血红蛋白浓度上升，一般2个月左右恢复正常。铁剂治疗在血红蛋白恢复正常后至少持续4～6个月，待铁蛋白正常后停药。若口服铁剂不能耐受或吸收障碍，可用右旋糖酐铁肌肉注射，每次50mg，每日或隔日1次，缓慢注射，注意过敏反应。

（三）红细胞输注

适用于贫血症状明显、心血管系统不稳定、持续大量失血而需要立即干预的患者，采用此法可以迅速稳定患者状态。

六、缺铁性贫血的预防

对婴幼儿及时添加富含铁的食品，如蛋类、肝等；对青少年纠正偏食的习惯，定期查、治寄生虫感染；对孕妇、哺乳期妇女可补充铁剂；对月经期妇女应防治月经过多。做好肿瘤性疾病和慢性出血性疾病的人群防治。

（方洁　朱锋）

第十章　现场急救

现场急救是指当危重急症以及意外伤害发生后，而专业医务人员未到达之前，利用现场条件，对自己或其他伤病者进行及时有效的初步援助和护理。随着国民经济的快速增长、人们生活质量的提高，普及现场急救知识不仅在一定程度上决定着抢救的成功率，而且与社会发展、民族进步、民众生活息息相关。

急危重症或意外伤害发生后，救护者首先要判断病情轻重，这是现场急救的第一步。第二步是呼救，拨打120或其他的医疗救助电话，使患者尽快得到专业医务人员的救护。第三步是急救与自救，在专业医务人员到来之前，针对不同病情采取相应的急救措施。判断、呼救、急救与自救是医院外发生健康意外时抢救患者的缺一不可的三个环节。

第一节　病情判断与呼救技能

一、病情判断

疾病突然发生后，对病情的严重程度做出正确的判断十分重要。只有迅速做出正确的判断，才能对症采取果断措施，才能准确向急救部门报告病情。

（一）病情判断的检查顺序

现场参与救护的人员应该沉着镇静地观察伤者的病情，在短时间作出伤情判断，本着先抢救生命后减少伤残的急救原则首先对伤者的生命体征进行观察判断，包括神志、呼吸、脉搏、心跳、瞳孔、血压（但血压在急救现场一般无条件测量），然后检查局部有无创伤、出血、骨折畸形等变化。经过上述检查后，基本可判断伤员是否有生命危险，如有危险，则立即进行心、脑、肺的复苏抢救；如无危险，则对伤员进行包扎、止血、固定等治疗后转医院进一步治疗。

（二）病情判断的具体方法

1. 神志

神志是否清醒是指伤员对外界的刺激是否有反应。伤员对问话、推动等外界刺激毫无反应称为神志不清或消失，预示着病情严重。如伤员神志清醒，应尽量记下伤员的姓名、住址、受伤时间和经过等情况。

2. 呼吸

正常的呼吸运动是通过神经中枢调节的规律的运动。正常人每分钟呼吸约15～20次。可以通过观察患者胸口的起伏了解有无呼吸。病情危重时可出现鼻翼翕动、口唇发绀、张口呼吸困难的表现，并且可有呼吸频率、深度、节律的异常，甚至时有时无。此时可将一薄纸片或棉花丝放在鼻孔前，通过观察其是否随呼吸来回摆动判断呼吸是否停止，并根据具体情况判断呼吸停止的主要原因。

3. 脉搏

人体的动脉血管随着心脏节律性地收缩和舒张引起血管壁相应地出现扩张和回缩的搏动。手腕部的桡动脉、颈部的颈动脉、大腿根部的股动脉是最容易触摸到脉搏跳动的地方。正常成年人心率为每分钟 60～100 次，大多数为每分钟 60～80 次，女性稍快。一般以手指指腹触摸脉搏即可知道心跳次数。对于危重病患者无法摸清脉搏时，也可将耳紧贴伤员左胸壁听是否有心跳。

4. 心跳

心跳是指心脏节律性地收缩和舒张引起的跳动。心脏跳动是生命存在的主要征象。将耳紧贴伤员左胸壁可听到心跳。当有危及生命的情况发生时，心跳将发生显著变化，无法听清甚至停止，此时应立即对伤员进行心肺复苏抢救。

5. 瞳孔

正常人两眼的瞳孔等大等圆，在光照下迅速缩小。对于有颅脑损伤或病情危重的伤员，两侧瞳孔可呈现一大一小或散大的状态，并对光线刺激无反应或反应迟钝。可用手电筒等灯光刺激进行检查，看瞳孔的对光反应是否灵敏，如对光反应消失，是预后不良的标志。

二、呼救

在初步判断病情后需要迅速呼救，最常用的呼救方式就是拨打 120 急救电话。120 是我国唯一的院前急救特殊号码，24 小时免费开通。但不少人拨打时不会正确运用，为了使患者及时得到运送和救治，拨打 120 急救电话的最佳人选为患者亲属或现场知情者。

（一）拨打 120 电话时的注意事项

1. 确定对方是否是医疗救护中心，保持镇静，切勿惊慌，讲话清晰，简练易懂。

2. 呼救者必须说清患者的主要病情或伤情，包括：患者患病或受伤的时间，患者主要的病情（患者最突出、最典型的发病表现），患者过去得过什么疾病、服药情况，以便于救护人员能提前做好救治设施的准备。

3. 在电话中讲清患者姓名、性别、所在详细地址（尽可能提供显著标志建筑），确保急救车尽快准确到达。

4. 报告呼救者的姓名及电话号码，保证一旦救护人员找不到患者时，可与呼救人继续联系。

5. 若是成批伤员或中毒患者，必须报告事故缘由，比如楼房倒塌、重大交通事故、毒气泄漏、食物中毒等，还要说明伤害的性质、伤害的程度及需要救助的大致人数等情况，以便 120 调集救护车辆、报告政府部门及通知各医院救援人员集中到出事地点。

6. 一定让 120 先挂线，保证对方已经完全了解了施救所需要的信息。医院急诊科接到呼救电话，出车前急诊医生一般都会打电话联系呼救人，确认患者病情和事发地点等情况，而且可能会指导现场自救，所以呼救人或是亲属应在患者身边陪护等待救护车到来。

（二）120急救人员到达前的准备工作

1. 在拨打急救电话之后、急救人员到达之前，现场人员可以采取一些基本的急救措施，为挽救患者生命提供有利的条件。如果患者昏迷，应将患者就地放平，解开紧扣的衣领，使其头偏向一侧，出现呕吐时，及时清理口鼻呕吐物。如果患者呼吸、心跳停止，要立即给予人工呼吸、胸外心脏按压，直到救护人员赶到为止。如果患者疑似骨折，不要随意挪动伤者，避免造成二次伤害。

2. 准备好医疗费用、医保卡、农保卡、病历、衣物等。若是服药中毒的患者，要把可疑的药品、容器带上；若是断肢的伤员，要带上离断的肢体等。

3. 做好搬运准备：疏通搬运患者的通道。需要搬运患者时，若是封闭小区，一定要在120急救人员赶到之前联系物业人员打开小区闭锁的大门，保证车辆正常通行；高层住宅小区最好联系物业人员使电梯成为临时专用电梯；若是走楼梯，则应尽量清理楼道，移除影响搬运的杂物，方便担架快速通行。

4. 等救护车时不要把患者提前搀扶或抬出来，以免加重病情，影响患者的救治。

5. 及时接应救护车：当听到救护车警笛声时，应站在阳台上或窗口向急救人员招手呼唤，或直接派人在有明显标志处的社区、住宅门口、农村交叉路口或与急救人员在约好的地点提前等待接车。若在20min内救护车仍未出现，可再拨打120。

6. 如病情允许，不要再去找其他车辆，因为只要120接到呼救，一定会派出救护车。

7. 过路人拨打120：如果是路人碰上车祸等事故时拨打的120，应留守到急救人员到达之后再离开，如此既能及早指引120急救人员准确找到事发地，又可向急救人员提供宝贵的第一手资料。

8. 在呼救后注意避免病急乱投医，不能随意服药、滴水、进食，患者出现异常应尽量与急救人员联系。

（三）其他呼救方法

如果身边没有手机等通信方式，并且意外的伤害发生在旷野、夜晚、倒塌的房屋内等不易被人发现的地方，大声呼叫是最简单易行的办法。

如果伤者被困在地震后倒塌的建筑物，塌方后的矿井、隧道中，无法与外界取得联系，可用砖头、石块按照国际通用呼救信号“SOS”的规律，有节奏地敲击自来水管、暖气管、钢轨，吸引外部救护者的注意。但是这种敲击不宜过重，这样即可节省体力也可防止因敲击震动过大引起更大的塌方。

在野外发生交通事故时，受伤者被困在翻入沟内的汽车中，可按照国际通用的呼救信号“SOS”的规律鸣笛、闪动车灯吸引经过车辆的救援。

如果独自一人在野外受伤，白天可用晃动的衣物，或用手表表盘对阳光的反射呼叫救援；夜晚可用手电筒、打火机、手机的光亮和声响吸引救援。

第二节 心肺复苏术

猝死是指外表健康或非预期死亡的人在外因或无外因的作用下发生突然和意外的非暴力死亡。导致猝死的原因很多，最常见的有以下几种：心血管疾病、呼吸系统疾病、脑血管疾病、消化系统疾病等。猝死是人类最危险的急症，就其紧急程度和危险程度而言，无论是过去、现在、将来，世界上都没有一种疾病能够与之相比。

一、心肺复苏术简介

针对猝死，最有效的治疗手段就是心肺复苏术（cardiopulmonary resuscitation，CPR）。据统计，约70%以上的猝死都发生在入院前，如未能在现场得到及时、正确的抢救，患者将全身严重缺氧而由临床死亡转为生物学死亡；相反，如能在现场得到及时、正确的抢救，则部分生命可能被救回。因此，非医学专业人士学习CPR技能是非常有必要的。

CPR是针对心跳、呼吸停止所采取的抢救措施，即用心脏按压或其他方法形成暂时的人工循环并恢复心脏自主搏动和血液循环，用人工呼吸代替自主呼吸并使患者恢复自主呼吸，以达到挽救生命的目的。CPR强调时间第一、分秒必争，原因在于：大脑是体内对氧耐受最差的器官，心脏完全停止的情况下，缺氧0～4min，大脑有损伤，但是是可逆的；缺氧4～6min，大脑损伤会比前面的加重；而到缺氧6min以上，就会引起不可逆性的脑死亡。所以心肺复苏最有效的时间是在心脏停搏的最初5min。CPR是非常实用的急救技术，在国外，医务人员每两年必须接受一次培训。

心肺复苏的概念最早是在1966年提出的。2000年，第一个关于心肺复苏的国际指南发布。目前我们使用的是2010年修改的指南，该指南摒弃了旧指南中划一的规定，根据施救者技能、环境条件制定了不同的施救方法。

心肺复苏主要包括三个阶段：基本生命支持、高级生命支持和复苏后治疗，针对非医学专业人士，推荐掌握基本生命支持即可。基本生命支持（basic life support，BLS）又称初步急救或现场急救，目的是在心搏骤停后，立即以徒手方法争分夺秒地进行复苏抢救，以使心搏骤停患者心、脑及全身重要器官获得最低限度的紧急供氧（通常按正规训练的手法可提供正常血供的25%～30%）。BLS的基础包括突发心搏骤停（sudden cardiac arrest，SCA）的识别、紧急反应系统的启动、早期心肺复苏（CPR）、迅速使用自动体外除颤仪（automatic external defibrillator，AED）除颤。

二、基本生命支持的具体步骤

（一）评估和现场安全

急救者在确认现场安全的情况下轻拍患者的肩膀，并大声呼喊“喂，你还好吗?”检查患者是否还有呼吸。如果没有呼吸或者没有正常呼吸（只有喘息），立刻启动应急反应系统。2010版心肺复苏指南BLS程序已经被简化，已把“看、听和感觉”从程序中删除，实施这些步骤既不合理又很耗时间，基于这个原因，2010版心肺复苏指南强调对无反应且无呼吸或无正常呼吸的成人，立即启动急救反应系统并开始胸外心脏按压。

（二）启动紧急医疗服务并获取自动体外除颤仪

1. 如发现患者无反应无呼吸，急救者应启动紧急医疗服务（emergency medical service，EMS）体系（拨打120；若请旁人帮忙打120，则必须指定到人），取来AED（如果有条件），对患者实施CPR，如有需要则立即进行除颤。

2. 如有多名急救者在现场，其中一名急救者按步骤进行CPR，另一名启动EMS体系（拨打120），取来AED（如果有条件）。

3. 在救助淹溺或窒息性心搏骤停患者时，急救者应先进行 5 个周期(2min)的 CPR，然后拨打 120 启动 EMS 系统。

（三）脉搏检查

对于非专业急救人员，不再强调训练其检查脉搏，只要发现无反应的患者没有自主呼吸就应按心搏骤停处理。对于医务人员，请遵循以下步骤确定颈动脉搏动：①使用 2 个或 3 个手指找到气管。②将这 2 个或 3 个手指滑到气管和颈侧肌肉之间的沟内，此处您可以触摸到颈动脉的搏动。③感触脉搏至少 5 秒，但不要超过 10 秒(见图 10－1)。

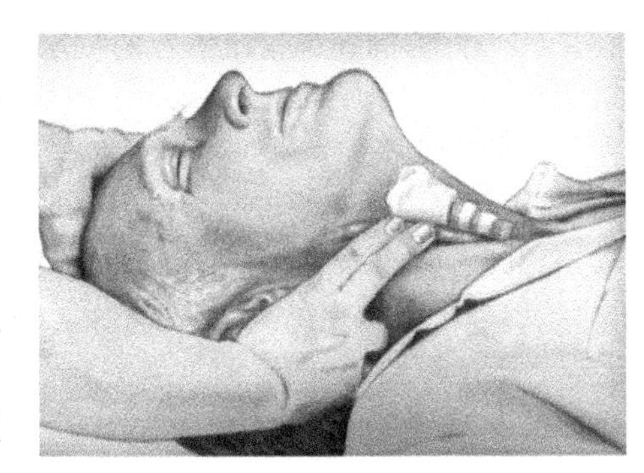

图 10－1　颈动脉搏动检查方法

如果您没有明确地感受到脉搏，则从胸外按压开始 CPR(C－A－B 程序)，见如下(四)至(六)。

（四）胸外按压(circulation，C)

确保患者仰卧于平地上或用胸外按压板垫于其肩背下，急救者可采用跪式或踏脚凳等不同体位，将一只手的掌根放在患者胸部的中央，胸骨下半部上，将另一只手的掌根置于第一只手上。手指不接触胸壁。按压时双肘须伸直，垂直向下用力按压，成人按压频率至少为每分钟 100 次，下压深度至少为 5cm，每次按压之后应让胸廓完全回复(见图 10－2)。

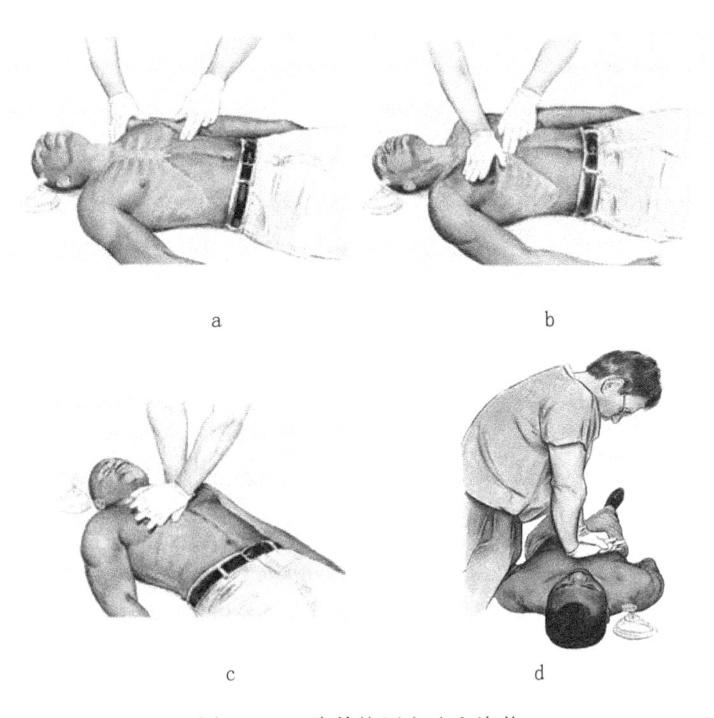

图 10－2　胸外按压方法和姿势

a. 按压点：两乳头中点连线；b. 按压部位：手掌根；c. 按压手法：双手交叉手指交叉，但不接触胸壁；d. 肘关节伸直，垂直按压

按压时间与放松时间各占50%左右，放松时掌根部不能离开胸壁，以免按压点移位。对于儿童患者，用单手或双手于乳头连线水平按压胸骨；对于婴儿，用两手指于紧贴乳头连线下方水平按压胸骨。为了尽量减少因通气而中断胸外按压，对于未建立人工气道的成人，2015年国际心肺复苏指南推荐的按压-通气比率为30∶2。对于婴儿和儿童，双人CPR时可采用15∶2的比率。如双人或多人施救，应每2min或5个周期CPR(每个周期包括30次按压和2次人工呼吸)更换按压者，并在5秒钟内完成转换，因为研究表明，在按压开始1～2min后，操作者按压的质量就开始下降(表现为频率、幅度及胸壁复位情况均不理想)。

国际心肺复苏指南还强调，应持续有效胸外按压，快速有力，尽量不间断，因为过多中断按压，会使冠脉和脑血流中断，复苏成功率明显降低。

(五) 开放气道(airway,A)

从2010年国际心肺复苏指南中开始出现的一个重要改变是在通气前就要开始胸外按压。胸外按压能产生血流，在整个复苏过程中，都应该尽量减少延迟和中断胸外按压。而调整头部位置、实现密封以进行口对口呼吸、拿取球囊面罩进行人工呼吸等都要花费时间。采用30∶2的按压通气比开始CPR能使首次按压延迟的时间缩短。有两种方法可以开放气道提供人工呼吸(见图10-3)：仰头抬颏法和推举下颌法。后者仅在怀疑头部或颈部损伤时使用，因为此法可以减少颈部和脊椎的移动。遵循以下步骤实施仰头抬颏：将一只手置于患儿的前额，然后用手掌推动，使其头部后仰；将另一只手的手指置于颏骨附近的下颌下方，提起下颌，使颏骨上抬。注意：在开放气道的同时应该用手指挖出患者口中异物或呕吐物，有义齿者应取出义齿。

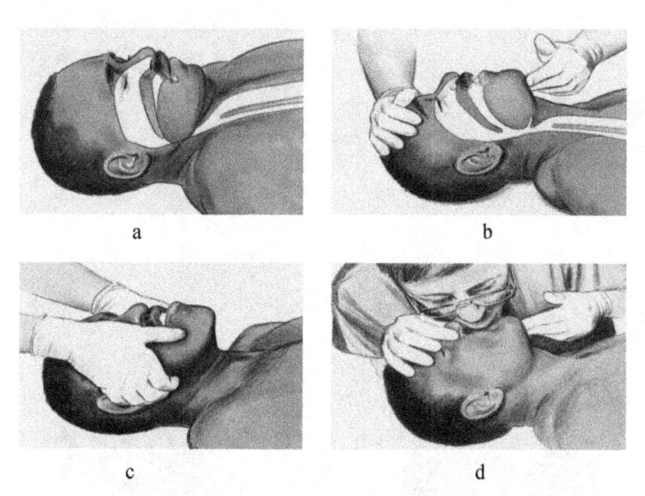

图10-3 开放气道及口对口人工呼吸方法

a. 舌根后坠致气道堵塞；b. 仰头抬颏法开放气道；
c. 推举下颌法开放气道；d. 口对口人工呼吸

(六) 人工呼吸(breathing,B)

给予人工呼吸前，正常吸气即可，不必深吸气，所有人工呼吸(无论是口对口、口对面罩、球囊-面罩或球囊对高级气道)均应该持续吹气1秒以上，保证有足够量的气体进入并使胸廓起伏。如第一次人工呼吸未能使胸廓起伏，可再次用仰头抬颏法开放气道，给予第二次通气。过度通气(多次吹气或吹入气量过大)可能有害，应避免。

实施口对口人工呼吸是借助急救者吹气的力量，使气体被动吹入肺泡，通过肺的间歇性膨胀，以达到维持肺泡通气和氧合作用，从而减轻组织缺氧和二氧化碳潴留。方法为：将受害者仰卧置于稳定的硬板上，托住颈部并使头后仰，用手指清洁其口腔，以解除气道异物，急救者以右手拇指和食指捏紧患者的鼻孔，用自己的双唇把患者的口完全包绕，然后吹气1秒以上，使胸廓扩张；吹气毕，施救者松开捏鼻孔的手，让患者的胸廓及肺依靠其弹性自主回缩呼气，同时均匀吸气，以上步骤再重复一次。对婴儿及年幼儿童复苏，可将婴儿的头部稍后仰，把口唇封住患儿的嘴和鼻子，轻微吹气入患儿肺部。如患者面部受伤会妨碍进行口对口人工呼吸，可进行口对鼻通气。深呼吸一次并将嘴封住患者的鼻子，抬高患者的下巴并封住口唇，对患者的鼻子深吹一口气，移开救护者的嘴并用手将受伤者的嘴敞开，这样气体可以出来。在建立了高级气道后，每6～8秒进行一次通气，而不必在两次按压间才同步进行(即呼吸频率为每分钟8～10次)。在通气时不需要停止胸外按压。

(七) 自动体外除颤器(AED)除颤

室颤是成人心搏骤停最初发生的较为常见且较容易治疗的心律失常。对于室颤患者，如果能在意识丧失的3～5min内立即实施CPR及除颤，存活率是最高的。对于院外心搏骤停患者或在监护心律的住院患者，迅速除颤是治疗短时间室颤的好方法。在国外人口密集度高的公共场所，如机场、火车站、学校、电影院等，AED随处可见，遗憾的是，目前国内尚未完全普及，仅有机场等少数场所有配置。

(八) CPR持续时间

非专业急救者应持续CPR直至获得AED和被EMS人员接替，或患者开始有活动，不应为了检查循环或检查反应有无恢复而随意中止CPR。对于医务人员应遵循下述心肺复苏有效指标和终止抢救的标准。

(九) 心肺复苏有效指标

1. 颈动脉搏动

按压有效时，每按压一次可触摸到颈动脉一次搏动，若中止按压搏动亦消失，则应继续进行胸外按压，如果停止按压后脉搏仍然存在，说明患者心搏已恢复。

2. 面色(口唇)

复苏有效时，面色由发绀转为红润，若变为灰白，则说明复苏无效。

3. 其他

复苏有效时，可出现自主呼吸，或瞳孔由大变小并对光有反射，甚至有眼球活动及四肢抽动。

(十) 终止抢救的标准

现场CPR应坚持不间断地进行，不可轻易做出停止复苏的决定，如符合下列条件者，现场抢救人员方可考虑终止复苏：

1. 患者呼吸和循环已有效恢复。

2. 无心搏和自主呼吸，CPR在常温下持续30min以上，EMS人员到场确定患者已死亡。

3. 有EMS人员接手承担复苏或其他人员接替抢救。

第三节 海姆立克急救法

在我们的日常生活中时常会遇到自己或别人被异物卡喉窒息的紧急情况，在过去我们经常会在患者头部不处于低位的情况下拍击患者的背部或用手指探入患者咽喉，这样往往反而会使异物更深入气管，造成严重后果。此时正确的做法应该是利用海姆立克急救法帮助患者。

一、海姆立克急救法简介

海姆立克急救法(Heimlich maneuver)是美国胸外科医生海姆立克教授发明的。在临床实践中，他被大量的食物、异物窒息造成呼吸道梗阻致死的病例震惊了。而在当时的急救急诊中，医生通常采用拍打患者背部，或将手指伸进口腔咽喉去取的办法排除异物，其结果不仅无效反而使异物更深入呼吸道。正是这个发现，使他陷入了沉思，经过反复研究和多次动物实验，他终于发明了利用肺部残留气体，形成气流冲出异物的急救方法，即海姆立克急救法。1974 年，他作了关于腹部冲击法解除气管异物的首次报告。据不完全统计，海姆立克急救法至少已经救活了 10 万个生命，其中包括美国前总统里根、纽约前任市长埃德、著名女演员伊丽莎白等等。海姆立克教授也因此被世界名人录誉为“世界上挽救生命最多的人”。

海姆立克急救法的原理是：窒息时，患者的肺内仍有残留气体，给膈以下软组织以突然向上的压力，使胸腔压力骤然升高，从而压迫双肺，驱使肺内残存的气流进入气管，便可排出卡在气管口的食物或其他异物。

呼吸道异物梗阻最常见的是食物或异物堵塞。常见于进食或口含异物时嬉笑、打闹或啼哭而发生，尤其多见于儿童，表现为突然呛咳、不能发音、呼吸急促、皮肤发紫，严重者可迅速出现意识丧失，甚至呼吸心跳停止。患者被食物和异物卡喉后往往会将一手放到喉部，表情痛苦，此即“海姆立克”征象。此时可以询问患者：“你卡了吗?”如患者点头表示“是的”，即立刻施行海姆立克手法抢救。但若无这一征象，则应观察以下征象：①患者不能说话或呼吸；②面、唇青紫；③失去知觉。如有这些气道梗阻征象，则也应该立即应用海姆立克急救法。

二、海姆立克急救法具体操作

(一) 应用于成人

1. 抢救者站在患者的背后，用两手臂环绕患者的腰部。

2. 一手握拳，将该拳拇指一侧放在患者胸廓下和脐上的腹部(见图 10－4)。

3. 用另一手抓住拳头，快速向上冲击压迫患者的腹部，不能拳击，也不要挤压胸廓；冲击力只限于你的手上，不能用你的双臂加压。请记住这句话：“患者的生命在你的手上!”

4．重复之前动作，直到异物排出。患者应配合，头部略低，嘴要张开，以便异物吐出，如图 10－4 所示。

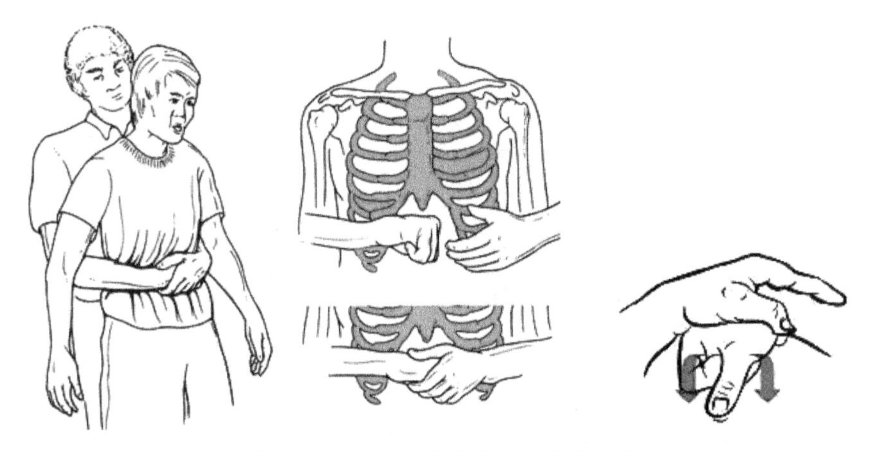

图 10－4　海姆立克急救法应用于成人

（二）应用于婴幼儿

若是小于 1 岁的婴儿，有呼吸道异物，则不可做海姆立克急救法，以免伤及腹腔内器官，应改为拍背压胸法。

方法为：一手置于婴儿颈背部，另一手置于婴儿颈胸部，先将婴儿趴在大人前臂，依靠在操作者的大腿上，头部稍向下前倾，在其背部两肩胛骨间拍背 5 次，依患者年纪决定力量的大小。再将婴儿翻正，在婴儿胸骨下半段，用食指及中指压胸 5 次，重复上述动作直到异物吐出（见图 10－5）。

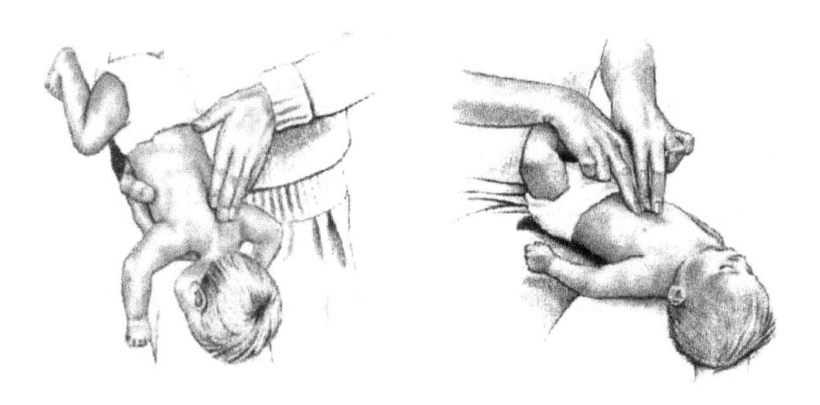

图 10－5　海姆立克急救法应用于婴幼儿

（三）应用于自救

可采用上述用于成人 4 个步骤中的 2、3、4 三点，或稍稍弯下腰靠在一固定的水平物上（如桌子边缘、椅子、扶手栏杆等），对着这边缘压迫你的上腹部，快速向上冲击，重复之，直至异物排出。当你异物卡喉时，切勿离开有其他人在场的地方，可用手势表示“海姆立克”征象，以求救援（见图 10－6）。

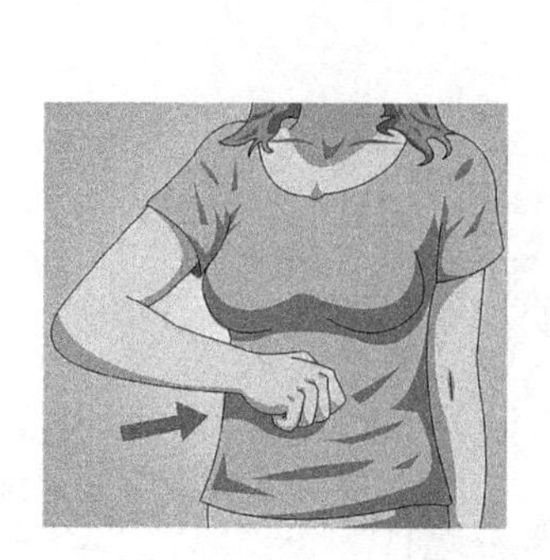

图 10－6　海姆立克急救法应用于自救

（四）应用于无意识的患者

使患者仰平卧，抢救者面对患者，骑跨在患者的髋部用你的一手置于另一手上，将下面一手的掌跟放在胸廓下脐上的腹部，用你的身体重量，快速冲击压迫患者的腹部，重复动作，直至异物排出（见图 10－7）。

图 10－7　海姆立克急救法应用于无意识的患者

（五）应用于肥胖者或孕妇

若患者为即将临盆的孕妇或非常肥胖致施救者双手无法环抱腹部做挤压，则在胸骨下半段中央垂直向内做胸部按压，直到气道阻塞解除（见图 10－8）。

图 10－8　海姆立克急救法应用于肥胖者

海姆立克急救法虽卓有成效，但也可产生严重合并症，如肋骨骨折、腹部或胸腔内脏的破裂或撕裂等，所以除非必要时，一般不随便采用此法。如果患者呼吸道只是部分梗阻，气体交换良好，就应鼓励患者用力咳嗽，并自主呼吸；如患者呼吸微弱，咳嗽乏力或呼吸道完全梗阻，则立刻使用此手法。在使用本法成功抢救患者后也应该注意检查患者有无并发症的发生，如有问题，及时处理。

第四节 创伤急救技术

随着社会的发展,创伤患者逐渐增多,尤其是随着私家车数量的逐年增多,我国的车祸发生率也随之上升,车祸伤是现代社会创伤患者最大的原因。发生创伤后,救护人员首先应迅速了解伤员生命体征,包括呼吸、脉搏、血压及机体各部位伤情。如有心肺功能障碍,应立即施行有效心肺复苏;其次是令昏迷患者保证气道开放,对休克患者应积极抗休克;同时及时地止血、包扎、固定,然后考虑搬运等措施。止血、包扎、固定、搬运是创伤急救的四大技术。

一、止血术

急性出血是外伤后患者早期死亡的主要原因。人体血液总含量大约占体重的8%,如一正常成年人的体重是50kg,则他约有4000ml血液。当急性大出血时,如果失血量超过全身血量的20%以上,就会出现明显的休克症状;当失血量超过总血量的40%时,就有生命危险。因此现场急救时,首要的就是采取紧急止血措施,防止大出血引起的休克甚至死亡,这对挽救伤员的生命具有非常重要的意义。

(一)出血的类型

根据出血的血管种类,出血可分动脉性出血、静脉性出血和毛细血管出血三种。如果是动脉性出血,则血色鲜红,出血呈喷射状,危险性较大;如为静脉性出血,血色暗红,血流较缓慢,呈持续性,不如动脉性出血凶险,但如不及时止血,持续出血也可引起休克等症状;如为毛细血管出血,则血色鲜红,血液从伤口渗出,常可自动凝固而止血,危险性较小。

出血根据是否体表可见,可分为外出血和内出血两种类型。当血管破裂后,血液流出体外称为外出血,常见于刀砍伤、尖刺物刺伤、枪弹伤等;当血管破裂后血液流入组织、脏器或体腔内,称为内出血,此时体表上并看不见血液,常见于碰撞伤、高空坠伤、其他钝性物体形成的损伤。急性创伤性大量出血是伤后早期死亡的主要原因之一。特别值得警惕的是内出血。因血液从破裂的血管流入组织、脏器或体腔内,不易及时发现。如果受伤后无外出血,但伤员出现急性贫血现象,如头晕、无力、口干、面色苍白、呼吸浅快、脉搏快而弱、血压下降等表现,就有内出血的可能,应立即将伤员送往就近的医院进行抢救。

(二)创伤现场常用的止血法

1. 指压动脉止血法

此法一般适用于头颈部及四肢某些部位的大出血。方法是施救者用手指压迫近心端动脉的压迫点,将动脉血管压在骨骼上,使血管闭塞,血流中断而达到止血目的。这是一种快速、有效的止血方法。止血后,因根据具体情况换用其他有效的止血方法,如填塞止血法、止血带止血法等。这种方法仅仅是一种临时的用于动脉出血的止血方法,不宜持久采用,下面是根据不同的出血部位采用不同的指压止血法。

(1) 头颈部出血常用指压血管部位(见图 10－9)

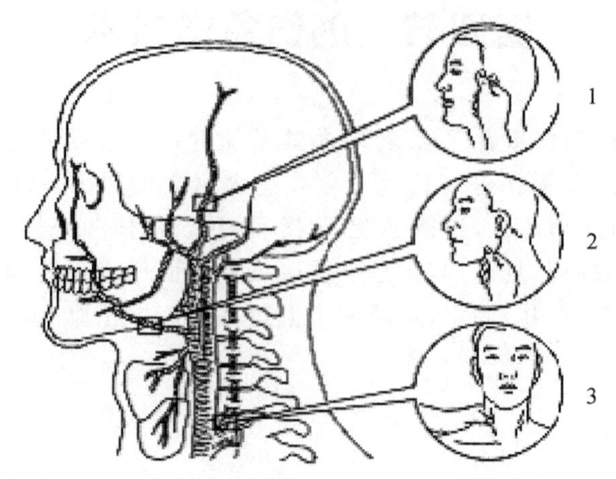

图 10－9 头颈部出血常用指压血管部位

1－颞动脉;2－面动脉;3－颈动脉

①颞动脉

适用于一侧头顶、额部的大出血,在伤侧耳前,一只手的拇指垂直压迫耳屏前方凹陷处,即可感觉到动脉搏动,其余四指同时托住下颌,一手固定伤员头部。

②面动脉

适用于颌部及颜面部的大出血。一手固定伤员头部,另一手用拇指在下颌角前上方约1.5cm处向下颌骨方向垂直压迫,阻断面动脉血流,其余四指托住下颌。因为面动脉在颜面部有很多小支相互吻合,往往需要压迫双侧才能见效。

③颈动脉

适用于头、颈、面部的大出血,并且压迫其他部位无效时。用拇指在甲状软骨、环状软骨外侧与胸锁乳突肌前缘之间的沟内搏动处,向颈椎方向压迫,其余四指固定在伤员的颈后侧。应用此法时,应注意不得同时压迫双侧颈动脉,以免造成脑缺血坏死,同时颈总动脉压迫时间不能过长,以免引起颈部化学和压力感受器反应而危及生命。总之,非紧急情况,不得使用此法。

(2) 上肢出血常用指压血管部位(见图 10－10)

①锁骨下动脉

适用于肩部及上肢的出血。用拇指在锁骨上窝搏动处向下垂直压迫,其余四指固定肩部。

②肱动脉

适用于手、前臂及上臂中或远端出血。一手握住伤员伤肢的腕部,将上肢外展外旋,并屈肘抬高上肢,另一手拇指在上臂肱二头肌内侧沟搏动处,向肱骨方向垂直压迫。

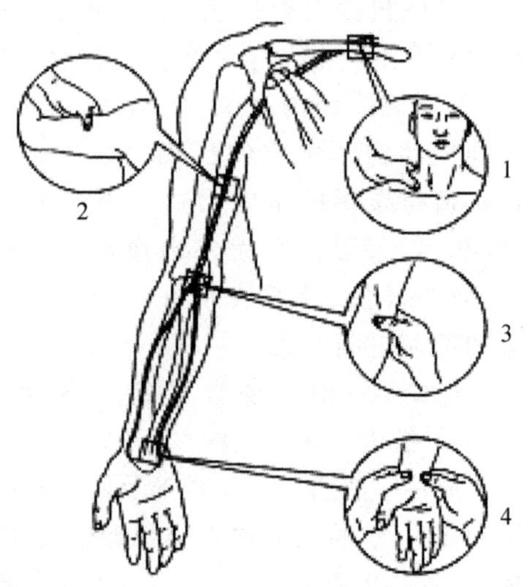

图 10－10 上肢出血常用指压血管部位

1－锁骨下动脉;2－肱动脉;3－肘动脉;4－桡、尺动脉

③肘动脉

适用于前臂的出血。肘关节前，拇指摸到搏动的肘动脉处加压。

④桡、尺动脉

适用于手部的出血。双手拇指分别在腕横纹上方两侧动脉搏动处垂直压迫。因为桡动脉和尺动脉在手掌部有广泛的吻合支，所以必须同时压迫两侧。

(3) 下肢出血常用指压血管部位

①股动脉

适用于一侧下肢的大出血。自救时，可用双拇指重叠用力压迫大腿上端腹股沟中点稍下方的搏动点(股动脉)控制出血。互救时，用手掌压迫大腿内侧控制出血(见图 10－11)。

②腘动脉

适用于小腿出血。在腘窝处，双手拇指摸住搏动的动脉，向下加压(见图 10－11)。

③胫动脉

适用于足部出血。一手紧握踝关节，拇指及其余四指分别压迫胫前、胫后动脉(见图 10－11)。

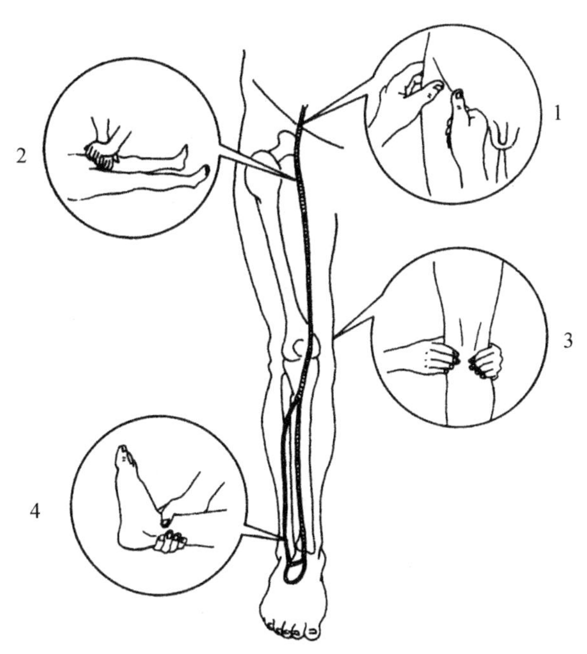

图 10－11　下肢出血常用指压血管部位

1－股动脉(自救法)；2－股动脉(互救法)；3－腘动脉；4－胫动脉

④指(趾)动脉

适用于指(趾)大出血。用拇指和示指(食指)分别压迫指(趾)两侧的指(趾)动脉，阻断血流(见图 10－12)。

2. 加压包扎止血法

此法最常用。中等动脉经加压包扎后均能止血。用已消毒纱布垫、急救包，在紧急情况下，也可用清洁的布类、纱布折成比伤口稍大的敷料，覆盖伤口或填塞于伤口内。再用绷带、三角巾、多头带做加压包扎(详见包扎术部分)，其松紧度以能达到止血的目的为宜(见图

10－13)。但伤口内有碎骨片,禁用此法,以免加重损伤。

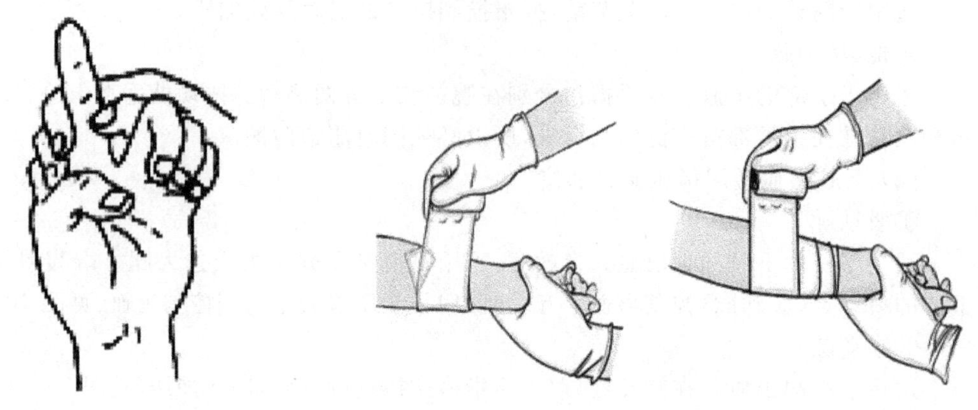

图10－12　指(趾)大出血,指压指(趾)动脉

图 10－13　加压包扎止血法

3. 强屈关节止血法

当小腿或前臂出血时,可在肘窝、腘窝内放入纱布垫、棉花团或者毛巾、衣服等物品,屈曲关节,用三角巾做"8"字形固定(见图 10－14)。需要注意的是,有骨折或者关节脱位者不能使用。

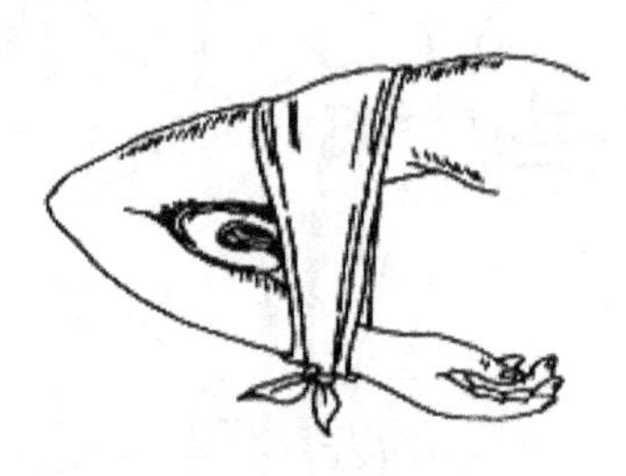

图 10－14　强屈关节止血法

4. 填塞止血法

适用于颈部和臀部较大而深的伤口,同时也适用于中等动脉、大中静脉损伤出血或伤口较深、出血严重时,还可直接用于不能采用指压止血法或止血带止血法的出血部位,方法如图 10－15 所示。先用镊子夹住无菌纱布塞入伤口内,如一块纱布止不住出血,可再加纱布,最后用绷带或三角巾绕颈部至对侧臂根部包扎固定,松紧以达到止血目的为宜。

图 10－15　填塞止血法

5. 止血带止血法

一般适用于四肢较大的血管出血,用加压包扎不能有效止血的情况下。

（1）棉布类止血带止血法

第一道缠绕为衬垫，第二道压在第一道上面，适当勒紧，适用于上下肢的出血。在伤口近端，用绷带、带状布条或三角巾叠成带状，可就地取材，在垫有绷带或布块的伤肢上绕两圈，打一个结，在上面放一根止血棒（木棒、筷子、笔杆等可就地取材），再打一个活结，将止血棒绕顺时针方向旋转，至出血点不再出血为止，此时，将活结套在止血棒的一端，拉紧活结即可将止血棒固定好，若将拉紧后的止血带两端打结，固定效果会更好（见图 10－16）。

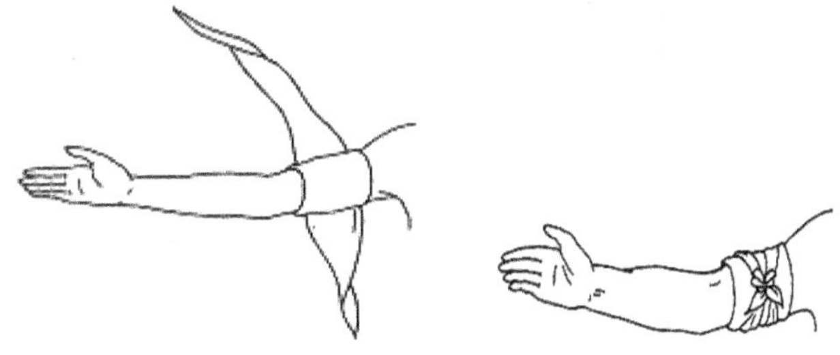

图 10－16　棉布类止血带止血法

（2）橡皮止血带止血法

①指根部橡皮止血带止血法

适用于手指的出血。剪取废手术乳胶手套袖口处皮筋，清洗，置于 75％酒精内备用；指根部衬垫两层窄纱布，然后用橡皮筋环状交叉于纱布上，同时用止血钳适度夹紧交叉处，但不得过紧，以免影响动脉血流（见图 10－17）。

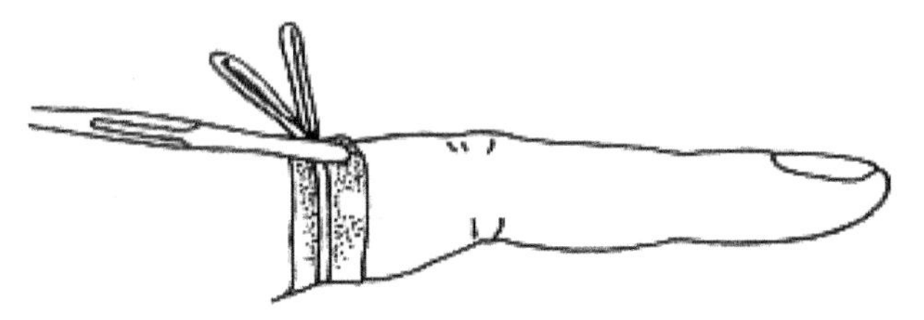

图 10－17　指根部橡皮止血带止血法

②上、下肢橡皮止血带止血法

将橡皮止血带中的一段适当拉紧拉长，绕肢体 2～3 周；橡皮带末端紧压在橡皮带下面，适用于上、下肢的出血。先在准备结扎止血带的部位加好衬垫，以左手拇指和食指、中指拿好止血带的一端，另一手拉紧止血带围绕肢体缠绕一周，压住止血带的一端，然后再缠绕第二圈，并将止血带的末端用左手食指、中指夹紧，向下拉出即可。还可以将止血带的末端插入结中，拉紧止血带的另一端，使之更牢固，标好止血带时间（见图 10－18）。

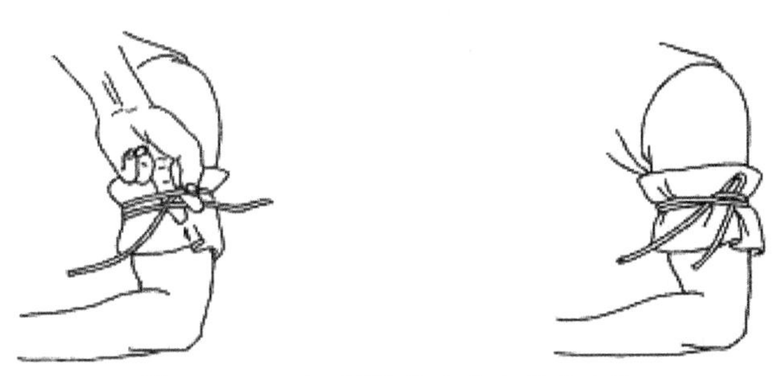

图 10－18　上、下肢橡皮止血带止血法

(3) 上、下肢充气式气压止血带止血法

气压止血带类似血压计袖袋,可分成人气压止血带及儿童气压止血带、上肢气压止血带及下肢气压止血带,其压迫面积大,对受压迫组织损伤较小,并容易控制压力,放松也方便。气压止血带还可分成手动充气与电动充气止血带。

(4) 使用止血带注意事项

①止血带部位要准确,缠在伤口的近端。上肢大动脉出血应结扎在上臂上部1/3处,避免结扎在中部1/3处以下的部位,以免损伤桡神经;下肢大动脉出血应结扎在大腿中上段;手指动脉性出血应结扎在指根部。

②止血带不宜直接结扎在皮肤上,应先用三角巾、毛巾等做成平整的衬垫缠绕在要结扎止血带的部位,然后再上止血带。

③止血带松紧要合适,以远端出血停止、不能摸到动脉搏动为宜。过松动脉供血未压住,静脉回流受阻,反使出血加重;过紧容易发生组织坏死。

④用止血带时间不能过久,要记录开始时间,上肢一般不超过1小时,下肢一般不超过1.5小时,到时放松一次,使血液流通1～2min,最长不得超过4小时。止血带松解1～2min后,在比原来结扎部位稍低平面重新结扎。松解时,如仍有大出血者或远端肢体已无保留可能,在转运途中不必再松解止血带。

⑤结扎好止血带后,在明显部位加上标记,注明结扎止血带时间,尽快送往医院。

⑥解除止血带,应在输血输液和采取其他有效的止血方法后方可进行。如组织已发生明显广泛坏死,在截肢前不宜松解止血带。

6. 止血钳钳夹结扎止血法

止血钳钳夹出血血管后丝线结扎或缝扎止血。此法止血确切,适用于上述方法不易奏效或有明显喷血时。用止血钳钳夹血管时应避免损伤正常血管,尽可能保留血管长度,以利修复。结扎时要考虑结扎后其所属肢体与器官有无足够的侧支循环,有无缺血可能。

上述几种方法,可单独使用,也可根据出血特点和现场情况同时使用,以达到止血的目的。

二、包扎术

所有开放性伤口,在现场急救时均应立即妥善包扎,其目的是保护伤口,避免再次污染,固定敷料和夹板的位置,扶托受伤的肢体,使其稳定,减轻疼痛,包扎时施加压力,起到止血、止痛作用,为伤口愈合创造良好条件。

(一) 包扎前注意事项

1. 包扎前,先将衣裤解开或剪开,充分暴露伤口。如需脱掉衣裤,应先脱健侧,后脱伤侧;如果伤情严重,如大出血、骨折、大面积烧伤等,以及情况紧急时,可连同衣裤一起包扎,也可在伤口相应部位把衣裤剪开一洞,再盖上敷料进行包扎。

2. 敷料接触伤口的一面需保持干净或尽量减少污染。

3. 伤口上或周围不敷任何药粉。

4. 敷料应充分遮盖伤口周围约5～10cm范围的皮肤。

5. 较大较深的出血伤口,可先用干净敷料填塞,再加压包扎。

6. 包扎时动作必须轻快,以免增加损伤。包扎不可过紧,以免妨碍血运,也不可过松,以免搬运时滑脱。打结时，结不要打在伤口位置上。

7. 对骨折或关节损伤的伤员，包扎后应加用固定器材。

8. 从伤口脱出的肠管、露出的骨折端等，原则上不应在现场还纳，需加以保护后包扎，待清创时处理。

包扎材料常用的有绷带、三角巾和四头带等。如果没有这些材料，也可用伤员或急救者的毛巾、手帕、衣、帽等包扎伤口。总之，应利用一切可以利用的消毒或清洁的软性材料，以达到及时包扎的目的。

（二）创伤现场常用包扎方法

1. 绷带包扎法

绷带适用于头颈及四肢的包扎，可随部位的不同变换不同的包扎方法。适当使用拉力，将保护伤口的敷料固定以达到加压止血的目的。因此绷带有保护伤口、压迫止血、固定敷料和夹板的功能。常用的绷带包扎法有以下几种：

(1) 环形绷带包扎法

在肢体某一部位把绷带做环形重叠缠绕，每一圈重叠盖住上一圈，多用在胸、腹部和粗细均匀的部位（如手、腕、足、颈、额部）。各种不同的绷带的开始和终了都用这种缠法。要使绷带牢固，环形包扎的第一圈可以稍斜缠绕，第二、第三圈用环形，并把斜出圈外的绷带的一角折回圈里，再重叠缠绕，这样不容易滑脱（见图 10－19）。

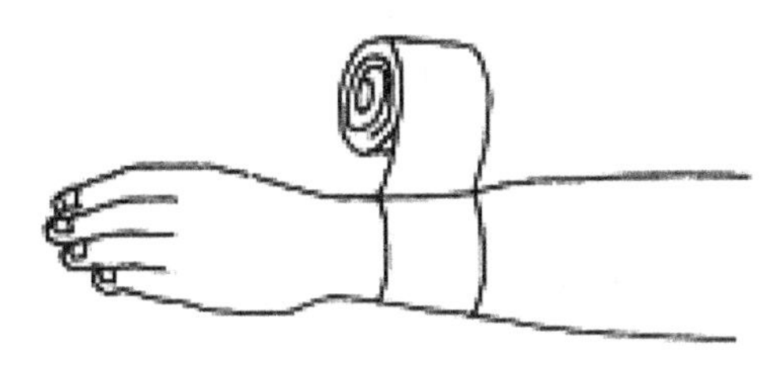

图 10－19　环形绷带包扎法

(2) 螺旋形绷带包扎法

主要用于肢体、躯干等处。包扎时，下一圈压盖上一圈的 1/3～1/2，做单纯的螺旋上升，把绷带逐渐上缠在粗细差不多的部位。如粗细相差较大时，可做反折包扎法（见图 10－20）。

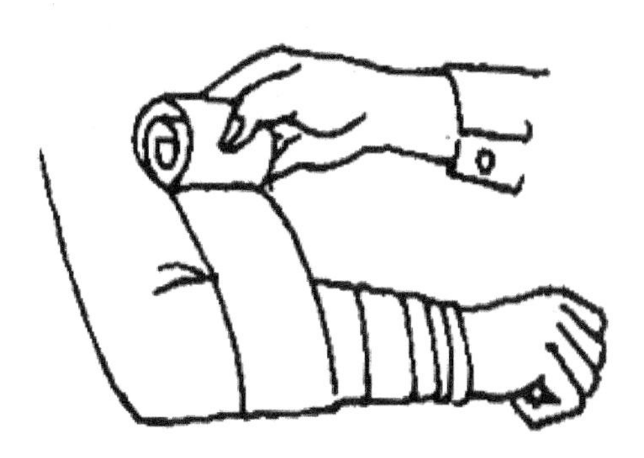

图 10－20　螺旋形绷带包扎法

(3) “8”字形绷带包扎法

常用于肘、腕、膝、踝等关节处及手、足的包扎。用绷带斜形缠绕，上下相互交叉做“8”字形包扎，每圈在正面与上一圈交叉，并压盖上一圈的 1/3～1/2(见图 10－21)。

(4) 螺旋反折绷带包扎法

呈螺旋形包扎，但每圈必须反折，主要用于粗细不等部位，如小腿、前臂等处。开始先用环形法固定一端，再按螺旋法包扎，但每周反折一次，反折时以左手拇指按住绷带上面正中处，右手将绷带向下反折，并向后绕，同时拉紧(见图 10－22)。

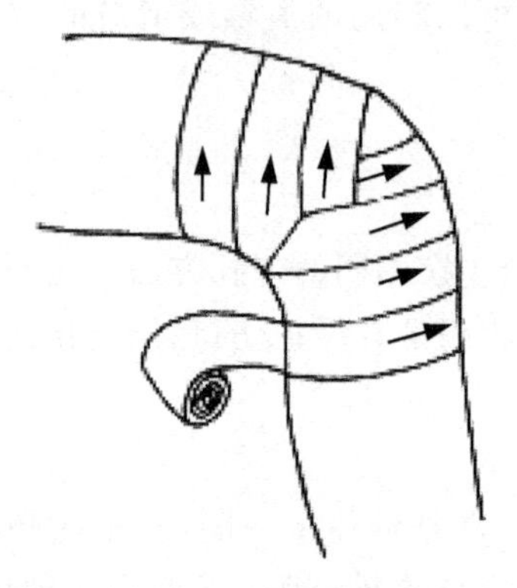

图 10－21 “8”字形绷带包扎法

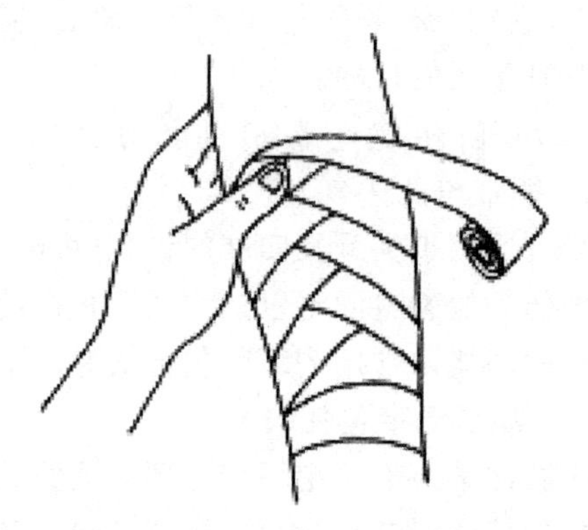

图 10－22 螺旋反折绷带包扎法

(5) 回返绷带包扎法

用于头部、指(趾)末端及断肢残端的包扎。先行环形包扎，再将绷带反转 90°，反复来回反折，第一道在中央，以后每道依次向左右延伸，直至伤口全部覆盖，最后进行环形包扎，压住所有绷带反折处(见图 10－23)。

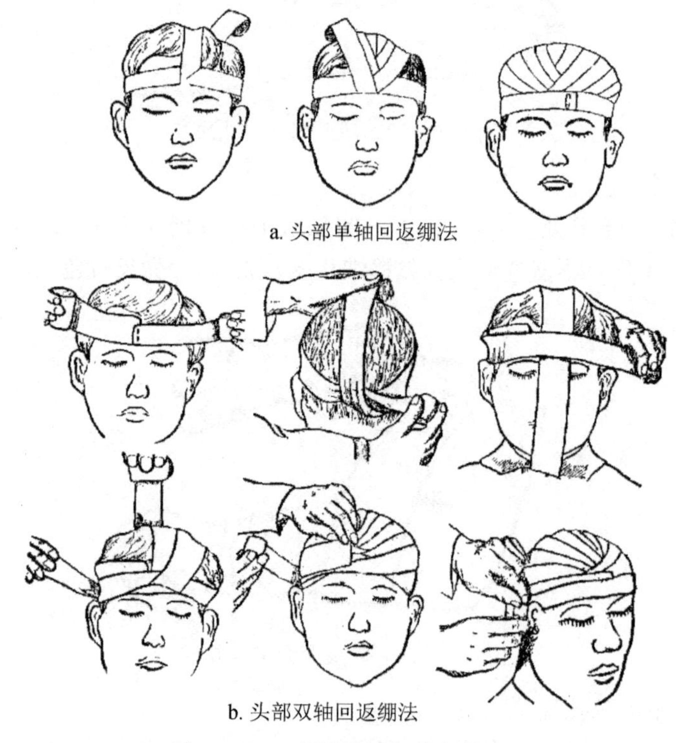

a. 头部单轴回返绷法

b. 头部双轴回返绷法

图 10－23 头部回返绷带包扎法

包扎完毕，绷带末端可用胶布黏合，如没有胶布，可采取末端撕开打结或末端反折打结固定。

使用绷带包扎时，应注意以下几点：

①患肢应保持功能位，如肘关节屈曲 90°。

②除开放性创伤、骨折患者，包扎前均应保持皮肤清洁、干燥。

③绷缠时要握紧绷带卷，均匀用力，松紧适度，注意美观整洁。欲行加压包扎，则需衬以棉垫，在绷缠处之边缘，棉垫至少应露出 0.5cm，以防绷带勒伤皮肤。

④要掌握“三点一走行”，即绷带的起点、止点、着力点（多在伤处）和走行方向顺序。自肢体远心端向近端绷缠，每卷绷带应压盖前一圈宽度的 1/3～1/2。开始做环形包扎时，第一周可稍倾斜绷缠，第二周绷缠时将斜出的起始部反折并压住再环形包扎，这样不易脱落。包扎终了做 2 周环形缠绕，终端以胶布或别针固定，或将绷带尾端纵形撕开打结固定，结应避开伤口、骨隆突或易受压部位。

⑤解除绷带时，先松解固定处，然后两手互相传递解除，绷带不可落于地上。紧急时或伤口有分泌物黏着时，可用剪刀剪开。

2. 三角巾包扎法

三角巾制作简单，使用方便，包扎面积大，一般用约为 1m 的等腰直角三角形。三角巾不仅是较好的包扎材料，还可以作为固定夹板、敷料和代替止血带使用。三角巾急救包扎可以将其折叠成带状、燕尾状或连接成双燕尾状和蝴蝶形等，这些形状可灵活地用于肩部、胸部、腹部、腹股沟等处的包扎。使用三角巾时，两侧底角打结时应为外科结，比较牢固。虽然三角巾使用简单、方便、灵活，但不便于加压，也不够牢固。常用三角巾包扎法有以下几种：

(1) 头部包扎法

将三角巾底边的中点放在眉间上部，顶角经头顶垂向枕后，再将底边经左、右耳上向后拉紧，在枕部交叉，并压住垂下的枕角再交叉绕耳上到额部拉紧打结，最后将顶角向上反掖在底边内或用安全针或用胶布固定（见图 10－24）。

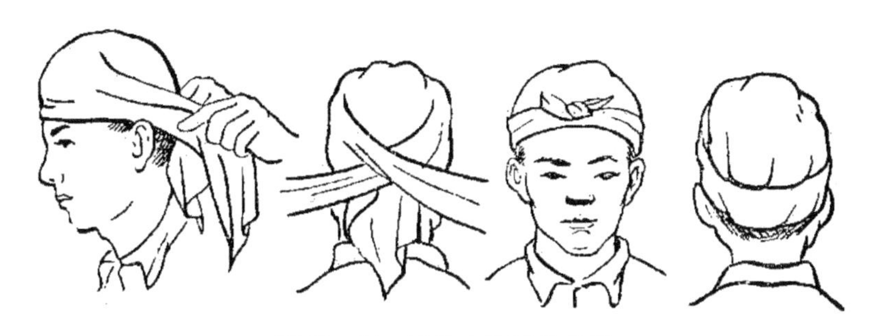

图 10－24　三角巾头部包扎法

(2) 手部包扎法

将伤手平放在三角巾中央，手指指向顶角，底边横于腕部，再把顶角折回拉到手背上面，然后把左、右两底角在手掌或手背交叉后向上拉到手腕的左、右两侧缠绕打结（见图 10－25）。

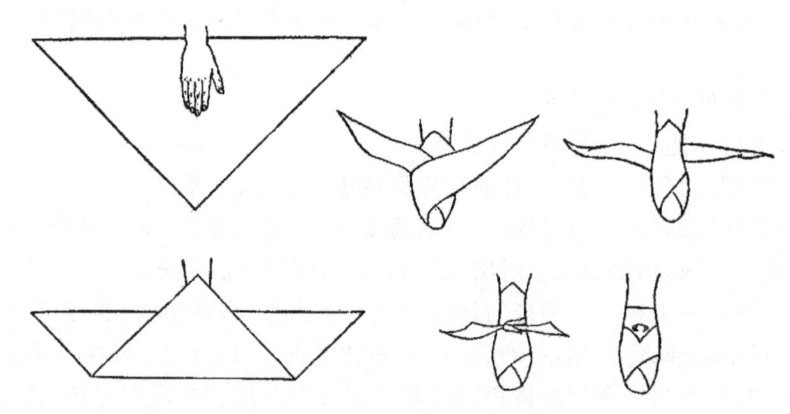

图 10-25　三角巾手部包扎法

(3) 上肢悬吊与固定法

三角巾将肘、前臂、手托起,两对角在颈后打结,另一角反折后用别针固定(见图 10-26)。

图 10-26　三角巾上肢悬吊与固定法

3. 多头带包扎法

用于人体不易包扎和面积过大的部位。常用包扎法有四头带包扎法、腹部包扎法、胸部包扎法及几种严重损伤的特殊包扎法。

(1) 四头带包扎法

长方形布料(一块)的大小视需要而定。将长的两端剪开到适当部位,经消毒处理后制成。常用部位有:

①下颌包扎法

先将四头带中央部分托住下颌,上位两端在颈后打结,下位两端在头顶部打结(见图 10-27)。

图 10-27　下颌包扎法

②头部包扎法

先将四头带中央部分盖住头顶,前位两端在枕后打结,后位两端在颌下打结(见图 10-28)。

③鼻部包扎法

先将四头带中央部分盖住鼻部,上位两端在颈后打结,下位两端亦在颈后打结(见图 10－29)。

④眼部包扎法

先将四头带中央部分盖住眼部,两端分别在颈后打结(见图 10－30)。

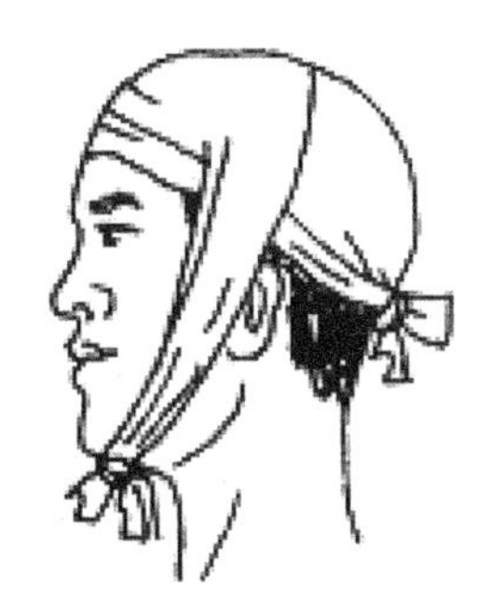

图 10－28　头部包扎法

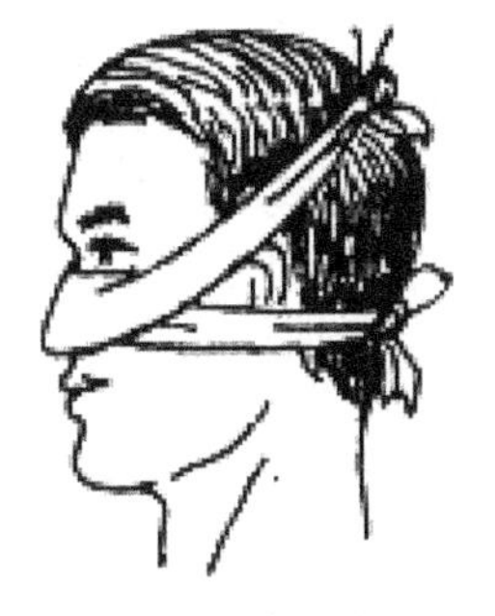

图 10－29　鼻部包扎法

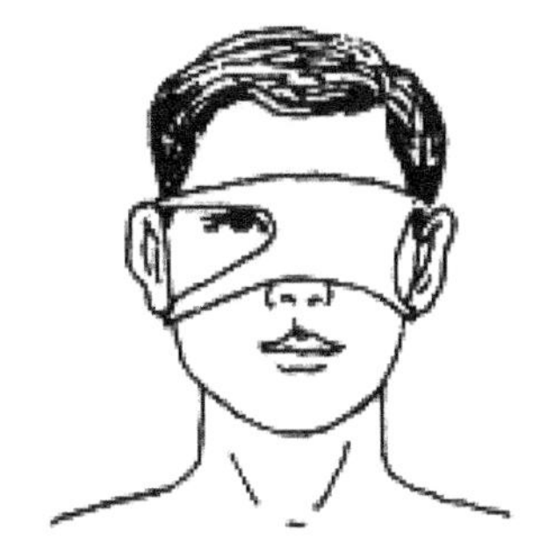

图 10－30　眼部包扎法

(2) 腹部包扎法

腹带:用布料缝制腹带,大小视需要而定。中间为包腹带,两侧各有 5 条相互重叠的带脚(见图 10－31)。

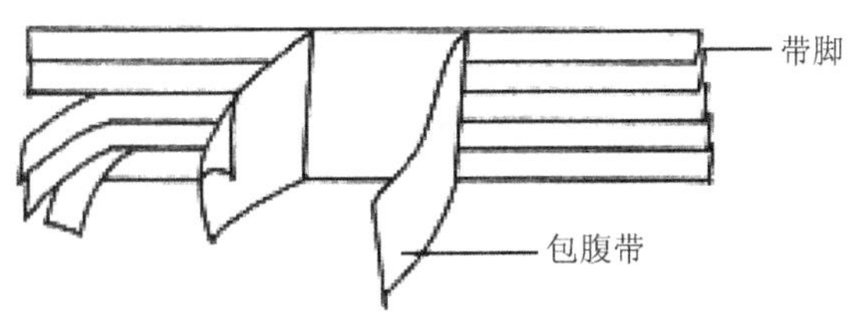

图 10－31　腹部多头带

包扎方法(见图 10－32):

①患者平卧,术者将一侧带脚卷起,从患者腰下递至对侧,第二术者由对侧接过,将带脚拉直。

②将包腹布紧贴腹部包好,再将左、右带脚依次交叉重叠包扎,创口在上腹部时应由上而下包扎,创口在下腹部时应由下向上包扎,最后在中腹部打结或以别针固定(见图 10－32)。

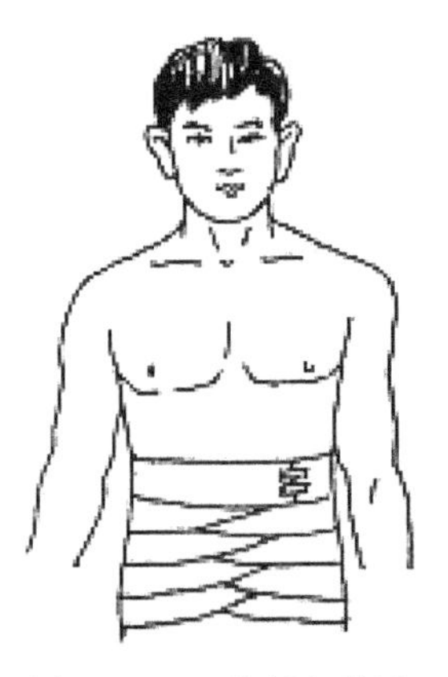

图 10－32　腹部包扎法

(3) 胸部包扎法

胸带：材料同腹带，但比腹带多两条竖带(见图 10－33)。

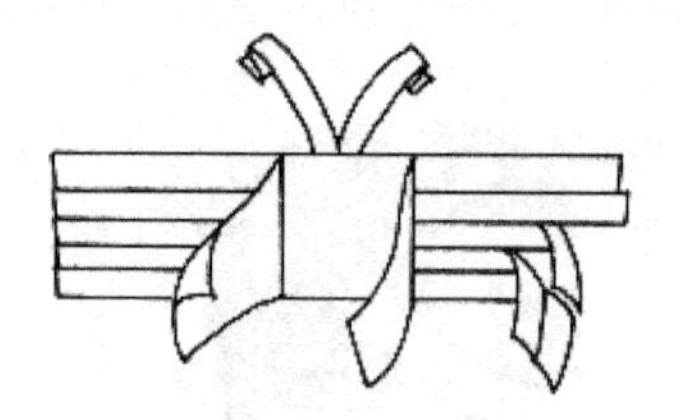

图 10－33　胸部多头带

包扎方法：先将两竖带从颈旁两侧拉下置于胸前，再包胸带与带脚(见图 10－34)。

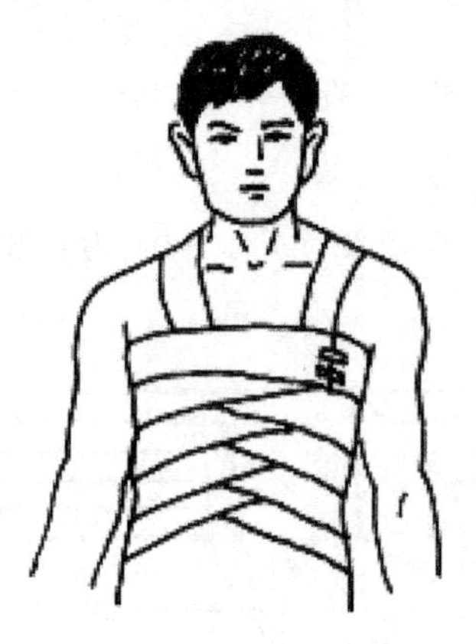

图 10－34　胸部包扎法

4. 几种严重损伤包扎法

(1) 胸部开放性气胸包扎法

协助患者半卧位，检查伤者呼吸情况及气管位置，判断是否存在开放性气胸，检查伤者胸壁、颈根部皮肤有无皮下气肿及捻发音，判断是否存在张力性气胸。需立即在呼气末密封伤口，可用无菌敷料加塑料薄膜及宽胶布封闭三边，外部用棉垫加压包扎。如图 10－35 所示，先用不透气材料(胶布、塑料皮)盖住伤口，再用纱布或毛巾垫盖住(左图)；最后用三角巾或绷带加压包扎(右图)。

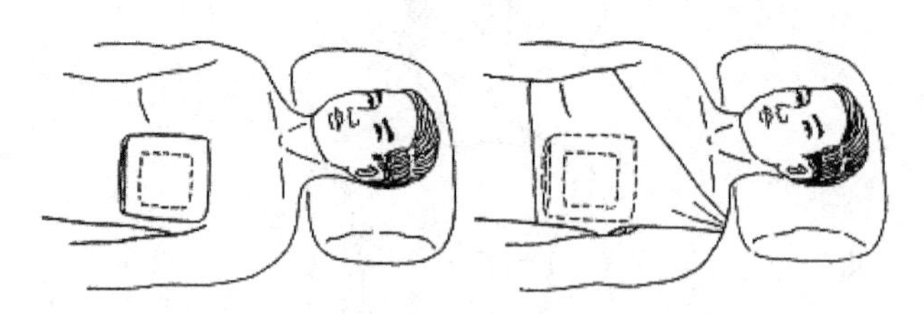

图 10－35　胸部开放性气胸包扎法

(2) 腹部内脏脱出包扎法

协助伤者仰卧屈膝位，在脱出脏器表面覆盖生理盐水纱垫，用碗、盆等器皿扣住脱出的内脏，再用宽胶布或三角巾固定(如急救现场没有生理盐水纱垫，可用干净的塑料袋或保鲜膜代替)。如图 10－36 所示，先用大块消毒纱布盖好，再用饭碗罩住或用纱布卷制成保护圈套好(左图),最后用三角巾包扎(右图)。

脑组织外露也可以用此法。如图10－37所示,先用大块纱布盖住伤口,再用纱布卷成保护圈,套住膨出脑组织(左图),最后用三角巾或绷带小心包扎头部(右图)。

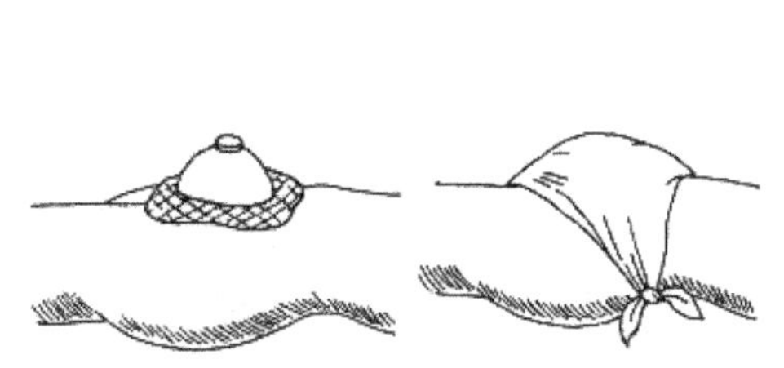

图10－36　腹部内脏脱出包扎法

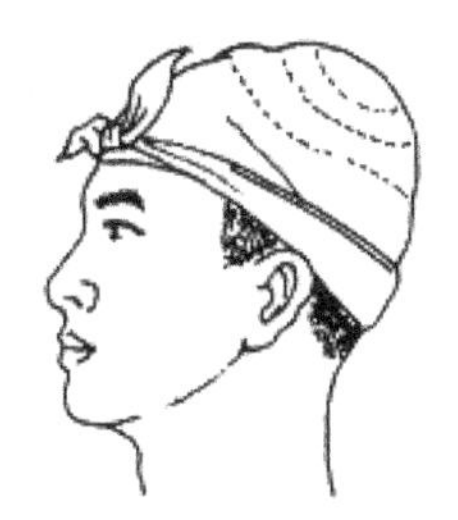

图10－37　脑组织膨出包扎法

(3) 伴有肢体组织离断的伤口包扎及离体组织器官运送法

大量敷料覆盖肢体断端,采取回返加压包扎,以宽胶布自肢端向近心端拉紧黏贴,离体断端应以干燥冷藏方法保存,以最快速度转运。用灭菌急救包或清洁的布将断离的肢体或器官包好,装入塑料袋放加冰保温瓶或容器,注明受伤时间,随伤员一同送往医院。在4℃条件下保存24小时的肢体,仍可能再植成功。应注意断肢、器官不可放在冰或冰水内,包括生理盐水,以防冻坏或浸泡坏(见图10－38)。

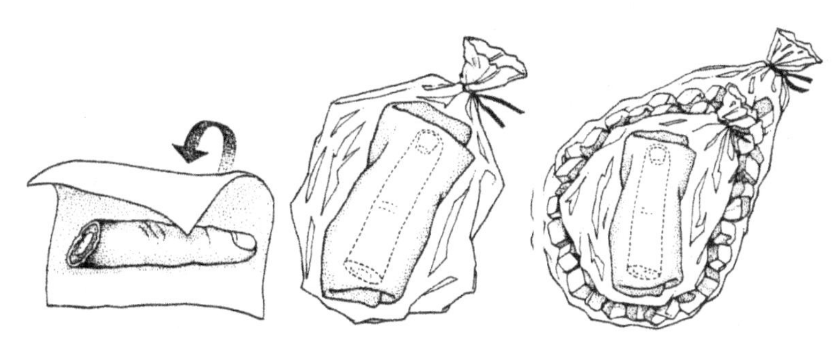

图10－38　离体组织的包扎和运送法

(4) 伴有颅底骨折的伤口包扎法

头颅外伤者伴有鼻腔、耳道流出较大量淡红色液体,高度怀疑颅底骨折存在。只包扎头部其他伤口,以无菌敷料擦拭耳道和鼻孔,禁忌压迫、填塞伤者鼻腔及耳道。

(5) 开放性骨折伤口伴骨断端外露伤口的包扎法

禁止现场复位还纳、冲洗、上药。无菌敷料覆盖伤口及骨折端绷带包扎,包扎过程中应适度牵引,防止骨折端反复异常活动。

(6) 存在较大异物的伤口包扎法

先将两侧敷料置于异物两侧,再用棉垫覆盖敷料及伤口周围,尽量使其挤靠住异物而无法活动,然后用绷带将棉垫加压固定牢固,如异物过长、过大影响抢救及转运,可请专业救援人员切割。

三、固定术

外伤后的固定是与止血和包扎同样重要的基本技术。固定术主要用于骨折的临时固定。骨折急救切勿急于搬动患者或扶持伤员站起，应及时有效固定，防止骨折移位，避免产生新的损伤，同时也可止痛、预防休克。除了骨折意外，固定术还能对关节脱位、软组织的挫裂伤起到固定、止痛的作用。

(一) 骨折的判断

1. 疼痛。骨折疼痛剧烈，活动时加重，局部有明显压痛，可听到骨摩擦音，据此可以确定骨折的部位。

2. 肿胀。骨折端出血和局部软组织损伤后的渗出液导致局部皮下淤血、血肿和水肿。

3. 畸形。多由于完全骨折和骨折断端移位而发生，如肢体短缩、患肢成角或旋转等，多见于长骨骨折，此为骨折的确证之一，但不完全骨折和无移位的完全骨折，此症状不明显或没有。

4. 功能障碍。骨折后原有的运动功能受到影响甚至完全丧失，如上肢骨折时不能拿、提，下肢骨折时不能行走、站立等。

5. 大出血。当骨折端刺破大血管时，伤员往往发生大出血，甚至休克。大出血多见于骨盆骨折等。

(二) 骨折固定术所需材料

骨折固定术最常用的材料是木制夹板，有各种长短不同的规格以适应不同部位的需要。此外，当怀疑颈椎骨折时应使用颈托，颈托是专门用于固定颈椎的，紧急情况下也可以就地取材，用硬纸板、衣物等做成颈托而起到临时固定的作用。绷带和三角巾也是必不可少的，紧急时可用布条代替。

(三) 骨折临时固定的要点

骨折临时固定时应注意以下几点：

1. 遵循先救命后治伤的原则。呼吸心跳停止者应立即进行心肺复苏，有开放性伤口的，应先止血、包扎，再固定骨折部位。

2. 怀疑脊柱骨折、大腿或小腿骨折的，应就地固定，切忌随便移动伤员。

3. 固定应力求稳定、牢固。固定的材料长度应该超过固定两端的上、下两个关节。小腿固定，固定材料长度应该超过踝关节和膝关节；大腿固定，长度应该超过膝关节和髋关节；前臂固定，长度超过腕关节和肘关节；上臂固定，长度应该超过肘关节和肩关节。

4. 夹板和代替夹板的器材不要直接接触皮肤，应先用棉花、碎布、毛巾等软物垫在夹板和皮肤之间，尤其在夹板两端、骨突及空隙处、弯曲处等空隙较大的地方，要适当加厚衬垫，避免产生压迫性损伤。

5. 四指固定时要露出指(趾)端，以便观察肢体的血液循环情况，若发现指(趾)端苍白、发麻、发凉、疼痛或青紫色，应马上松解夹板并重新固定。

6. 肢体固定时，上肢屈肘，下肢伸直，即上肢骨折夹板固定后要用悬臂带将上肢挂于胸前，下肢固定后可与健肢绑在一起后再搬运。

7. 开放性骨折严禁用水冲，不涂药物，保持伤口清洁。外露的断骨严禁送回伤口内，避免增加污染和刺伤血管、神经。

8. 应该把关节固定在功能位上。保持在功能位置上的关节，就算伤后关节不能活动，也可以最大限度地保留原关节的一些生理功能。对于上肢来讲，最重要的就是保证手的功能，对于下肢来讲，主要就是保证持重和步行的功能。因此，肘关节的功能位置是屈曲90°,膝关节的功能位置是稍屈10°,手各指关节的功能位置是屈曲45°,踝关节的功能位置是90°～95°。

（四）骨折常用的固定方法

1. 锁骨骨折固定术

将两上肢外展,双肩后伸,胸部挺直,腋下置棉纸或纱布。术者用绷带将两肩部呈"8"字形固定,"8"字交叉点在后背。锁骨固定带使用方便,患者比较舒适,应提倡院前使用。也可用三角巾固定法,将两条四指宽的带状三角巾分别环绕两个肩关节,于背部打结;再分别将三角巾的底角拉紧,在两肩过度后张的情况下,在背部将底角拉紧打结,应用方法如图10-39所示。

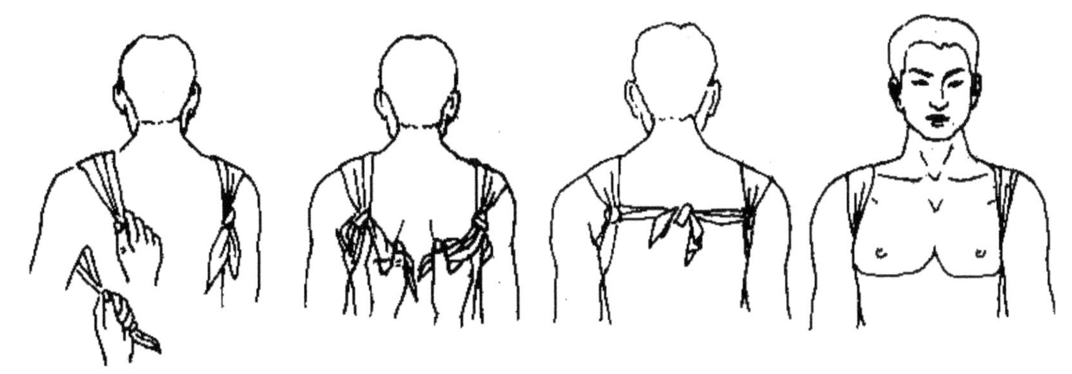

图10-39 锁骨骨折固定术

2. 前臂骨折临时固定术

将患者的手臂屈肘90°,用两块夹板固定伤处,分别放在前臂内、外侧,再用绷带缠绕固定,固定好后,用绷带或三角巾悬吊伤肢。如果没有夹板,也可利用三角巾加以固定。先用三角巾将患肢固定于胸前,后用三角巾将伤肢固定于胸廓。三角巾上放杂志或书本,前臂置于书本上即可。先用两块相应大小的夹板置于前臂掌、背侧,绑扎固定,然后用三角巾将前臂悬吊于胸前,如图10-40所示。

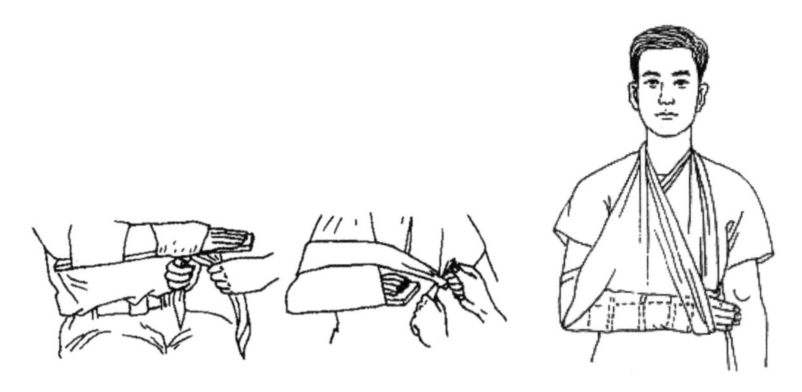

图10-40 前臂骨折临时固定术

3. 上臂骨折临时固定术

伤员手臂屈肘90°,用两块夹板固定伤处,一块放在上臂内侧,另一块放在外侧,然后用绷带固定,如果只有一块夹板,则将夹板放在外侧加以固定,固定好后,用绷带或者三角巾悬吊伤肢，如图 10－41 所示。如果没有夹板，可先用三角巾将伤肢固定于胸廓，再用三角巾将伤肢悬挂胸部。

图 10－41　上臂骨折临时固定术

4．大腿骨折临时固定术

将伤腿伸直，外侧夹板长度上至腋窝、下过足跟，两块夹板分别放在大腿内、外侧，再用绷带或三角巾固定。将一块从足跟到腋下的长夹板置于伤肢外侧，另一块从大腿根部到膝下的夹板置于伤肢内侧，绑扎固定，如图10－42所示。如现场无夹板，可利用另一未受伤的下肢进行固定。

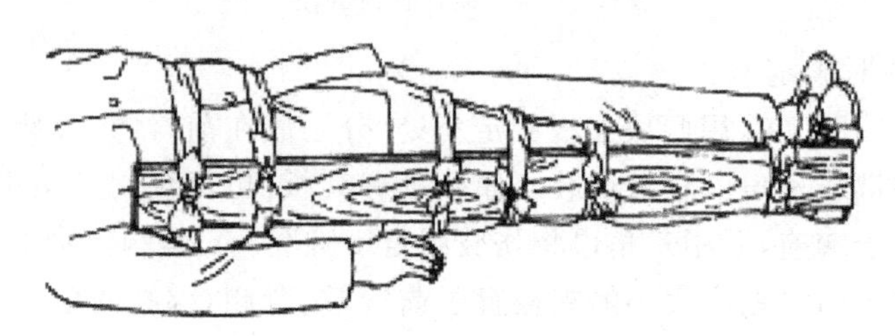

图 10－42　大腿骨折临时固定术

5．小腿骨折临时固定术

将伤腿伸直，夹板长度上过膝关节、下过足跟，两块等长夹板分别放在小腿内、外侧，从足跟到大腿内、外侧，用夹板或者三角巾固定（见图 10－43 左图）。如现场无夹板，可利用另一未受伤的下肢，绑扎在一起进行固定，可将伤肢同健侧绑扎在一起（见图 10－43 右图）。

图 10－43　小腿骨折临时固定术

6．骨盆骨折固定术

将一条带状三角巾的中段放于腰骶部，绕髋前至小腹部打结固定，再用另一条带状三角巾中段放于小腹正中，绕髋后至腰骶部打结固定，如图 10－44 所示。

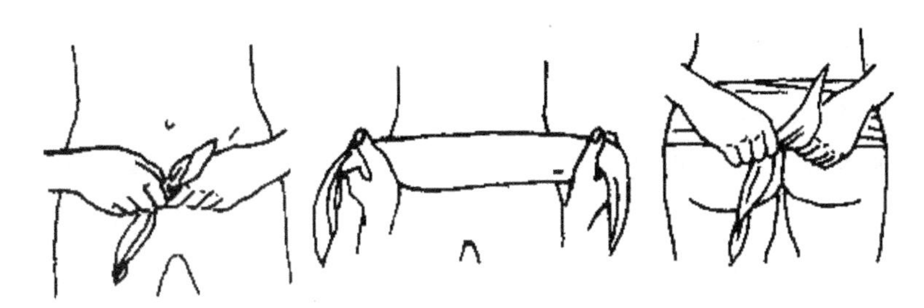

图 10-44 骨盆骨折固定术

7. 颈椎骨折固定术

(1) 颈椎骨折临时固定术

先于枕部轻轻放置薄软枕一个，然后用软枕或沙袋固定头两侧。头部再用布带与担架固定。有条件时用钢丝夹板固定颈部，或用颈托固定，可使搬运更加安全，如图 10-45 所示。

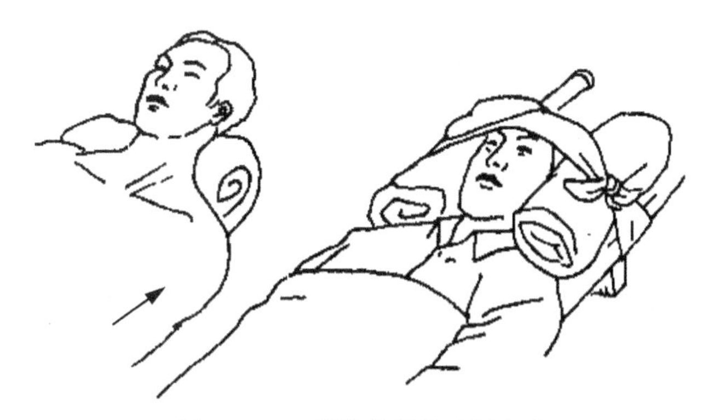

图 10-45 颈椎骨折临时固定术

(2) 颈椎骨折颈托外固定术

颈托由硅胶制成，根据人体颈部生理曲线而制作，使用简单方便，外固定比较可靠，患者比较舒适，怀疑颈椎骨折时，院前尽可能应用，其外形及使用方法如图 10-46 所示。

8. 胸腰椎骨折临时固定术

用沙袋、衣物等物放至胸腰部两旁，再用绷带固定在担架上，防止身体移动。如怀疑脊柱损伤时，切忌扶伤员行走或躺在软担架上。将伤肢平放于软枕的板床上，如腰部骨折则在腰部垫软枕(见图 10-47)。若需长距离运送，最好先以石膏固定，忌头颈部垫高枕。

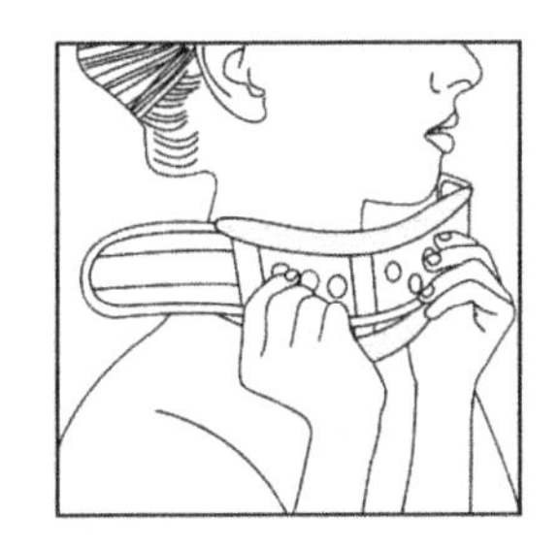

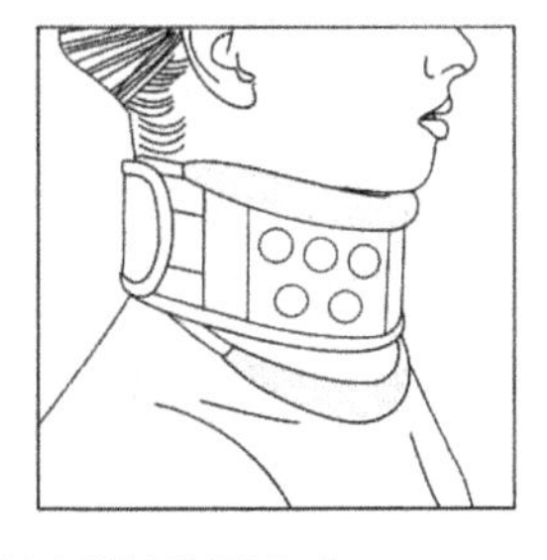

图 10-46 颈椎骨折颈托外固定术

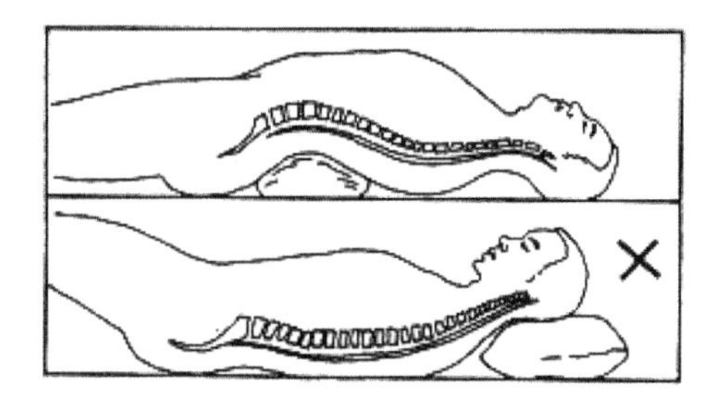

图 10-47 胸腰椎骨折临时固定术

四、搬运术

经过现场急救后，下一个步骤是将伤员转送到急救医疗中心或医院。为了使伤员能迅速、及时、安全地转送，一定要做到认真负责、方法正确、动作敏捷，利用合适的担架和速度快、震动小的运输工具。同时，应准备必要的途中救护力量和器材。如果搬运不当，容易增加伤员痛苦或加重病情，甚至造成终身残疾。

（一）搬运时注意事项

1. 搬运前一定要做好对伤员的检查和急救处理。

2. 按病情需要，选用适当的搬运方法。

3. 搬运时，动作要轻、稳、迅速，并避免震动。

4. 在整个搬运过程中，应经常观察病情变化，并将病情变化和所进行的各项处理情况（如途中有无呕吐、出血、昏迷，以及止血带使用情况等）及时告诉拟接收伤员的医院医务人员。

（二）常见的搬运方法

1. 单人搬运法

有扶持法（见图 10－48）、抱持法、背负法（见图 10－49）、手托肩掮法（见图 10－50），临床上少用。战时现场可用。

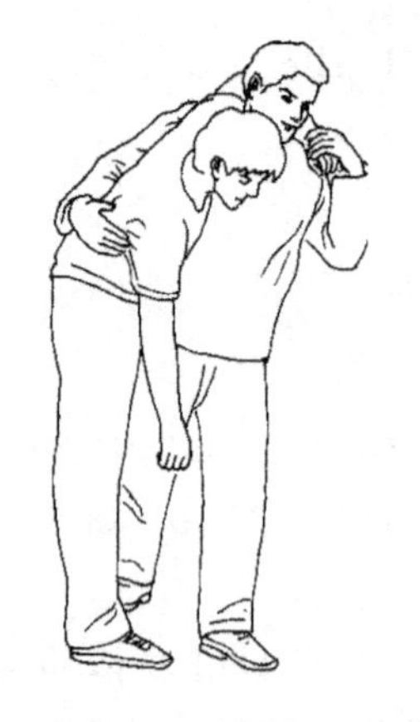

图 10－48　扶持法

图 10－49　背负法

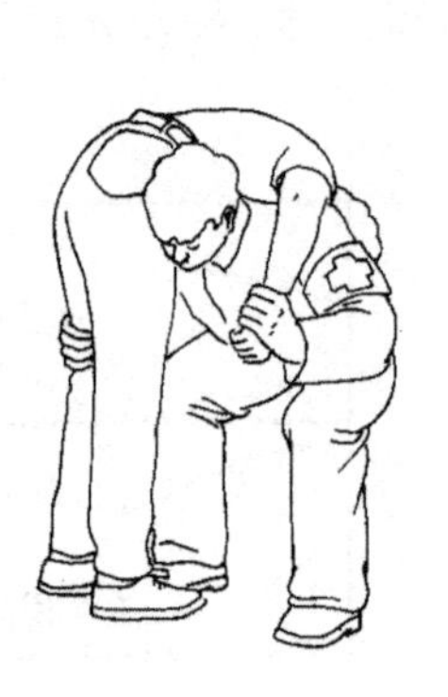

图 10－50　手托肩掮法

2. 双人搬运法

有搭椅式(见图 10－51)、拉车式(见图 10－52)、平托式(见图 10－53)等搬运法。脊柱骨折时可采用平托式搬运法。

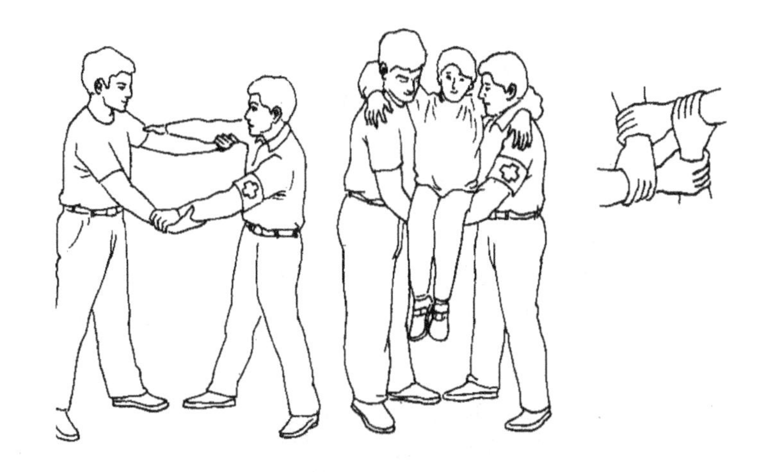

图 10－51　搭椅式搬运法

图 10－52　拉车式搬运法

图 10－53　平托式搬运法

3. 担架搬运法

是搬运伤员的最佳方法，重伤员长距离运送应采用此法。没有担架可用椅子、门板、梯子、大衣代替；也可用绳子和两条竹竿、木棍制成临时担架。

运送伤员应注意：

(1) 确保将担架吊带扣好或固定好。

(2) 伤员四肢不要太靠近边缘，以免附加损伤。

(3) 运送时头在后、脚在前。

(4) 途中要注意呼吸道通畅及严密观察伤情变化。

4. 多功能担架床搬运法

担架床具有担架抬着能走、平地时车推着可行的功能，一人即可操作上急救车，节省人力，同时能摆出多种体位，利于急救，如图 10－54 所示。其使用注意事项参考担架搬运法。

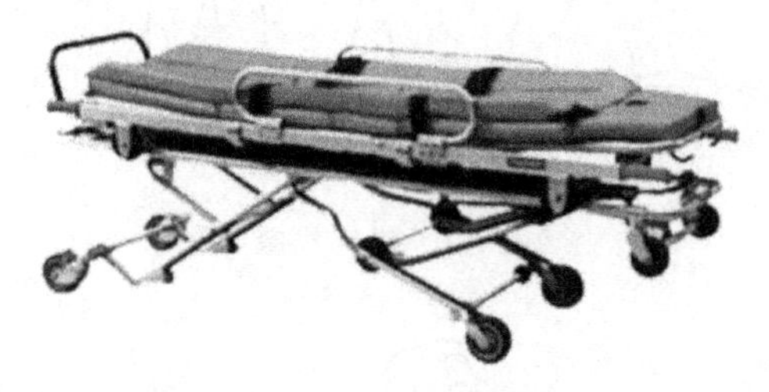

图 10－54　多功能担架床

5. 脊柱骨折搬运

对怀疑有脊柱骨折的伤员，应尽量避免脊柱骨折处移动，以免引起或加重脊髓损伤。搬运时应将准备的硬板床置于伤员身旁，保持伤员平直姿势，由 2～3 人将伤员轻轻推滚或平托到硬板上(见图 10－55)。疑有颈椎骨折的伤员，需平卧于硬板床上，头两侧用沙袋固定，搬动时保持颈部与躯干长轴一致，不可让头部低垂、转向一侧或侧卧(见图 10－56)。

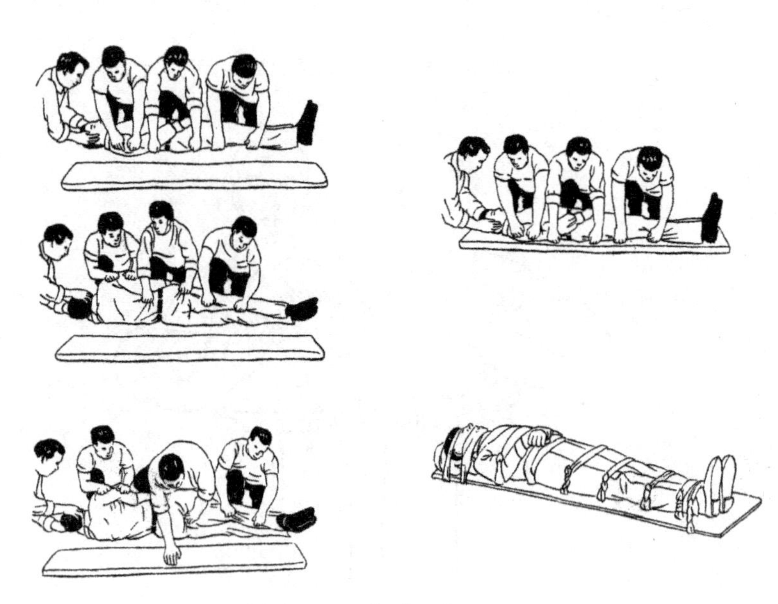

图 10－55　推滚式搬运法

错误的搬运法

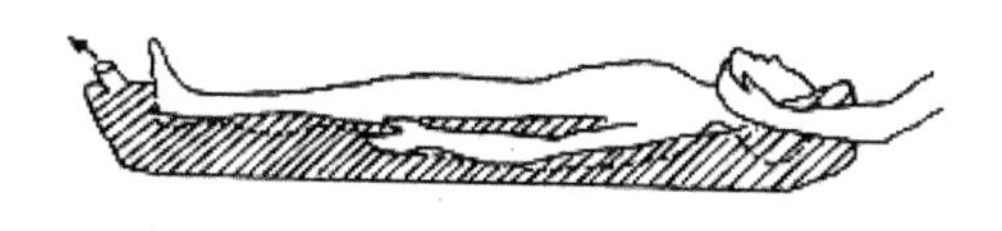

正确的搬运法

图 10－56 颈椎骨折患者的搬运法

（郭君平）

参考文献

1. 阿克罗伊德.生命起源[M].周继岚,刘路明,译.上海:生活·读书·新知三联书店,2007.

2. 奥尔德里.克隆[M].凌茜,译.北京:华夏出版社,2013.

3. 曹雪涛.医学免疫学[M].6版.北京:人民卫生出版社,2013

4. 陈灏珠.实用内科学[M].14版.北京:人民卫生出版社,2015.

5. 陈孝平.外科学[M].北京:人民卫生出版社,2013.

6. 成令忠.组织胚胎学:人体发育与功能组织学[M].上海:上海科学技术文献出版社,2003.

7. 邓宁.动物细胞工程[M].北京:科学出版社,2014.

8. 丁显平.人类遗传学与优生[M].北京:人民军医出版社,2005.

9. 冯庚.现场急救手册[M].北京:同心出版社,2002.

10. 傅华,李光耀.健康自我管理手册[M].上海:复旦大学出版社,2009.

11. 高野.新编现场急救教程[M].北京:中国人民公安大学出版社,2011.

12. 顾学琪.健康自我管理的三步曲[J].健康教育与健康促进,2014,6(9):247-249.

13. 管又飞,刘传勇.医学生理学[M].北京:北京大学医学出版社,2013.

14. 胡继鹰.医学细胞生物学导论[M].2版.北京:科学出版社,2007.

15. 黄百渠,曾宪录.细胞生物学简明教程[M].北京:高等教育出版社,2010.

16. 蒋峰,陈朝青.系统营养论[M].2版.北京:中国医药科技出版社,2012.

17. 李春盛.急诊医学[M].北京:高等教育出版社,2011.

18. 李敏.现代营养学与食品安全学[M].2版.上海:第二军医大学出版社,2013.

19. 梁卫红.细胞生物学[M].北京:科学出版社,2012.

20. 刘智东.健身教练[M].北京:高等教育出版社,2009.

21. 考尔根.营养新概念[M].刘琦,唐明川,译.北京:北京体育大学出版社,2009.

22. 美国心脏协会.心肺复苏及心血管急救指南[J].循环,2010,122:S639.

23. 钱家鸣,王莉瑛.消化疾病[M].北京:科学出版社,2010.

24. 沈关心.微生物学与免疫学[M].北京:人民卫生出版社,2011.

25. 沈洪.急诊与灾难医学[M].北京:人民卫生出版社,2013.

26. 沈志祥.血液病学新进展[M].北京:人民卫生出版社,2006.

27. 王辰,王建安.内科学[M].3版.北京:人民卫生出版社,2015.

28. 王撬撬,王东.心理学——解读心灵的秘码[M].长春:吉林大学出版社,2009.

29. 王庭槐.生理学[M].3版.北京:人民卫生出版社,2015.

30. 库姆斯.维生素[M].张丹参,杜冠华,译.3版.北京:科学出版社,2009.

31. 姚泰，赵志奇，朱大年，等. 人体生理学[M]. 4 版. 北京：人民卫生出版社，2015.
32. 于康. 实用临床营养手册[M]. 北京：科学出版社，2010.
33. 翟中和，王喜忠，丁明孝. 细胞生物学[M]. 北京：高等教育出版社，2011.
34. 张建中. 免疫与健康[M]. 北京：化学工业出版社，2003.
35. 张惟杰. 生命科学导论[M]. 北京：高等教育出版社，2008.
36. 中国营养学会. 中国居民膳食指南[M]. 北京：人民卫生出版社，2011.
37. 朱大年，王庭槐. 生理学[M]. 8 版. 北京：人民卫生出版社，2013.
38. 朱妙章. 大学生理学[M]. 北京：高等教育出版社，2013.
39. 邹圣强. 实用急救教程[M]. 北京：科学出版社，2014.
40. 左伋. 医学遗传学[M]. 北京：人民卫生出版社，2014.